观筑之道

Course of Architecture Forward

一本企业的转型记录　一个群体的时代思考

李纯　陈中义　主编

上册

中国建筑工业出版社

图书在版编目（CIP）数据

观筑之道／李纯，陈中义主编. —北京：中国建筑工业出版社，2017.1
ISBN 978-7-112-20152-5

Ⅰ. ①观… Ⅱ. ①李… ②陈… Ⅲ. ①建筑设计－研究机构－概况－四川 Ⅳ. ①TU2-24

中国版本图书馆CIP数据核字（2016）第301447号

本书记录了四川省建筑设计研究院转型发展之路，全员干部职工在过去发展中的奋斗历程。全书分为上下两册，上册为“观”，下册为“筑”。观的部分包含了前5章，分别讲述企业的行业环境、历史沿革、理想信念、发展战略、平台理念。筑的结构体现了战略规划的目标分解，分别记录了企业“十二五”期间发展形成的业务结构，并从技术、营销、人才、文化四项职能建设出发，叙述了企业生产、管理实践。本书可供建筑设计行业从业人员，特别是企业管理者参考使用。

责任编辑：王砾瑶　范业庶　岳建光
责任校对：王宇枢　关　健

观筑之道
李纯　陈中义　主编
*
中国建筑工业出版社出版、发行（北京海淀三里河路9号）
各地新华书店、建筑书店经销
北京锋尚制版有限公司制版
北京君升印刷有限公司印刷
*
开本：787×1092毫米　1/16　印张：26　字数：450千字
2017年1月第一版　2017年1月第一次印刷
定价：108.00元（上、下册）
ISBN 978-7-112-20152-5
（29593）

《观筑之道》编委会

序

用理性与激情坚守着一份执着与梦想

近几年来，工程勘察设计行业发展的历程可谓涤荡起伏，“十二五”初期总体上是高歌猛进、中期则已是隐忧渐显，到了近两年，行业发展呈现了前所未有的动荡与不确定性。

这样大背景下的设计单位如何思考、如何应对、如何行动？是一个非常值得关注的事情。《观筑之道》记录了四川省建筑设计研究院（以下简称“四川省院”）在这个发展特殊阶段的所思、所为，并把这个历程由一个个点串联起一条清晰的发展轨迹。

在与四川省院交流、合作的过程中，既可以看到其外在的改变，同时也感受到其内在的变化。一个非常深的印象是：四川省院变得越来越年轻、越来越有趣、越来越有活力！

这几年，行业发展面临着外部环境的巨变，设计单位发展的不确定性大大加剧，原有的成功轨迹难以支撑企业循路前行。正是在这个时期，四川省院全方位谋划发展、积极推进各方面创新，显示了对于环境变化的极强的敏感度、展现了前瞻性的战略思考力及务实的执行力。

四川省院在业务创新、管理创新、技术创新方面有很多值得称道的探索与实践。《观筑之道》是这种思考与探索的很好呈现。记得五年前，四川省院对于“十二五”规划工作给予足够的重视，在战略谋划、战略共识、战略实施等方面开展了卓有成效的一系列努力，这一点给了我非常深刻的印象。五年前，整个设计行业还是处在高速发展的“风口”上，四川省院对于战略的重视显得尤为难得。

四川省院作为天强管理顾问的重要战略合作伙伴，在此过程中有很多的接触机会，每次与李纯院长见面，都会就企业发展的诸多方面进行深入地互动与讨论，感受到李院长对于四川省院发展的理性与激情、始终感受到李院长对于企业发展的危机意识与创新意识，并且切实体会到四川省院一直在变化。这种变化不仅仅是业务规模、人员规模，还体现在对于竞争力提升的不断努力，更体现在企业整体精神面貌的不断改观与提升。

四川省建筑设计研究院作为一家地方大院，在整个工程勘察设计行业中处于规模的中上游水平，从其对于梦想的坚守以及践行战略的韧性，堪称行业的中坚。这样一个单位对于企业发展的思考、对于专业服务价值的探究、对于管理精进方面的探索，在《观筑之道》中都有不同程度的体现。《观筑之道》不仅是对四川省院近几年发展轨迹的记录，对于当下的整个设计行业而言，更是具有弥足珍贵的示范价值。

祝波善

上海天强管理咨询有限公司总经理

前　言

大道思行，如实观筑

2011年初，在《观筑》的创刊号上，我们记录下筹办内刊的初衷：一是战略的思考，用一种方式引领思想、传递信息，提炼和承载企业的价值和文化，凝聚企业精神；二是在企业新一轮发展阶段，最真实地记录、总结四川省建筑设计研究院思考和成长的过程。

5年过去了，作为企业内刊，《观筑》一路走来，如实地践行着创刊的初衷，成为省院的一个新的文化符号。衔接和承续了企业六十余年发展的文化脉络，用更现代、更贴切的方式传递着企业发展的理念、策略和举措。

集腋成裘，聚沙成塔。一切事物辉煌的背后，都有漫长而艰辛的积累。本书是十本内刊杂志的合集，系统梳理了企业过去五年发展的脉络，集合了省院人的理想信念，实践探索、思考困惑和奋斗使命，揭示了企业成长历程中遵循的理念、战略和机制。

大观方成大筑，深筑行得大观。这是企业首次尝试以著作的方式，记录企业转型发展的点点滴滴，呈现着全院干部职工在过去发展中的奋斗历程，记录和反映着一个勘察设计企业的成长历程和文化脉络。

《观筑之道》分为上、下两册。上册为《观》，下册为《筑》。

《观》者：讲述了企业的行业环境、历史沿革、理想信念、发展战略、平台理念；

《筑》者：记载了省院战略规划的目标分解，业务结构，并从技术、营销、人才、文化四项职能建设出发，叙述了企业生产、管理实践。

回顾往昔，我们一路采撷来的芬芳记忆，珍藏在这里。这里有省院人对企业的眷恋，这里有省院人对岁月与生活的无限感恩。在这里，省院人用蘸满深情的笔触，直抒他们对事业的缱绻情怀，将青春与理想定格在建筑设计的画板之上。

翻阅书稿，我们真切地感受到这是省院人集体智慧的结晶和携手前行的信念。全书是企业在“十二五”期间改革创新的真实记录，更是企业扎实推进“十三五”各项战略举措和实现百年梦想的又一次誓言。

梁思成先生在他的一篇古建筑调查报告中，说过这样一段话：“近代学者治学之道，首重证据，以实物为理论之后盾，所谓‘百闻不如一见’。艺术之鉴赏，就造型美术言，尤须重‘见’。读跋千篇，不如得原画一瞥”。只有在思想上得到传承，才可能从根本上把握一个企业发展的精神实质，这种传承是文化和实力的自信。这本书是省院在时代的航道上立下的一个坐标。怀着对勘察设计行业的崇敬之情，力图用一种新时代的视角来解读企业，提取其中的精神营养，以期对当代转型发展中的勘察设计企业有所助益，是我们完成这本书的殷殷期许。

佛经云：“如实观法，出生妙慧”。观法为佛教的基本实践法门。所观之对境，称之观境，作观之智慧，称之观慧。观仰而思，筑作而行。在新常态的背景下，国家宏观经济增速下行趋势难以扭转，我国经济走势将总体呈现“L”形态势，工程勘察设计行业正面临着种种新考验。省院人也将围绕着整合集成、技术创新和资本运作等方面展开的策略转变，促进企业服务模式的转型升级。

飘飘絮语，本书只能管窥省院企业发展之一隅。书以外的故事，还有很多、很长……。

因为大筑可见，大观能听。

2016年12月

目　录

上　册

第五章　观 · 战略 /99

下　册

第六章　筑 · 方向 /127

第七章　筑 · 技术 /235

第八章　筑 · 营销 /269

第九章　筑 · 人才 /303

第一章

观·时代

梁思成先生说过，无论是巍峨的古城楼，还是荡满蛛网的旧庭阁，无形中都在述说乃至歌唱时间漫无可寻的变迁。建筑之所以能够记载时代，正是因为它同时代变革密切相关，一起浮沉。如果说建筑是时代的史书，那么在新中国的建筑史册上，设计单位当是史书的执笔者。

1949 年 10 月 1 日，中华人民共和国成立。战火与硝烟散去，刚刚解放的中国大地上，随处可见满目疮痍的建筑，分外刺眼。百废待兴之际，任何一处新长出来的建筑物都是对国民信心的莫大鼓励。在中华人民共和国成立第一天，新中国第一家建筑设计单位也同时成立[1]。

时代翻开新篇章，建筑的史册也重新打开，与时代共舞。

1　1949 年 10 月 1 日成立北京市第一家国有建筑设计单位，公营永茂建筑公司设计部，即现在北京市建筑设计研究院的前身。

新篇章开启

20 世纪 50 年代前后，国家和地方相继成立了一系列综合设计院，有按行政区域划的各大区设计院，如中南设计院、华东设计院、东北设计院、西北设计院、西南设计院等；有各省市设计院，如浙江省建筑设计研究院、四川省建筑设计研究院等。

这些设计院纷纷以国有综合院的形式率先登上时代的舞台，反映的正是新中国成立初期国民经济恢复的社会经济情况与社会需要。当时，虽然建设项目不多，投资规模也不大，但却要求速度必须快，需要专业齐全、适当分工、严密配合的组织形式，方能适应当时的社会建设需要。

1953 年开始，随着第一个五年计划的实行，计划经济时代开启，设计院的管理模式也与之对接，在管理上从属于上级主管部门，设计任务由上级安排，属事业单位性质，承担工程设计任务不收费，经费支出由财政部门划拨。因主要是承担在所辖区内的设计任务，各地区只需建立起齐备的服务体系，保证本区域内建筑行业相关事务不假于外即可，不同地区勘察设计单位之间，是没有竞争关系的。传统建筑设计院组织体系基本建立，以总工程师和总建筑师掌管院内技术和重大项目，下设若干设计室（所），室（所）以下再分小组。这一机构设置一直沿用至今。即便是企业改制、转型乃至上市，也还留存有这一组织体系的基本框架。与此同时，随着国家大力发展工业，工业建筑需求量剧增，也就催生了各门各类的专业工业设计院。

新中国成立伊始的建筑设计单位，受苏联模式影响颇深，又是在计划经济体制下运行，一开始就以综合院与专业院的形式呼应着国民经济建设的现状与需求。时代的巨轮似乎正沿着既定的方向开始起航，刚刚成立的各大设计院在新曙光的照耀下，产出了第一批优秀中国现代建筑作品。

新中国成立初期部分设计院成立时间表[1]　　表 1-1

序号	名称	成立时间
1	北京市建筑设计研究院	1949 年
2	中国建筑西南设计研究院	1950 年
3	重庆市设计院	1950 年
4	云南省设计院	1951 年
5	上海建筑设计研究院	1952 年
6	中国建筑西北设计研究院	1952 年
7	中国建筑东北设计研究院	1952 年
8	华东建筑设计研究院	1952 年
9	中南建筑设计院	1952 年
10	天津市建筑设计院	1952 年
11	广东省建筑设计研究院	1952 年
12	浙江省建筑设计研究院	1952 年
13	四川省建筑设计研究院	1953 年
14	中国中元国际公司（原机械工业部设计研究总院）	1953 年
15	中国建筑科学研究院	1953 年
16	济南市建筑设计研	1956 年
17	清华大学土建设计院	1958 年
18	同济大学建筑设计研究院	1958 年
19	哈尔滨工业大学建筑设计研究院	1958 年
20	东南大学建筑设计研究院	1965 年

1　根据网络数据整理。

曲折中前行

金磊在《建筑事件的发展考量》[1]一文中曾指出："当代建筑事件与政治、社会的复杂关系挥之不去，产生了远超于纯建筑学研究的张力。"不只是建筑事件，建筑设计院其机构本身就是政治、社会与经济的共同产物，自诞生之日起，就不可挣脱三者而独立论其发展。

1966～1977 年，在我国经济建设与社会发展饱受政治活动影响的时期，也是各大设计院备受考验的时期。刚成立不久的设计院，不仅正常的工作秩序受到严重影响，生产、管理秩序被严重打乱，部分机构专业发展被迫中止。同时，在某些地区许多单位甚至以备战为由被撤销、下放、搬迁，全国的设计单位都受到严重影响。

虽然处于困难时期，时代作用下的中国建筑仍在继续发展。比较突出的有政治性建筑，宣传政策相关的绘画、雕塑、纪念馆等在全国各地多有体现；其次是一些特定领域的建筑。如外交热带动外事建筑的建设，修筑了一批对外使馆和涉外建筑；国际交往的增多同时又带来航空接待增加，为迎接来访出现了许多候机楼建筑；体育馆作为地区标志性建筑，同时有兼具集会功能在这一时期也有了集中呈现。值得注意的是，"文革"期间，许多建筑师下放到各地，当时是全国又处于一种相对割据缺乏统一管理的状态，因而在不同地区也出现了根据当地风土人情与建设条件而创作的地域建筑，体现了当时建筑师对于地域建筑文化的探索。

1 《建筑中国 60 年》事件卷。

“文革”时期行业部分变革事件列表（1966～1977年）[1] 表1-2

时间	事件
1966年5月	中国建筑学会干部全部下放劳动
1966年8月	《建筑学报》停刊
1967年7月	建筑工程部试行军事管制
1968年8月	“工宣队”、“军宣队”、“军管会”进驻到许多工程勘察设计单位
1968年10月	大量工程技术研究人员送到各地“五七干校”接受“再教育”
1969年10月	国家建委设计局撤销；北京一批部属勘察设计单位开始向外地搬迁
1970年7月	建工部、建材部与国家建委合并，原单位绝大部分领导下放
1971年1月	国家建委原在京15个单位，下放8000余人
1972年4月	国家建委在北京召开全国设计标准规范工作座谈会
1972年6月	中国建筑学会恢复外事活动
1972年底	恢复成立国家建委设计局
1973年1月	《关于改变经常费办法，实行取费制度通知》颁布
1973年11月	《对修订职工住宅、宿舍建筑标准的几项意见》试行稿发布
1977年9月	中国建筑学会恢复工作

1 根据《建筑中国60年》事件卷资料整理。

改革中发展

改革开放之后的勘察建筑行业，在行业规范化与技术专业化上逐渐进入了大跨步的发展时期。伴随着我国改革开放的进程，勘察设计行业的改革不断深入。前文中提到过，改革开放以前，工程勘察设计单位属于事业性质，任务由国家下达，人员由编制控制，经费由国家财政全额拨款，计划经济体制下，高度集中的管理模式主要依靠行政手段执行。1976 年 1 月 6 日，全国勘察设计工作会议召开，提出设计单位要实行企业化、合同制。1979 年 6 月 8 日，《关于勘察设计单位实行企业化取费试点的通知》发出，标志着中国勘察设计行业的改革正式拉开序幕。

1984 年国务院下发《国务院关于改革建筑业和基本建设管理体制若干问题的暂行规定》（国发［1984］123 号）、《国务院批转国家计委关于工程设计改革的几点意见的通知》，要求国营勘察设计单位实行企业化，增加勘察设计单位的活力，规定“勘察设计向企业化、社会化方向发展，全面推行技术经济承包责任制”。从此，勘察设计单位作为事业单位实行企业化经营，全行业取消事业费，按照国家规定收取勘察设计费，独立核算，自负盈亏，并在全行业推开。

在计划经济体制下，建筑产品没有形成真正的价格，建筑企业主要是完成政府的指令性计划。20 世纪八九十年代，国家相继颁布多项条例与办法，推进行业向规范化、市场化方向发展。1883 年，《关于勘察设计单位试行技术经济责任制的通知》发布，技术经济责任制的试行将国家按人头多少拨给事业费，改为向建设单位收取勘察设计费。1984 年 9 月 18 日，国务院发布了《关于改革建筑业和基本建设管理体制若干问题的暂行规定》，对我国基本建设管理体制做出改革部署，提出了大力推行工程招标承包制、改革建筑材料供应方式、改革设备供应办法等 16 项改革措施，从而开始了我国建筑业的改革步伐。在此后二十多年的时间里，国家相关管理部门先后发布了一系列文件，对勘察设计费用项目进行了连续性的修正和完善。

1985 年 1 月 19 日，大地建筑事务所成立，第一家中外合作经营的建筑设计单位落户北京，其后，境外设计机构悄然进入，并开始发展；同年 3 月《集体和个体设计单位管理暂行办法》颁发允许国营、集体和个体并存。勘察设计行业逐渐有了市场的概念。1992 年，东北的一些勘察设计单位自发地与当地行业主管部门协商，开始了承包经营，将勘察设计行业由“技术经济责任制”转变为“技术经济承包责任制”，这一经营方式的转变，极大地释放了设计单位的生产力，成了建筑设计发展史上的里程碑事件，为随后在全国范围内全面推进建筑勘察设计企业化改革积累了经验。

20 世纪八九十年代不断改革发展，基本完成了行业的市场化转变，行业体系及市场格局初见雏形。同当时的国家实际一样，在经历了十年动荡之后，慢慢摸索，逐步搭建起自己的内部骨架，蓄势待发，迎接着又一个时代的来临。

部分行业文件及事件列表（1976 ~ 2000 年）[1]　　表 1-3

1978 年 7 月	《颁布试行〈设计文件的编制和审批办法〉的通知》发出
1979 年 6 月	《关于勘察设计单位实行企业化取费试点通知》发出（全国 18 家勘察设计单位成为首批改革试点）
1979 年 7 月	第五届全国人大第二次会议通过《中华人民共和国中外合资经营企业法》
1980 年 3 月	国家建委发布《关于印发〈对全国勘察设计单位进行登记和颁发证书的暂行办法〉的通知》（新中国成立后第一次勘察设计市场准入制度）
1980 年 5 月	1979 年国家试办出口特区，1980 年各地许多设计单位纷纷到经济特区设立设计分院
1980 年 6 月	新增 16 个试点单位，进一步推进勘察设计单位企业化试点工作
1980 年 6 月	国家建工总局颁发《直属勘察设计单位试行企业化收费暂行实施颁发》（关于市场化收费的第一个法定文件）

1　根据《建筑中国 60 年》事件卷资料整理。

续表

1983 年 7 月	《关于勘察设计单位试行技术经济责任制的通知》发布
1984 年 4 月	建设部规定，除特殊工程和大型建设项目外，一般工程都要实行招标
1984 年 9 月	国务院发出《关于改革建筑业和基本建设管理体制若干问题的暂行规定》
1984 年 11 月	《关于印发〈工程承包公司暂行办法〉的通知》
1984 年 11 月	国务院批转国家计委《关于工程实际改革的几点意见》（指出：设计单位要逐步脱离部门领导，政企职责分开、实行社会化）
1985 年 1 月	国务院发布《关于技术转让的暂行规定》
1985 年 1 月	第一家中外合作经营的建筑设计单位"大地"建筑事务所成立
1985 年 3 月	《集体和个体设计单位管理暂行办法》颁发
1985 年 6 月	城乡建设部设计局成立"建筑设计收费标准编制组"，编制建筑设计收费标准
1985 年 6 月	《工程设计招标投标暂行规定》颁布
1985 年 11 月	《建筑设计统一工日定额》颁布试行
1986 年 2 月	《中外合作设计项目暂行规定》发布
1986 年	《关于开展建筑工程设计施工图质量监督试点工作的通知》发出
1986 年 7 月	《关于印发〈工程勘察设计单位组织业余设计有关问题规定〉的通知》发出
1987 年 4 月	《关于设计单位进行工程建设总承包试点有关问题的通知》发布
1988 年 1 月	《城市规划设计收费标准（试行）》开始试行
1988 年 5 月	建筑管理研究会第一次提出在建筑设计单位推行"工效挂钩"的分配办法
1988 年 9 月	建设部《工程设计计算机软件管理暂行办法》和《工程设计计算机软件开发守则》颁布
1988 年底	建设部《关于对工程勘察设计单位开征所得税问题的意见》发出
1989 年 5 月	建设部《关于印发〈对集体、个体设计单位进行清理整顿的几点意见〉》发出
1989 年 9 月	财政部《关于对勘察设计单位恢复征收国营企业所得税的通知》发出
1991 年 2 月	建设部《关于建筑工程设计施工图审查问题的通知》发出
1991 年 6 月	国务院《关于继续积极稳妥地进行城镇住房制度改革的通知》发出
1992 年 3 月	建设部《关于推广应用计算机辅助设计（CAD）技术，大力提高我国工程设计水平的通知》发出
1992 年 6 月	建设部组织召开关于建立建筑师、工程师注册制度研讨会
1992 年 7 月	《监理工程师资格考试和注册办法》开始施行

续表

1992 年 7 月	《关于发布工程勘察和工程设计收费标准的通知》发出
1993 年 9 月	建设部《关于进一步开放和完善工程勘察设计市场的通知》发出
1993 年 11 月	建设部《关于印发〈私营设计事务所试点办法〉的通知》发出
1994 年 7 月	国务院作出《关于深化城镇住房制度改革的决定》
1994 年 9 月	建设部、人事部发出《关于建立注册建筑师制度及有关工作的通知》
1994 年 9 月	《关于工程设计单位改为企业的若干问题》获国务院批复（统一实行事业单位企业化的工程勘察设计单位逐步改建为企业）
1995 年 1 月	建筑设计单位开始实施“三项制度改革”
1995 年 4 月	人事部、财政部《有条件的事业单位实行工资总额同经济效益指标挂钩暂行办法》发布
1995 年 4 月	建设部《关于印发〈城市建筑方案设计竞选管理试行办法〉的通知》发出
1995 年 5 月	建设部《关于印发〈私营设计事务所试点办法〉的通知》发出
1995 年 9 月	国务院颁布《中华人民共和国注册建筑师条例》（11 月全国第一次一级注册建筑师考试在全国 31 个考场举行，9100 人参加考试）
1996 年 1 月	建设部发布《工程勘察设计单位建立现代企业制度试点指导意见》（选择一批国有大型勘察设计单位进行现代企业制度试点）
1997 年 1 月	我国大陆地区正式实行注册建筑师制度，个人与企业并列成为市场主体
1998 年 3 月	《中华人民共和国建筑法》开始施行
1998 年	国家建设部出台《中小型勘察设计咨询单位深化改革指导意见》等文件（文件对中小型勘察设计咨询单位的改革提出明确的指导意见）
1998 年 7 月	国务院《国务院关于进一步深化城镇住房制度改革加快住房建设的通知》发出（确立了商品房的市场主体地位）
1998 年 9 月	建设部《建筑工程项目施工图设计文件审查试行办法》发出
1999 年 8 月	建设部《关于印发〈关于推进大型工程设计单位创建国际性工程公司的指导意见〉的通知》发出
1999 年 10 月	《中华人民共和国合同法》开始施行
1999 年 12 月	国务院办公厅《关于工程勘察设计单位体制改革的若干意见》发出
2000 年 1 月	《中华人民共和国招标投标法》和《建筑工程质量管理条例》颁布
2000 年 2 月	建设部《建筑工程施工图设计文件审查暂行办法》颁发

同时，这一时期也是行业技术发展的关键时期。20 世纪 70 年代，刚参加工作的年轻人进入设计单位，首先领到的设计工具是一块绘图板、一把丁字尺、一个计算器、三角板、绘图笔等。这样的局面在 20 世纪 80 年代开始出现改变，计算机技术的快速发展带来勘察设计行业工作模式翻天覆地的变化，将整个行业从手工绘图中解放出来，极大地提高了生产效率。

早在 20 世纪 70 年代初，全国各大勘察设计院就开始组织学习电子计算机，在许多年长的设计人记忆中还有对于电算组、电算室的印象。当年一台 PC–1500 袖珍计算机加上各专业常用的小型计算软件包，计算速度可提高约 20%，极大地提高了设计效率。虽然电算技术在 70 年代就起步，但由于事业单位管理体制时期，经费十分困难，所以对于计算机硬件设置的资金问题，长期得不到解决。

20 世纪 80 年代开始，随着行业逐步进入市场化取费，同时 1982 年二维 CAD 绘图软件 AutoCAD 在美国 Autodesk 公司诞生。CAD 技术开始引入我国建筑领域，随后中国建筑科学研究院在 AutoCAD 为操作平台的基础上，研发出了 PKPM 系列专业软件，同时大量的国外软件进入中国，如MIDAS、ABAQUS、REVIT、BENTLEY 等专业软件，给我国的建筑设计行业带来了革命性的变化。

20 世纪 90 年代，大部分单位已较好地应用 CAD 技术，利用 CAD 辅助绘图的软件也基本成熟。1992 年 3 月，建设部发文《关于推广应用计算机辅助设计（CAD）技术，大力提高我国工程设计水平的通知》。1994 年，建设部提出了“甩掉图板”的口号，要求在 2000 年全行业实现计算机辅助绘图，从手工绘图逐步走向微机出图。 很多设计单位也在信息化建设方面开始加大投入，从几台到几十台计算机的使用，从 PC 机发展到功能强大的单核、双核计算机时代。四川省建筑设计研究院也经过几年的过渡至 1998 年全部设计人员都甩掉了设计图板，实现了全院网络联网资源共享，完全靠计算机辅助绘图，工作效率大大提高。到 2006 年实现了从单机作业、一个专业 CAD 设计向多专业的网络化设计出图的大飞跃，这对建筑设计行业来说是一次革命性的进步。它彻底告别了传统的手工画图时代。

如果把计算机技术发展近三十年划分为三个阶段，20 世纪 80 年代主要解决了结构计算为主的设计计算问题，20 世纪 90 年代基本解决了计算机辅助绘图的问题，21 世纪基本解决了计算机和网络辅助管理的问题，形成以二维协同设计为主的设计方式，减少了设计过程中部分错、漏、碰、缺问题[1]。

1998 年商品房改革，2001 年中国加入 WTO。两把大火，开启了中国经济快速发展的时代，也推动了勘察设计行业的高歌猛进。房地产市场的发展，建筑量激增，作为产业链中间一环的建筑设计行业也随之火爆；加入 WTO 之后，市场全面开放，在经济体制与经济增长方式双重转变的大环境下，建筑设计企业也在竞争中走向更为深刻的变革。

1999 年 12 月、2000 年 10 月，国务院办公厅先后下发《关于工程勘察设计单位体制改革的若干意见》（国办发［1999］101 号）、《国务院办公厅转发建设部等部门关于中央所属工程勘察设计单位体制改革实施方案的通知》（国办发［2000］71 号）两个文件，明确了勘察设计单位由事业单位改为科技型企业、逐步建立现代企业制度的改革方向和目标，并具体规定了体制改革的基本原则、方案、配套政策和组织领导。从此，中央和地方所属勘察设计单位中绝大部分由事业单位改为企业，并加快进行产权制度改革、建立现代企业制度，实现企业制度创新。

时代环境和行业改革的共同推进，勘察设计行业迎来了时代爆发。相关统计显示，截至 1998 年年底，全国建筑勘察设计机构有 12418 个。其中国务院各部门直属单位 1972 个，各省、自治区、直辖市所属单位 10446 个，国有经济单位占比 84%[2]。2009 年，在 21 世纪的第一个十年即将结束时，全国新增约 2000 个建筑勘察设计机构，主要为境外设计机构、私营企业和集体企业，国有企业占比下降。而到了 2013 年，全国工程勘察设计行业企业数量更是超过了 19231 家[3]。

勘察设计企业年度数据对比　　表 1-4

时间 / 项目	1998 年	2009 年	2013 年
设计企业总数（个）	12418	14264	19231
从业人员数量（万人）	76.86	127.29	244.42

1　杨福平《建筑设计信息化建设的历史回顾及发展》。
2　数据来源：《关于印发建设部勘察设计司关于印发1998年勘察设计单位统计年报汇总情况的通报》。
3　数据来源：中华人民共和国国家统计局，国家数据网。

续表

项目＼时间	1998 年	2009 年	2013 年
全年营业收入（亿）	313.87	6852.9	21409.81
全年利润总额（亿）	18.91	556.798	1408.52
利润率（%）	6	8.1	6.57

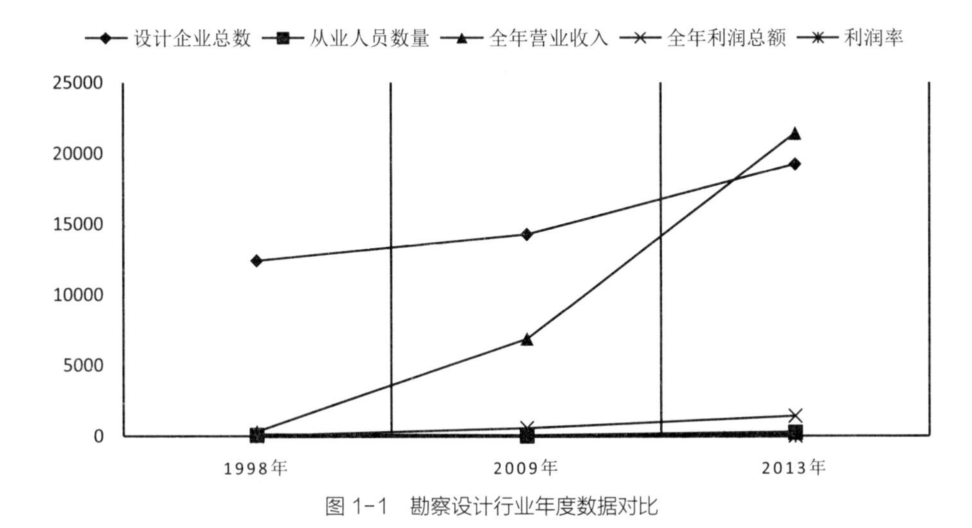

图 1-1　勘察设计行业年度数据对比

值得深思的是，在这一时期内我国建筑业增速长期保持为 GDP 增速 2 ~ 3 倍，勘察设计行业营业收入节节攀升的情况下，利润率却极低违背了一般经济学规律。更不合常规的是，这样利润低下的行业，企业总数逐年上涨，规模不断扩大，竞争却日趋激烈。2014 年全国勘察设计企业超过 19000 家，规模最大企业营收占行业总收入 1% 不到，行业集中度低是不争的事实。

另一方面，虽然企业数量剧增，但由于国家建设规模空前巨大，多数设计单位并不需要自己主动开发市场就可以承接足够的设计任务，因而重视完成设计任务的数量和较高的经济效益，虽处于市场经济体制之下，但大多数设计企业对于经营的概念还停留在模糊阶段。进入 21 世纪后，设计市场趋向平稳，设计单位的类型和数量大增，境外设计企业也大量涌入，设计市场的竞争加剧，部分设计单位才开始重视市场、服务的研究，但同时房地产市场的高歌猛进，繁重的生产任务又使得设计企业无暇投入更多的精力去总结与反思。

近乎是被时代和市场推着走的勘察设计行业，在创造了相当的财富值的背后，在企业经营与管理层面经历着懵懂的探索。

转型中反思

伴随房地产行业的起伏，勘察设计行业也经历了一场跌宕。就在 2013 年，仍有业内人士预言，中国的楼市仍有十年的繁荣期。但一下子，时间轴点定格在了 2014 年。到了 2015 年，在建筑勘察行业，转型是逢人必谈的关键词。经历了十余年飞速发展之后，我国工程勘察设计行业普遍式增长的势头正式结束了，未来将进入一个关键的调整与重新洗牌时期。变局之下，原有的模式难以持续，对行业而言、对设计单位而言，都需要用新的思维和理念来应对新的发展环境和发展要求。

繁荣之后回望，作为国民经济支撑地位的整个建筑行业，在爆发式增长与发展的十余年内，整个行业的发展很值得反思。

我们看到，在蓬勃发展的市场背后，占比最大的国有企业绝大多数还保留着事业单位的企业化管理模式，机制不够灵活；市场准入和清除制度不够完善，部分地区发展迅速，而部分地区垄断和地方保护依然存在，整个市场的地域分割相对严重；整个行业的取费率很低，又由于单位数量过多，市场呈现供大于求的现象，存在设计单位互相压价的竞争局面，导致行业利润整体走低。设计的低收费与房地产的高利润存在巨大反差，且还经常被开发商拖欠；在生产压力面前，大部分建筑设计单位对于技术研发、信息化投资不足，对社会信息化的快速发展反应较慢，也就没能享受到信息化带来资源管理与电子商务等方面的效益；再者，大部分的建筑设计单位对于市场意识和法律意识的缺乏，也存在一定的隐忧。

高潮之后的勘察设计行业，冷静下来之后也开始困惑，为何产值颇丰却利润极低？为何资本市场不看好？为何管理滞后，创新不足？

新一轮的变革，是时代的倒逼，更是企业自身的主动转型。众多设计单位，从自身出发，基于行业与市场，从技术发展、企业管理、资本运作等多个领域进行了尝试与探索，四川省建筑设计研究院也是其中一员。

第二章

观·生平

知往鉴今，以启未来。我们能看到多远的过去，就能看到多远的未来。回溯历史，从企业的血液里找寻变革与发展的基因。

生于西南

1953 年，国家第一个五年计划发布刚解放三个年头的西南地区重要城市成都也紧随新中国的步伐，准备着手对各行各业进行公私合营的社会主义大改造。出于国民经济建设的需要，也作为对西南建筑行业的改造措施之一，同年的 8 月 1 日，四川省人民政府建设工程局设计公司组建成立，五年之后，更名为四川省建筑设计院，这便是省院的创立之初和院名由来。

上　张家巷天主堂
下　法领事馆现貌

办公空间演绎前世今生

从成立至今，省院一共搬了四次家。据《院志》记载，省院前身的省建工局设计室最早位于今天成都的牛市口，只可惜那里早已是沧海桑田，今天连当年建工局的踪影也难寻觅，更何况其下辖的设计室。

省院第一次搬家便是从牛市口搬迁至张家巷天主堂，具体在天主堂对面的原法国领事馆办公。

民国年间这一区域是法国领事馆区，1949 年后，领事馆撤离大陆，政府没收了领事馆遗留下的房产，用作省建工局办公。从此，以这里为发祥地，逐步成长起来了四川建筑工程和勘察设计行业的重要单位，如今天的华西集团和四川省建筑设计研究院等，这也是省属重要建筑企业齐聚北门的历史渊源。

如今，当年领事馆区的大量建筑已被拆除，周围变成了一片陈旧的居民小区和嘈杂的菜市场，仅存的天主教堂被作为历史文物加以保护，当年的领事馆变成了天主堂的后院，改为了一所幼儿园。从当年算得上是城中城的领事馆区到今天人声鼎沸的居民区和菜市场，从当年洋人专属的上帝住所到今天的孩童乐园，这里的变迁多少让人有些“旧时王谢堂前燕、飞入寻常百姓家”的感慨。

第二次搬家是 1953 年，当时，省院前身的省建工局设计公司刚刚成立，从张家巷天主堂搬迁至簸箕街 126 号办公。

据杨天海院长回忆，他 1959 年分配到省院时就在这里办公，当时的办公楼是两栋砖混小楼，小楼具体有几层杨院长已经记不清了。根据老一辈省院人回忆描述的线索寻找，笔者估计，这两栋小楼应该就位于今天华西集团院内的会议厅后，但不知什么时候早已拆除，现在那里是两栋 20 世纪 90 年代修建的居民住宅楼。

省院第三次搬家便是从簸箕街 126 号搬走，这次搬家有着特殊的行业变迁背景。1962 年，建工部撤销各省市设计院，因此，省院撤销，并入当时的西南工业建筑设计院（今天的中建西南院），经过人员精简安置后，省院当下的设计人员搬迁至西南院办公，勘测人员则搬入非金属矿地质公司西南分公司。

设计人员搬入的地点是当时的金华街 168 号西南工业建筑设计院内，即今天位于星辉西路的西南院旧址，据杨院长回忆，当时他就在大院内那处今天

上　现华西集团

下　西南院办公旧址

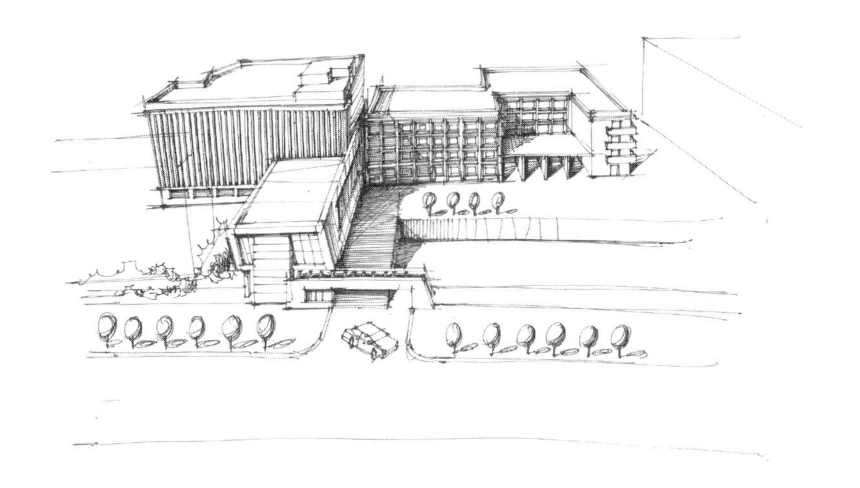

东马道街办公旧址

满是爬山虎的办公楼三楼办公。这栋办公楼外立面被爬山虎遮了个严严实实，无法看清其样貌，唯有楼前那对神采奕奕的石狮令人印象深刻。

省院第四次搬家便落户在东马道街 20 号院。

这次搬迁也是行业调整的需要。省院撤销并入当时的西南工业建筑设计院后两年，1964 年，省委批准将两年前分流的设计人员和勘测人员抽调回来，重新组建四川省建筑勘测设计院，于 1964 年 3 月 1 日正式办公。据《院志》记载：

“院机关各管理部门在西南工业建筑设计院小楼办公，设计一室及成品发行室在西南工业建筑设计院办公大楼办公，设计二室和勘测室在簸箕街四川省城市规划设计院办公，单身职工则分散在四川省建工局库房、省规划院单身宿舍及簸箕街林林旅馆住宿。”

就在省院寄居四处的同时，选在东马道街 20 号的办公院楼也在紧张修建中，1964 年底，东马道街 20 号办公楼落成，省院迁入新址办公，直到今天。而当时修建的那栋办公楼便是今天院内那幢满是爬山虎的设计楼，而今天新设计楼大门入口处的那一部分，据杨天海院长回忆，则是会议礼堂和职工食堂。

从此以后，省院告别了颠沛流离、四处寄宿办公的发展阶段，拥有了自身独立固定的办公空间。但是，据陈开培书记介绍，也是在这次搬迁中，许多 1964 年之前的图纸档案丢失，造成了难以挽回的遗憾。

办公空间的时代印记

仔细分析省院历史上的四次搬家，有着鲜明的时代印记。

第一次搬迁至法国领事馆办公，属于典型的没收遗留财产充公。在1949年那场大变局中，大陆各城市的企业人士和国际驻华组织纷纷撤离，遗留下了大量厂矿、办公楼和住宅等房产。刚刚成立的新政府因百废待举，财政紧张，因此，许多政府机构和社会组织便直接将这些遗留下来的房产没收充公，用作办公空间。虽然这样节省了成本，但是由于这些遗留房产最初的功能设计并不是用于办公的，或者并不适合大规模办公，因此，也造成了许多组织机构办公空间紧张等问题。

从第二次搬迁开始，直到搬迁至东马道街20号，省院的办公空间如同中国所有机构一样，进入了单位大院的发展阶段。在那个年代，与每一个人相伴终身的，除了户口，便是单位，个体不仅工作与单位相关，住房、看病、结婚、生子以及子女的教育都跟单位有关，所有单位大院式的办公空间便努力构建大而全的员工福利体系。因此，从1964年落户东马道街开始，省院的办公空间便逐渐朝着一个单位大院的庞杂体系在逐步完善和发展。

最早配建的便是食堂，据《院志》记载，以往的省院食堂每天晚上还会专门为加班的设计师准备夜宵。除此之外，1965年，东马道街20号大院便修建职工住宅两栋，1974年又建四层职工住宅一栋，一年后又建四层单身职工宿舍一栋。从20世纪80年代开始，分别在马鞍北路、曹家巷和张家巷建职工宿舍8栋，直到1996年今天东马道街22号的六栋宿舍分配后，省院的单位分房才画上了句号。

1974年，东马道街20号院内一栋幼儿园落成，此后，省院职工结婚生子，子女便可以享受单位幼儿园的照顾和教育。针对职工的身体健康，东马道街20号院内还开设了医务室等部门。在20世纪70年代，针对单位职工子弟中返城知青的教育和就业难题，省院不仅开办了职工大学，让职工子弟接受大专教育，此后，还响应国家号召，成立了劳动服务公司，帮助待业职工子弟就业。

那时，省院职工住房十分紧张，很多刚分配来的大学生便几个人一间挤在单身宿舍里，很多人到了结婚的时候才能够从单位分到一间独立的宿舍，然后夫妻双方一起熬过了多年后，才能够拥有自己套间式的独立住宅。因此，很多老一辈省院人在婚姻家庭的观念上，很难理解为什么今天的省院小年轻一定要先买房后结婚。

但那个年代即使住房紧张，东马道街 20 号院内的单位凝聚力却很强，据设计三所郭艳副院长回忆，20 世纪 80 年代，她跟李纯院长刚到省院时就住在单位的集体宿舍，虽然条件艰苦，但是省院职工相互之间的充分交流沟通，奠定了省院的凝聚力。

20 世纪 90 年代办公楼停车场、在花园里玩耍的员工子女

办公空间里的设施变迁

今天的省院，院坝里停满了中高档轿车，楼道里统一的门牌 VI 标识和各式宣传资料，各处角落里摆放着美化环境的盆栽，办公室因为有空调冬暖夏凉，全部信息化办公。可是据《院志》记载：

"70 年代以前，全院仅有适应办公和设计勘测工作基本需要的办公桌椅、绘图仪器、计算尺、测绘仪器、勘测机具及试验仪器、晒图机、电话总机等设备和用具。80 年代陆续添置了微型计算机、复印机、晒图机等。"

而据原综合管理部唐建尧部长回忆，他 70 年代末进入省院时，冬天设计师早上上班第一件事，便是去院里领取木炭生火烤手，避免双手因天冷冻僵，无法灵活精细地画图。

在办公设备方面，据新版《院志》记载：

"在 80 年代以前，省院的工程设计、设计计算、概预算的编制全部由手工完成。设计计算中使用手拉计算尺和传统珠算完成，设计图纸也是手工绘制。1980 年，为解决结构专业的大量计算问题，省院从各专业抽调人员成立电算所，先后编制多种结构计算程序，同时也引进国内成熟的软件，提高省院电算化技术水平。"

可见，从 80 年代开始，省院人经历了手工绘图到电算再到 CAD 制图的变化。从 1992 年到 1997 年，全国勘察设计行业进入"甩掉图版"的计算机革命，在这期间，省院于 1994 年使用先进的 AUTOCAD 等绘图软件，逐步代替以往的绘图板手工绘图方式，一年以后，省院全院范围内实现 CAD 绘图。除此之外，1993 年，省院开始局域网设计和建设工作，这在全国省级设计院内处于前列。

今天，省院采用协同系统进行内部设计数据传送和日常管理。2011 年，随着 CAD 绘图向 BIM 的转变，省院投入大量资金开展 BIM 建设，并筹建了专门的 BIM 工作室。同时，院办公楼一楼的库房空间也在年初装修一新，还通过打造露天阳台的公共空间，引入咖啡馆，全面提升省院办公空间的舒适性和设计感。

电算机房

电话总机房

晒图机房

复印机房

办公空间里的文化氛围

不同时代，省院人都有一些与办公空间相关的共同记忆。

1962 年以前，据《院志》记载：

"工会坚持组织职工参加早晨的广播体操和中、下午的工间操活动，且普及率较高，第一套广播体操有 95% 职工参加，第二套广播体操有 60% 职工参加。此外，还定期不定期地举办周末舞会，组织篮球、排球、板羽球、乒乓球、举石锁、扑克、象棋及唱歌、乐器等活动……1957 年举办了摩托车培训班，有的运动员还被推荐出席省第一届摩托车比赛运动会。"

此后，受政治运动的影响，直到 20 世纪 80 年代，省院办公空间的氛围都十分严肃，思想工作是一项常抓不懈的重要工作，在正式的职工文娱活动中，"爱国"和"集体"是贯穿始终的主线。80 年代中期开始，省院的年轻人开始恢复不定期举办舞会，还联合举办过成都地区勘察设计行业"六院一所"文艺演出。

今天随着社会和生活的多元化，这些传统的集体活动不再是省院人最关注的文化方式，每年定期的海外考察，会使他们变得越来越具有国际范，也更加关注自己内心的自由和选择。当传统的食堂饭菜不再那么可口的时候，他们每天中午的光顾，养活了东马道街一大片的小吃店；当单位集体的午休制度随着社会的快节奏取消后，春光大好的天气里，省院人午饭后仍然会三五成群地到府河边上的绿地里赏赏花、散散步，寻找身体和心灵的放松与休憩。

杨天海院长回忆道，他 50 年代刚到省院工作时，省院人就经常加班工作，90 年代以前的食堂还会给每天给加班的职工提供夜宵。似乎加班不仅是全国勘察设计行业的共同特征，也是省院 60 年发展历程中，办公空间里最稀松寻常的事情，尤其是在近年来的繁重加班中，省院人不仅养成了泰然处之的习惯，还从中发明了苦中找乐的自我调节方法。

在《观筑》企业版的创刊号中，一位设计师在文中写道：项目紧迫的时候，难免工作到凌晨 2、3 点，周末加班也习以为常，工作之余，男孩子坐在电脑前打望刚毕业入院的女生，总觉得让娇弱的女生来承担这样强度的工作，难免可怜了些。时间一长，项目一多，对着电脑熬夜加班，女生的皮肤便不会

2000 年足球比赛

1989 年“三八”节女职工拔河赛

周末舞会（1988 年）

院游泳代表队在省建总公司组织的游泳比赛中取得优异成绩

图书室

阅览室

那么水润，脸上也会很快冒出痘痘，气色变差，脾气也会跟着不好起来，日复一日的加班，也会逼得女生们懒得打扮自己。

作为一家工科技术型企业，省院的男女比例永远是僧多粥少，恋爱和婚姻也一直是围绕年轻设计师的热门话题。尤其是近年来随着几档电视相亲节目的火爆，省院的年轻设计师们以其工科思维的单纯与执着，以及媲美北上广高级白领的收入，成为最佳经济适用的相亲结婚对象。

但是回到 80 年代，一位年长的省院人就曾提到，那时候省院的小伙子们远没有今天这么热门，不少单身男设计师，周末还专门骑车几十公里去德阳的百货商品，试试能否邂逅商店的女售货员。

新空间：北辞过往，南瞰未来

跟随城市发展的步调，2014 年 12 月，省院正式搬入天府新区的新家——大源国际中心。坐落在城市发展中轴线上，这处由德国 GMP 设计、SADI 建筑景观院负责景观、装饰所自己装修的新办公场所，在一众高楼中显得有些特别。

双层呼吸式玻璃幕墙包裹出温润大气的轮廓，简洁而不简单；密布的路网、丰富的商业业态、开敞的小街区氛围，在 SADI 作品的环抱中，省院人在新的空间里正开创着新的未来。

每天清晨，映着穿过轻轻薄雾的冬日朝阳，楼顶简洁的英文标志多少让熙熙攘攘的人群不明觉厉，更让我们在四周楼宇间低调地彰显着现代化与国际范的腔调。办公区位、周遭环境以及配套设施的变化，会给每一位省院人生活与工作带来不同的变化，然而每天见到的大家仍然一如既往的忙碌和投入，让大楼也充满了暖暖的活力。

午间用餐完毕，同事们习惯在楼下的街区走走，让忙碌的大脑与身体得到舒缓。与朋友聊天、打趣，闲坐在街边的食肆或花台，随手一拍都是生活的美好模样。

傍晚下班，有人等待在新楼北侧的车库出口处，陆续坐上驶出来的不同汽车奔向各自回家的方向，这是省院南迁后方才兴起的拼车现象，延续了省院文化中浓浓温情、和睦融洽的传统维系；也有人穿过小小的街道，汇入地铁下班的人群，奔向温暖的小家。

不念过往，笑瞰未来，传统的文化肌理注入现代的企业平台，不论搬到哪里，只要有省院人的坚持，我们坚信省院的天府新篇一定会更精彩。

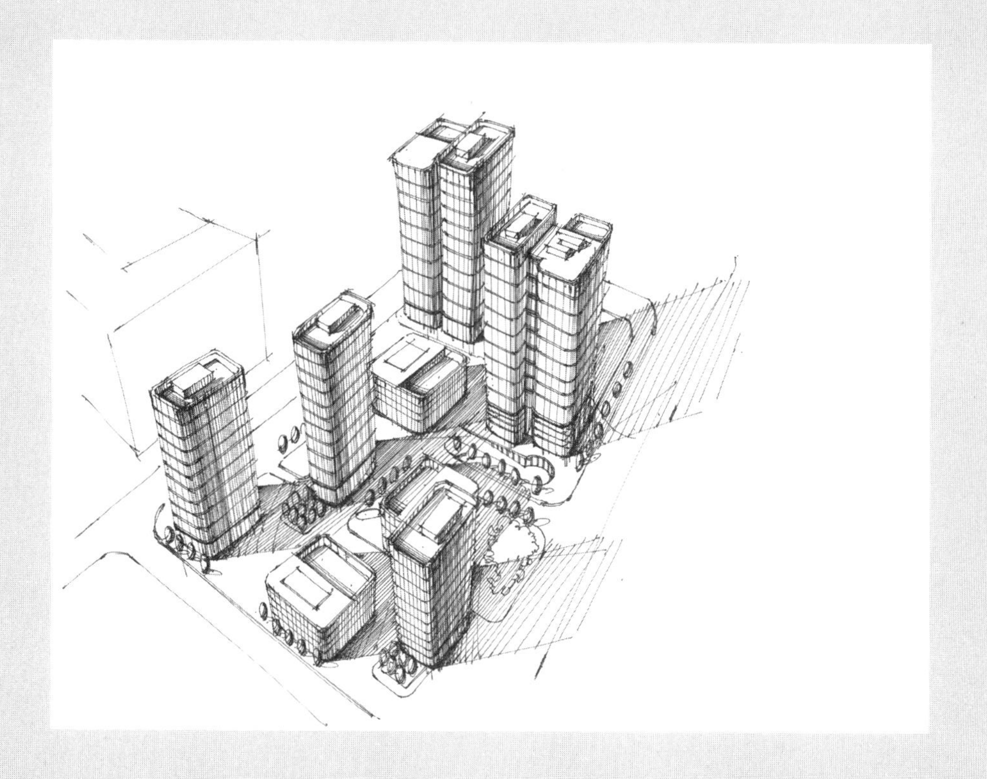

SADI 新办公楼、大源国际中心

作品群落展示企业探索

省院作为一家扎根成都、面向全国的省级院，深耕西南 60 余年，在岁月的长河中，这片土地上诞生了大量省院设计的作品，在城市发展的格局中形成了无数的作品群落。我们选取了成都最富代表性的城市发展中轴线——人民南路为代表，尝试以空间为坐标梳理省院作品传承和探索的内涵。

成都的传统城市格局中，中轴线并非正南北方向，而是根据龙门山北偏东 30° 走势的方向，形成了今天川陕路到浆洗街沿线。从 20 世纪 50 年代开始，随着人民南路的历次修建，才形成了今天成都沿人民南路走势南北延伸的城市中轴线。

在这条重新形成的城市中轴线上，有雪松苍翠、梧桐散漫的街道景观，也有充满成都地域特色的民俗公园；有最国际化的商业核心区和办公写字楼，也有全川最重要的文教医疗区，因此，有专家这样评价这条中轴线，“它是成都文化的象征，更是这个城市的缩影，城市的精神、精髓都可在这里寻到。”省院在这条中轴线上设计的作品建筑群，从 20 世纪 50 年代开始，前后跨越了 60 多年的实践，呈现出非常明显的阶段性，分别集中在 20 世纪 50 年代、改革开放前后、90 年代和 2000 年以后。每个时间段都透露着当时建筑思潮和行业技术水平等信息。

奠定基石（1953 ~ 1976 年）

20 世纪 50 年代，随着人民南路的修建和第一次延伸，在其两侧分别建设了当时成都十大工程的四处，由省院设计完成的省博物馆是其中之一，外加沿线的成都百货大楼、新华书店、四川剧场、华西坝钟楼和华西医大第一附属医院门诊部，共同形成了当时人民南路沿线的标志性建筑。

省院作品（1953 ~ 1976 年）　　表 2-1

<table>
<tr><th>作品名称</th><th>设计时间</th><th>建筑造型或地位</th><th>备注</th></tr>
<tr><td>省博物馆</td><td>1958 年左右</td><td>当时成都十大工程之一</td><td>已拆除</td></tr>
<tr><td>成都市百货大楼</td><td>1953 年</td><td>呈“L”形平面，屋顶女儿墙及窗裙墙略有回文花 饰，转角主入口处有两列花格窗及四根半圆柱直通至顶，外观简洁大方。为新中国成立初期初辟人民广场时的三项主要建筑之一</td><td rowspan="2">百货大楼已拆除，即今天府广场远东百货处。共同组成人民南路起点两端转角处的“L”型建筑，较当时周围建筑高大壮观，备受瞩目</td></tr>
<tr><td>新华书店</td><td>1953 年</td><td>呈“L”形平面，对称式体型。正立面入口为简化的四柱牌坊形式，两翼体段女儿墙作简单屋脊呼应，具有传统形式的神似。位置重要，为成都重大节日市民集会和商业中心，为新中国成立初期初辟人民广场时的三项主要建筑之一</td></tr>
<tr><td>四川剧场（一、二期）</td><td>1953 年、1958 年</td><td>灰白色水刷石墙面，典雅大方。中部白水泥粉饰，立线条分割，大开间立式通窗与两端点缀条形混凝土漏花窗，虚实对比恰到好处</td><td>为当时及七八十年成都主干道上一座美观典雅的建筑</td></tr>
<tr><td>华西医大第一附属医院门诊部</td><td>1954 年</td><td>整体为现代建筑风格，造型朴素大方，功能合理，具有较高技术平</td><td></td></tr>
</table>

续表

作品名称	设计时间	建筑造型或地位	备注
华西坝钟楼重建	1953 年	主体为清式古典建筑，顶部为四方形钻尖屋盖，飞檐飘逸，翼角凌空，皂瓦红墙，绚丽多彩。今天仍为华西片区和整个成都的地标建筑	
跳伞塔		高约 80m，钢筋水泥浇筑而成，原人民南路四段省体育馆	已拆除
毛泽东思想胜利万岁展览馆	1967 年	省院参与设计，负责结构专业，大体量苏式建筑	今四川科技馆

（表格根据《院志》绘制）

这些标志性建筑呈现出两种建筑风格，一种是民族传统形式，另一种是现代建筑风格。

当时，受梁思成先生的影响，他在中国建筑学会第一次代表大会上提出的“民族的形式，社会主义内容”，成为主要的建筑思潮。很多建筑师将“民族形式”理解为古建筑的形式，尤其是明清时期北京宫殿的形式，因此在很多建筑设计中都可以发现复古和仿古的印迹。重建的华西坝钟楼便是典型的这种古典风格，而四川剧场、新华书店以及百货大楼设计方案，很多建筑局部的处理，都运用了传统古建的手法。

建筑创作中的古典设计往往需要大量财力去修建，但建国初期，财政匮乏，难以支撑这种建筑思潮的实践。1955 年 2 月，建工部召开设计施工工作会议，批判了在“民族形式”旗帜下的复古主义思潮，提出在当时的情况下，应遵循“适用、经济、在可能条件下注意美观”的设计指导思想。与此同时，增产节约运动在全国开展，苏联建筑工作者会议被广泛组织学习，进一步推动着建设设计行业反对创作中“高、大、全”和“洋、怪、飞”的形式主义。受此影响，省院第一次设计的成都百货大楼方案就显得建造成本过高，不得不对设计方案进行修改。

跳伞塔是那个时代最为特殊的建筑物，为了训练空军跳伞，并在很多省会城市都有修建，一般为 50m 左右的高度，目前仅重庆、济南等地的跳伞塔保留了下来。省院设计的成都跳伞塔高约 80m，在全国范围内属于较高的，当时不仅是人民南路沿线的地标，也是很多成都人的城市印象，自 20 世纪 80 年代爆破拆除后，跳伞塔便成了这一区域的地名，沿用至今。

对于那时的省院人，设计作品不仅是一项技术工作，他们还在其中倾注了大量心血和情感。时隔半个多世纪，很多老一辈设计师对这些作品的设计细节和故事仍然记忆犹新。经历过华西坝钟楼重建工程的丁振基老人，在回忆文章中不仅清晰描写了古建专家古南平先生主持复建的工作内容，还深情地叙述了省院以及他们全家与华西坝钟楼结下的不解之缘。

> “由我院首任总建筑师、古建筑专家古平南先生主持，对钟楼塔基以上部位进行了改建，引入了中国传统建筑元素，顶部造型类似北京紫金城角楼，多角飞檐纤巧秀丽，虽是青砖灰瓦，但宝鼎、钟百墙体，门窗均为红色，加上白色钟百对比强烈，下部高大的椭圆形门洞，减少了方形塔楼的单调，塔基厚重，呈现出中国式敦厚，整体显示沉稳大气。”
>
> “在命运的机缘下，我和妻子重逢于成都，那时她在华西医科大学医学系 56 级就读，可住川医女生院，距钟楼不远，我们数十次在钟楼碧池周围牵手漫步，喁喁细语，有时席坐草地，仰望星空，把一股郁闷随时间和环境而逐步消融。”
>
> “我们的下一代乃至第三代都与华西坝钟楼有着不解之缘。长子于 1983 年大学毕业后，也在华西坝收获了爱情……毕业至今，已近二十九个年头，几乎天天与钟楼相伴……他们的女儿名丁汀，1990 年生，小学是在距家附近的龙江路小学读书，初中是在校区隔林荫街的七中就读，长年来来往往于钟楼侧畔，感受钟楼那片美景的毓秀之气。”

华西钟楼

蓄势扬帆（1977 ~ 1999 年）

改革开放后，国家鼓励科学技术人员解放思想，繁荣创作，这极大促进了省院人的技术创新和设计探索。

这一时期，成都也迎来了城市建设的快速发展期，在中轴线沿线，单由省院设计完成的标志性建筑就有 6 座，其中大部分为高层建筑，设计人员在许多方面进行了技术创新和探索。

省院作品（1977 ~ 1999 年）　　表 2-2

作品名称	设计时间	建筑造型或地位	备注
新声剧场	1979	建筑外观活跃、轻快，凸显娱乐建筑特点，舞台高出部分墙面作花饰，表达剧场性格	获 1980 年全国中型剧场设计竞赛三等奖
四川省游泳馆	1977	国内第一次将综合游泳池改为专用池，广泛采用当时的新技术、设备与材料，如结构采用倒三角跨度 39m 立体钢管桁架	日本、美国、南斯拉夫等国内外建筑专家参观后给予好评
火车北站站房	1977	多院联合设计，省院负责结构设计。主题结构为预制装配式结构，屋面采用四角锥网架等	获建设部优秀设计三等奖、国家科委重大科技成果奖
西藏饭店	1984	建筑造型简洁大方，利用垂直遮阳板和水平窗眉、窗台线组成里面线条的变化内部装修设置带有西藏景色和藏族情调壁画	成都较早的五星级酒店
成都大酒店	1986	以折线形组成六棱柱体，挺拔壮观，与火车北站房形成对比，构建车站广场空间	80 年代展示成都北门的窗口
太平洋百货	1993（建成）		最早进入成都的外贸百货，当时的流行风向标

（表格根据《院志》绘制）

成都新声剧场

四川省游泳馆（1977）建筑面积 12,132 平方米
四川省游泳馆

上述作品成为城市中轴线的时代标志性建筑，除了区位和功能特殊外，设计特色也是重要影响因素，主要表现在两个方面：一是在设计中大胆进行技术创新和尝试，采用新技术、新材料和工艺等；二是创作力求表达作品的文化哲理内涵，综合考虑立意构思与环境的关系。

为满足功能需求、支撑外观造型，并节约建造成本，设计师在进行省游泳馆和火车北站站房的设计时，结构上均采取了一系列的技术创新和尝试。省游泳馆将结构设计为跨度 39m 的倒三角立体钢管桁架，轻巧美观，方便吊装施工，在满足安全性能的同时，减少了钢材用量，并加快了施工进度。而火车站站房的外观造型，即便到今天，仍然十分大气美观，当时负责结构设计的省院，为了综合解决安装方便、缩短工期、四周悬挑过大等矛盾，花费了大量心思在结构上进行技术创新，因此，该项工程最终不仅获得了省优一等奖，国优三等奖，还分别在科技进步单项上获得了省科技进步二等奖和国家科委重大科技成果奖。

25 层的成都大酒店、高层的太平洋百货大厦和西藏饭店，今天仍然“风韵犹存”地耸立在周围林林匆匆的高层建筑中，当时，高层和超高层建筑才刚刚兴起，这多少给设计师带来了一些挑战和压力。同时期，成都的第一高楼蜀都大厦方案设计完成时，主持设计的刘启芝回忆，众多同行对方案都持质疑态度。这种情况在改革开放最前沿的珠海特区也不例外，当时省院的珠海分院成功竞标南天酒店，这是一栋 34 层的建筑，近 120m 高，对当时参与设计的技术人员也是一次挑战。

原新声剧场这一类的建筑，除了满足使用功能外，还需要从设计手法上彰显出建筑的文化内涵。作为原址重建工程，新声剧场备受用地限制，设计师通过巧妙构思，平衡处理好了建筑功能、文化内涵和地理环境三者之间的关系，大量小而精致的绿化小花园成了设计创作的主要特色之一。

进入 20 世纪 90 年代，省院在建筑设计领域取得了长足进步，完成的工程设计数量迅速增长，类型丰富。随着高层建筑技术的纯熟和建筑设计理念的进步，一幢幢造型独特的高楼大厦不断出现在成都城市中轴线的两侧，这时，任何一幢建筑都很难凭借高度或者其他技术方面的特色成为区域标志性的建筑，只有那些承载了大量公民记忆或历史文化信息或引领实践某种文明理念的建筑才能算是标志性建筑。

天府广场的北面，有一幢承载着成都市民安居梦想的大厦，在其顶部，赫然竖立着“成都房产”几个大字，这便是由省院腾德华、余朝玺于 1993 年主持设计的成都市房产交易中心。在楼市居高不下的今天，这里承载了多少市民的安居梦想，也是所有市民实现安居梦想路上的记忆深刻的一环。而川医附二院按照国际先进标准设计，目前是全川乃至西南地区最具影响力的儿科和妇科医院。

这一时期，节能环保开始作为行业最前沿的话题被讨论，但如何将这种标志着社会文明程度进步的理念落实到具体工程中，很多设计师尚处于迷茫阶段，而省院的设计师却开始在天府广场东侧一栋不起眼的海发大厦（即摩尔百货大厦）开始了实践，并取得了成功。主导这场创新型实践的是省院给水排水专业副总工程师王瑞，她将空气源热泵热水系统设计用于海发大厦，将空气中的热量收集起来转化为大厦热水供应系的热源。这项技术建造成本低，能够极大降低大厦后期的运营成本，更重要的是，它还能在与成都气候条件相同的地区广泛推广，将很好在社会上倡导和实践节能环保的理念。

后来这项大厦单凭这项设计获得了中国建筑学会建筑设计（给水排水）二等奖。院顾问总工方汝清在评价这项工程设计作了一个类比，他说当年获得建设设计一等奖的是国家奥运工程。

从 20 世纪 90 年代到 21 世纪初，省院陆续在人民南路沿线承接设计了一系列项目，如皇城清真寺成了现在天府广场的重要组成部分，首座城市综合体是人民南路沿线最早的一座城市综合，楼高150m的川信大厦是当时成都中轴线的高度，开行大厦（现为汇日・央扩国际广场）是当时成都办公写字楼的最高标准……除此之外，还有凯宾斯基酒店、索菲特・万达酒店、华西美庐、锦官新城、凯莱帝景花园等项目。这些项目很大程度上奠定了今日人民南路的街道格局和景观。

跨步飞跃（2000～2010年）

新世纪的第一个十年，世界经济处于前所未有的变化中，国际局势缤纷复杂，但中国的国际地位和影响在持续提高，国内经济飞速发展，房地产行业进入成熟期，勘察设计行业也进一步发展。这一时期，省院的作品在数量上迎来了大爆发，设计充分与市场接轨，体现人性化、多样化的特点。

伫立在人民南路锦江河畔的开行大厦，是成都较早引入开敞式中式庭院的生态节能超甲级写字楼。在外立面设计上，建筑外墙采用LOW-E玻璃可有效过滤紫外线而又不影响自然采光，可呼吸式生态幕墙利用上下端可根据日照条件调节的百叶起遮阳作用，提高了外墙的隔热性能，开创了西部地区节能幕墙利用的先河。该项目从全国近200个项目中脱颖而出，是成都唯一获由中国指数研究院组织评选的"2005年全国十大典型写字楼"。

在成都市向南的中轴线上还有一座双塔形式的建筑分外引人注目，那便是省院与德国蔡德勒建筑设计公司联合设计的川投调度中心。位于城市南向CBD区域，在一众城市标志建筑当中，建筑形体用不同高度的双塔形式以南北朝向为主布局，建筑强调现代感，整体简洁明快。整座大厦的设计完全围绕满足成都市南部新区总部经济国际智能化办公功能进行。

2008年，人民南路迎来了新的提升机遇，而对于一直在这条城市中轴线上实践着"影响成都发展、建设宜居城市"的省院来说，将再一次通过城市引领自己大本营的城市发展。这一年，省院在人民南路综合整治方案的全球征集中脱颖而出。两年以后，整治工程完成，呈现在成都市民和外来客人面前的城市中轴线，是一处最成都与最国际、最商业与最文化的街道空间。这其中，省院设计重建的四川大学华西校区东门，成为中轴线上的新景点。

2012年2月，成都正式提出了打造“百里城市中轴”的宏大构想—以天府广场为中心，将原来局限于主城区的城市中轴线沿人民南路、人民北路南北延伸、贯穿全域，准备打通一条北接德阳、南连眉山，全长80km、路幅宽达80m、两侧各配置50m绿带的城市中轴线。按照规划，中轴线将聚集一批地标性建筑、一批高端服务业项目，既是景观轴，也是经济轴、文化轴和生态轴。

2014年12月，省院新办公楼也重新定位在了在这条百米中轴线上，围绕在省院周围，希尔顿酒店、香年广场、天府软件园F区景观提升等精彩作品一一展现……未来，还将继续呈现。

川投调度中心

开行大厦

希尔顿酒店

香年广场

天府软件园 F 区景观提升

走南闯北

在省院的版图格局上，如果说一件件作品如同市场争夺中获胜的一面面旌旗，那么，曾经的驻外分院则是省院开拓市场版图的一处处有力据点。

如今，分院南征北战、开拓版图的场景已然远逝，但分院留给我们的遗产，除了今天上海、海南和珠海等地市价不菲的房产外，还有众多省院人的集体记忆，以及他们探索市场化道路的成败得失。

分院的开拓路径

自20世纪80年代开始，省院陆续开设了珠海、上海、海南、北海、三峡和重庆等7处驻外省市分院。1980年1月，国家开始推行勘察设计单位实行企业化管理和收取勘察设计费用的试点改革，省院作为最早参与试点改革的单位，面对社会改革开放的总趋势和行业形势的变化，省院制定了“立足省内、开拓省外、跻身国外”的基本方针。

迈出开拓省外市场的第一步是在1984年5月，当时的崔传稳院长率领精干工作小组，参加珠海市设计投标，筹建了珠海设计部，一年后更名为四川省建筑设计院珠海分院。

借鉴珠海分院的经验，根据市场和形式的变化，从80年代开始，省院陆续设立了7处分院（加之在此之前的曾有的分院），具体情况如表2–3所示。

省院设立分院情况　　表2–3

分院名称	开设地点	开设时间（年）	代表性工程
珠海分院	珠海番洲光明街136号	1984～1981；1988～2001	南天酒店；珠海市房产公司办公楼
海南分院	海口市龙昆下村	1984～1996	太平山避暑山庄；八所港务管理局港湾大厦；三亚、通什等七县市邮电大楼
上海分院	上海市潍坊路168弄21号	1985～2010	竹园新村；上海延福大厦；上海康健试点小区等
北海分院	北海市四川路西万安花园	1993～1995	华达大厦、怡海新村高层住宅
重庆分院		1956～1958；1998～2001；2003；2012	
三峡分院	重庆万洲白岩路418号	1994～1995	
新疆分院		1989	

在这些分院中，上海分院是所有分院中经营时间最久的，然而其最初设立也最具有偶然性。陈开培书记在回忆中提到，促成上海分院成立的，是1984

年夏一封来自上海市住宅建设总开发公司第八分公司的工程设计邀请信，对方在信中咨询省院是否愿意前往上海做浦东竹园新村的项目设计。

当时上海的改革开放刚刚起步，浦东大部分地方还是一片农田和菜地。院里接到邀请信后，经过商量，派了计划室主任江家钰和设计二室负责人前往上海沟通联系，基本确定愿意承接项目并带回了项目规划图。院里看过带回来的规划图后，由李逸愚副院长带队组织设计人员前往上海考察，并于当年 9 月与甲方签订了项目合同。由于距离太远，交流沟通不便，以及保证设计工期需要，1985 年 10 月，省院第一批设计人员前往上海进行现场设计，同年 12 月成立上海设计部，1988 年更名为上海分院。

从开设时间看，作为离大本营最近的重庆分院，也是成立过程最曲折复杂的分院。分别于 1998 年、2003 年多次设立。2012 年 3 月，根据成渝经济圈的市场形势，省院再次设立重庆分院，积极拓展重庆市场。

北海分院和三峡分院的设立深受时代背景的影响。20 世纪 90 年代初，国家实施开发大西南战略，将北海建设为大西南的出海港口，建设从四川到北海的出海大通道一时间成为区域最热门的经济话题，川内众多企业纷纷进驻北海，开设分支机构，省院作为其中一员，便在那里开设了北海分院。至于三峡分院，据曾任三峡分院院长的唐建尧先生介绍，正如分院名称所示，是基于三峡大坝水利工程所带来的市场预期而设立的，地点选择在重庆万州，希望以那里为据点，承接大坝库区的城镇搬迁重建工程。

而关于新疆分院，目前仅有《院志》中对其成立时间有一句简短记载，其他信息很难查证，也从未听年长的省院人提及，但是从其名称来判断，这应该是离省院最为遥远的一处分院。

分院制度设计

如何对分散各处的分院进行管理？这也是省院当时在探索市场化道路上所面临的一个重要课题。

体制管理上，当时分院的开设都需报批上级主管部门同意，此后逐步被上级主管部门纳入其在当地的组织序列，如珠海分院在特区后来就受华西企业公司领导，上海分院后来也进入省建总公司的上海队伍编制，均属于县团级。

在日常管理上，各分院虽然组建了领导班子，独立进行财务核算，甚至部分分院拥有独立法人资格，但仍然与院内各设计室挂靠（也有院直管的时期），分期轮换，如上海分院刚成立时由设计二室主管负责，珠海分院由设计一室负责，设计三室负责海南分院。1992 年，北海分院成立后，设计二室负责北海分院，上海分院转由设计三室负责管理，而珠海分院则由设计一室负责，海南分院由新成立的设计四室负责。今天重新设立的重庆分院、昆明分院、西安分院也是分别由设计二院、三院负责管理。

1987 年，省院对驻外分院专门制定了技术管理办法，规定驻外分院或设计部承接的设计任务，可以采取三种方式完成：

“一、方案、初设和施工图设计全部由分院或设计部组织完成；”

“二、由分院或设计部负责完成方案或初设，对施工图设计，则分院或设计部在院内挂靠室或其他生产室派出技术人员到分院或设计部所在地，会同原有人员共同完成；”

“三、在分院或设计部完成方案与初设后，派主要人员返院，在院内挂靠室或其他生产室组织技术力量共同完成。”

正因为如此，每当分院在承接重大项目中遇到技术难题时，省院便成了分院最强有力的支撑。1991 年，上海分院承担的延福大厦便是这样的工程之一，大厦功能复杂，分别包含菜市场、商场、办公和塔楼于一体，且地理位置重要，为浦西进入浦东的门户，与周边建筑环境关系紧密，需要妥善处理大厦建筑形态、功能和环境的关系。后来这一作品成为省院“八五”时期的代表性工程，但在设计过程中，省院调配了大量业务骨干进行技术支撑。

分院的经营传奇

对于各处分院来说，最大的障碍是如何开拓市场，在激烈的市场竞争中站稳脚。

杨天海院长在回忆中谈到，省院是当时全国最早开设分院的省级院之一，作为置身改革浪潮最前列的弄潮儿，遭遇的困难势必也会最多。开拓珠海分院的市场最初是由崔传稳院长亲自带队，而曾任三峡分院院长的唐建尧先生在谈到开拓三峡市场的艰难时，总结了两点：一是各地市场成熟度不同，沿海如上海、珠海和海南等地，市场竞争激烈，秩序规范，而西部市场秩序则比较混乱；二是人地生疏，当时交通远不如今天这么便捷，工程技术人员前往项目现场开展技术服务会在路途中耗费大量时间。

即使到了今天，这种市场开拓也十分不容易，2012 年省院重庆分院重新开业，担任重庆分院副院长的郭驰也谈到，如果不是分院直属的三院领导团队的大力支持，仅凭他们一群年轻工程师，很难在重庆市场上打开局面。

由于分院远离成都，工作条件相对艰苦，因此在内部工程技术人员的调配方面也面临一些具体困难，很多 90 年代初期分配来的大学毕业生，往往一入职就被派往分院工作。李纯院长还记得那时候的省院出台了一项规定，凡是提拔为省院中层领导的技术人员，必须要具有两年以上的分院工作经历。因此，翻看今天在职院领导和中层领导的简历，他们中的很多人均在各地分院工作过：

李纯	院长	海南分院
陈中义	党委书记	珠海分院
张理	副院长	珠海分院
徐卫	副院长	上海分院
章一萍	总工程师	珠海分院、海南分院
涂舸	总建筑师	海南分院
刘都义	设计一院副院长	上海分院
丁强	设计一院副院长	上海分院
何小银	设计一院总工程师	珠海分院
蒋志强	设计二院总工程师	上海分院
杨净宇	设计三院院长	上海分院
郭艳	设计三院副院长	珠海分院、海南分院
邱翔	设计三院副院长	上海分院

赵仕兴	设计三院总工程师	珠海分院
王瑞	技术发展部部长	珠海分院
李晓川	市场经营处处长	珠海分院

……

很难具体统计到底有多少人曾在分院工作过，除了目前在职人员，很多已经退休的老一辈省院人也曾在分院工作过，如原党委书记陈开培曾担任过北海分院院长，而原副院长蒋培文和院顾问总工李琇则分别担任过上海分院的院长。可以说，分院是很多省院人的共同经历和集体记忆，也是省院甲子传承中对大多数省院人有过深刻影响的重要内容。

正是在众多省院人的共同努力下，各处分院取得了很好的业绩，为省院的发展作出贡献。单就产值一项指标而言，《院志》记载 1989 年省院总收入 472 万元，上海、珠海和海南三处分院的产值为 82 万元，占全院总产值的 17.4%。在陈开培书记的工作笔记中记载着 92 年和 93 年分院与全院的产值，分院产值分别为 661 万和 1200 万，而全院分别为 2206 万和 3784 万，短短几年，分院占全院的产值比例从将近 20% 快速上升至 30%。

仔细分析《院志》中关于上海分院和珠海分院历年承接项目的统计表发现，从 80 年代初开始，承接项目数呈历年递减的趋势。上海分院正式成立的第一年（1986 年）共承接项目 94 项，到了 1989 年，全年承接项目为 10 项；而珠海分院则在 1987 年至 1988 年间歇业一年，分院开设的第一年承接项目 17 项，1989 年承接项目 14 项。之所以出现这种情况，是因为 80 年代中期国家全面压缩基建规模，不仅导致市场上新工程的数量下降，就连许多已经完成施工图设计的工程也因此停工。当时珠海分院完成的南天酒店，就受此影响被列为停缓建项目，至今未能动工，而中途歇业一年也与此有关。曾任北海分院院长的陈开培书记回忆道，北海分院成立第一年就承接了不少项目，但其中完成的一些较大项目如怡达大厦等，也遭遇了此类情况，此后北海分院于 1995 年歇业。

由此可见，分院业务作为省院探索市场化道路的一种模式，深受市场环境变化的影响，也随时根据市场的形势，及时做出调整和应对策略，无论歇业撤销，还是重设新的分院，省院的经营管理都显得收放迅速、灵活自如。虽然根据市场形势采取的应对策略，后来分院陆续撤销，但曾经的分院为省院开拓省外业务积累了丰富经验，随时准备着谱写新的传奇。

分院遗产

各处分院刚成立时，多为租房办公，上海分院开始由甲方提供办公及住房。随着项目的增多，为了扩大业务和规模，纷纷购置房产，准备长期扎根下去。后来，随着市场和形势的变化，所有分院陆续歇业或撤销，但在此期间，全国房价不断上涨，当初分院购置的房产不断升值，为省院留下了一笔优质资产，以上海分院购置的房产为例，如今的市价已超过千万。

在多年的营业实践中，各处分院就如同省院的一个个辐射点，不仅拓展延伸了省院的市场版图，依托一个个项目，还极大提高了省院品牌的社会影响力。上海分院曾在上海建委的外地驻沪设计机构排名中位列第八名，陈中义书记在担任珠海分院院长期间，还被评为了珠海市劳动模范。

当时各处分院的常驻人手紧缺，且多为毕业参加工作不久的年轻设计师，每当遇到技术上的难题都需要自己想办法解决，这种独立思考和解决问题的经历，反而为省院锻炼和培养了一大批日后的技术专家和业务骨干。现任技术发展部部长同时也是四川省勘察设计大师的王瑞清楚记得，她在珠海分院工作的五年时间里，给水排水专业就她一人，从设计制图、专业负责人到校审、审核都是她一人承担，没有老同志可以随时咨询请教，遇到不懂或者不清楚的问题，只能独自查询资料解决，这种独自面对困难、独立解决问题的经历，让她业务技能快速提升，也让她后来在工作中面对全新的工作时，显得更加从容冷静。

开设在沿海的分院，处于改革开放的最前沿，就如同一扇扇窗户，为省院不断引进新的技术和创作理念。1990 年，现任副院长徐卫刚刚大学毕业，一入职，他就被派到上海分院担任助理建筑师。当时上海的浦东开发建设十分热烈，全国和海外的设计机构云集，市场竞争十分激烈，各种建筑思潮争相涌入，通过与上海的专业机构和高校的接触，他谈到自己很受启发，也在一定程度上指导了他日后的职业规划和选择。

从 90 年代后期开始，随着省院业务模式从区域布局向横向业务类型延伸的转变，分院逐步淡出了省院人的视野，但它在市场拓展、品牌推广、人才培养和引进新技术等方面的成败得失，是省院甲子传承中一笔宝贵的财富，也是值得我们总结和深思的珍贵遗产。现在，根据“十三五”战略规划，省院将朝着现代设计企业集团方向发展，在业务的产业链和跨区域延伸中，分院将重新在新一轮的省院版图拓展中扮演重要角色。

海南太平山庄

上海竹园新村

上海竹园新村 A 区

管理探索

创业、守业、转型、创新……

一代又一代人的探索，前赴后继，代代相传，造就了省院血脉里的管理之魂，使得省院的平台积累得越来越高，越来越广阔。这种管理之魂伴随着省院精神的代代相传和新鲜血液的不断注入还将不断传承，发展。

汪原沛：含辛茹苦的创业先贤

1950 年，西南解放，为了恢复和建设国民经济的需要，西南军政委员会分别成立了川西、川北和川南建筑公司。其中，川西公司主要负责成都急需的重要工程建设，如总府街礼堂招待所、新津机场跑道修复、中共川西区委会议厅等。汪先生作为川西公司设计科科长，肩负着顺利完成这些重要工程设计任务的责任。

1952 年底，川西、川南和川北建筑公司合并，以此为基础，组建省政府建设工程局，下设设计室，汪先生担任设计室副主任。此后，他与孙鹿宜、邓述礼、戴永康等人便与省院的创立结下了不解之缘，也为省院创立之初面临的种种困难付出了全部心血。

翻阅《院志》可知，从 1953 年省院的前身——省建工局设计公司成立开始，直到 1971 年去世，汪先生虽然一直担任副职，但是直到 1965 年初，省院并未设立正职领导，所以他实际上肩负省院创立之初的所有重担。作为省院的创业先贤，他和他的同事如孙、邓、戴诸先生一起，经历了创业之初的众多困难。

在那个特殊年代，创立之初的省院分分合合、搬来搬去的发展局面等，势必会耗费汪先生等创业先贤大量时间和精力去处理各种复杂的日常管理，不时还会受政治环境的干扰。

1962 年，受调整和精简全国工业民用建筑勘察设计机构思潮的影响，刚刚成立不久的省院撤销，并入当时的西南工业建筑设计院，两年不到，1964 年初，省院又重新独立组建。这一撤一并，对于身为管理者的汪先生来说，是一个巨大的系统管理工程，涉及人员安置、资产清理和办公搬迁等问题。今天，我们已经无法得知汪先生等人在处理这些问题时花费了多少时间和精力，仅摘录《院志》中关于撤销省院时的人员安置记载。

“1962 年省院共有职工 255 人，根据省建设厅的指示，在并入之前，需精简 135 人，后调整为 133 人，其中设计人员 108 人，行政人员 25 人……这些精简人员大多安排在四川省林业厅设计院及大金、小金、南坪、卧龙等森工局，少数人安排在省内其他单位，个别职工退职在城里做生意或回农村。”

在精简的108名设计生产人员中，有一名刚从大学分配来不久的建筑专业毕业生，他便是日后成为四川省工程设计大师的刘启芝顾问总工。刘总回忆，省院撤销时，他被分流到城郊一处农场种了将近两年的地。

在1964年省院重新独立组建之前，办公场所也一直是困扰省院创业先贤们的一个重要问题。从1953年成立之初，到1964年重新独立组建，短短的9年时间里，省院的办公场所一共搬迁了4次，且零星分散在不同的地方，直到1964年底，在今天的东马道街20号院内第一栋办公楼建成，省院才有了自身独立的办公场所。

两年之后，“文革”开始。《院志》记载，“文革”一开始，汪先生便遭受迫害，直到1970年才被平反。虽然《院志》上没有记载孙、邓、戴等人是否也遭到迫害，但是像汪先生这样的遭遇，或多或少是他们那一辈从旧时代走过来的创业先贤们的集体经历。

作为一家以工程技术实力为核心的机构，创立之初的省院技术人员十分缺乏。

在省院的创业先贤中，除了汪原沛、孙鹿宜、邓述礼、戴永康等诸先生，因在旧时代接受过良好的专业教育，属于工程技术专家外，据《院志》记载：

“创立初期，有实践勘察设计经验的工程师以上人员很少，就是达到技术人员和助理技术人员水平的也不太多，多数只具有中等以上文化水平，能够在老技术人员的带领下，做一些具体的制图和描图工作。”

面对这样的局面，汪先生等人决定对职工开展培训和教育，在实践工作中自己培养技术人员，具体包含三个方面的措施：

结合工程实践，有计划地对设计成果进行检查、解剖和总结，使中等以上水平的技术人员能够进一步提高。目前可知的最早的工程总结，是1953年12月针对外宾招待所进行的总结。

大力开展业务学习，按照“高带低、老带新、熟带生”的原则，签订师徒合同，互助合同。后来，这种“传帮带”的传统一直被沿袭下来，成为省院人才培养的一大特色。直到今天，很多省院的骨干力量，在回忆起他们80年代的入职经历时，都还从这种“传帮带”的师徒关系中受益匪浅。

采取脱产的方式，安排一部分技术骨干到专业培训班、高校或者其他省市兄弟单位集中学习。

这些人才培养的举措在我们今天来看都已习以为常，但是在那个特殊的时代环境里，却是省院创业先贤们的一大创举和贡献。

“筚路蓝缕，以启山林”，这一成语最能概括以汪先生为代表的省院创业先贤们的含辛茹苦。

汪原沛

崔传稳：转向市场经营的探索者

提及老院长崔传稳，很多省院人至今对他印象深刻。

他的继任者评价他是一个有魄力和胆识的人；

他曾经的下属认为老领导身上军人特质显著，性格率直坦荡，平易待人，刚正不阿，为了省院和职工的权益敢于仗义执言。

新中国成立后很长一段时间，因社会人才缺乏，退役军人是社会各行各业非常重要的一支建设力量。无论是解放初期的南下干部，还是此后的转业军人，他们因政治素质过硬、意志坚强和吃苦耐劳等品质，在地方建设事业都做出了一定的贡献。

在省院的发展历程中，像崔院长这样部队出身的院领导据笔者不完全统计，前后共有9位，最早的是高斌锐，此后还有隋珑、张云德、夏茂林等，而职工队伍中也有很多人是从部队转业来的。

1973年，崔院长调入省院，担任的职务是省院革委会主任。从1978年开始，他分别担任过省院院长和党委书记一直到1988年。无论是在“文革”中，还是改革开放后，军人出身的崔院长对自身定位十分清楚，作为非专业人士，带领省院发展的理念就是充分尊重技术人员，充分关心省院职工，解决好职工后顾之忧，保证他们全身心投入工作，与此同时，积极争取省院发展的社会资源，拓展省院的业务市场。

他担任省院革委会主任时，“文革”已进入后期，社会各行各业逐步开始了拨乱反正，但是经过几十年的社会动乱，无论是单位，还是职工的家庭生活，都积累了大量问题。

“文革”中大专院校停办，多年来省院一直没有大学毕业生补充进专业技术队伍，省院只得自行培养技术人员。1976年，在崔院长的主持下，省院开办了“七·二一”大学，1980年改建为职工大学，开设了建筑、工民建和工程地质等专业，授课教师由院专业技术老总兼任。职工大学一直开办至1988年，后被并入省建总公司职工大学。

开办职工大学本意是解决单位技术人员缺乏的问题，后来却为解决省院职

崔传稳（左三）

工子弟中返城知青的教育和就业发挥了巨大功效。据杨天海院长介绍，省院职工子弟中，约有 160 名的返城知青通过接受职工大学的教育走上了工作岗位。在那个高考录取比例极低的年代，省院的职工大学无异于是那些无法通过高考独木桥的返城知青的极好机遇。解决了职工子弟的教育和就业难题，也就解决了省院职工的最大后顾之忧。

当时，全省勘察设计行业的人才都十分缺乏，许多地方建工系统也把职工送到省院的职工大学进行培养，据《院志》统计，省院的职工大学共为专县建工系统培养了 443 人，极大影响了后来全省勘察设计行业的发展。

进入 20 世纪 80 年代后，住房问题日益突出，这也成了当时省院职工最主要的后顾之忧。崔院长各方活动争取，在 80 年代初，为省院职工修建了 8 栋职工宿舍，其中 5 栋位于马鞍路，2 栋位于张家巷，1 栋为于曹家巷，解决了众多省院职工的住房问题，而他本人却坚持不占用这些分房名额。

80 年代，还有一件事情对省院影响深远，成都地区的许多同行部属院纷纷升格为地厅级单位，而省院当时无论是从人员规模、技术实力还是社会和行业影响力都与这些同行兄弟院难分伯仲，为此，崔院长找到上级主管部门积极争取，最终由省委省政府在 1980 年底批复同意省院升格为正地厅级单位。

市场化探索的魄力与胆识

作为非专业出身的院领导，崔院长虽然无法指导具体的技术问题，但是长期复杂和艰苦的革命斗争，练就他对形势变化和全局把控的敏锐眼光与过人胆识。

1980 年，国家开始推行勘察设计行业收费的试点改革，这意味着设计行业开始与市场接轨，逐步开始走市场化经营的道路。四年之后，崔院长亲自带领当时省院的技术精干队伍南下珠海，最早投身于经济特区的市场化浪潮中，并成功开设了珠海分院，此后海南、上海分院陆续设立。作为全国最早开设分院的省级院，省院的分院在 80 年代不仅取得了良好的业绩，还为极大拓展了省院的市场区域和社会影响力，探索了设计院走市场化经营的道路模式。

据说也是在这一时期，在政策规定的指导下，省院将市场化经营所得的一部分收入作为奖金分发给省院职工。虽然每个月仅有 7 元的奖金，但在当时不仅能够极大改善职工生活条件，还是成都同行中的首创。

1988 年，经过省建委的批准，四川省建筑设计院离退休设计所成立。此时崔院长已经卸任院领导职务，虽然他不是专业技术人员，据丁振基老先生的回忆文章介绍，设计所的所长仍然请他兼任。据《院志》记载，在设计所成立的第一年时间里，崔院长就带领退离休老同志完成了六项工程业务。离退休设计所一共运行了十年，不仅发挥了退离休技术专家的余热，还对我院技术咨询业务提供了有力支撑。

无论是关心解决职工的后顾之忧，还是积极拓展省院的发展空间，以及后来的市场化经营探索，崔院长作为一名非专业技术出身的领导，却带领省院成就了 20 世纪 80 年代的辉煌。

杨天海：厚积薄发的专业型领导

年逾八旬的杨院长至今仍在院工程咨询公司从事着图纸审校的工作，从20世纪50年代末大学毕业进入省院到今天，他在这里已度过了半个多世纪，几乎见证了省院60年的发展变迁。

“那时候的省院，不仅办公条件十分简陋，技术力量也比较薄弱，技术人员也十分缺乏”，谈到自己初到省院的印象时，杨院长这样回忆到。

其实，他不仅亲历了建院初期的各种困难，还参与了80年代开始的市场化探索，并且引导了省院在90年代的进一步发展。从杨院长的访谈回忆中我们感觉到，在过去半个多世纪的漫长岁月里，无论是作为个人，还是后来的院领导，专业技术是贯穿始终的主线，也是他最明显的人物特征。

这或许也是他们那一辈省院人的共同之处，作为新中国成立后最早分配来省院的大学生，几十年风风雨雨下来，无论际遇如何，也无论曾经担任过什么职务，他们始终坚守着自己的专业技术，与杨院长同辈的省院老专家，至今仍然有许多在专业技术岗位上发挥着重要作用。

在1965年“设计革命”中，杨天海由助理工程师被破格提拔为工程师。在此之后，专业技术实力不断提升的杨院长开始走上了管理岗位，刚开始是担任设计组的组长，1974年担任设计室主任，后来又担任技术室主任。进入80年代后，随着“文革”后的拨乱反正和勘察设计行业的市场化改革，专业技术在省院这样一家技术型单位的重要性日益凸显，1984年，杨院长被任命为副院长，这既是他个人职业生涯中的一个重要转折点，也意味着省院发展阶段性的转变。此前，受时代因素的影响，政治挂帅在各行各业都优先于专业实力，而专业技术型的杨院长开始担任院领导，标志着省院回归到以技术实力为核心的发展轨道。

在这期间，两年海外工作经历也对杨院长产生了重要影响。根据中国和阿尔及利亚签订的经济技术合作协定，全国各省市抽调高技术人才组成专家组前往阿尔及利亚工作，1986年，杨院长被任命为四川省专家组组长，同全国各地专家一同去到北非。在阿尔及利亚工作的两年时间里，杨院长和来自全国各地，以及海外专家一同工作，从他们那里学到了大量领先的技术和

杨天海（中）

理念。他不仅提升了自己的技术水平，还在与其他专家的交流碰撞中打开了思路，拓宽了眼界，使他能够更加客观、全面、透彻地分析问题，也更加容易接受新鲜事物。

从阿尔及利亚回国后，1988 年底，他开始担任省院院长。作为“文革”后第一位专业技术出身的院长，除了积极采取措施应对市场变化，努力扩大省院市场影响，提高生产产值，努力提升技术实力便成了他这一辈技术型领导的关注重点。

对内，杨院长与领导班子加强技术人才培养、除了常规的业务知识学习和考试，以及将技术人员外送集中培训学习，杨院长也十分注重将专业技术人员送出国进行深造，接受全新的知识和理念。在他担任院长的 90 年代，专门选拔院内青年建筑师派送到欧洲学习，今天的李纯院长便是当时选送出去的青年建筑师之一。

也是在他担任院长的 90 年代初期，省院在原来的计算机辅助计算的基础上，引入了计算机辅助设计，逐步完成了设计工作信息化，设计软件专业化、正版化，还逐步开展了内部的局域网建设。1992 ~ 1997 年，省院不仅跟随整个行业经历了“甩掉图版”的计算机变革，还率先采用先进的行业绘图软件，在1995年全面实现使用CAD绘图。这不仅极大提升了省院的技术实力，标志着院设计生产方式发生了一次飞跃，更适应了社会信息化的发展趋势。可以说，当时省院的信息化建设在全国的设计院所中处于领先水平。

受海外经历的影响，在提升技术实力方面，杨院长积极尝试让省院与境外设计机构合作，在合作交流中全面学习他们的设计技术、流程和理念等。杨院长回忆到，香港马梁建筑师事务所就是当时省院较好的合作伙伴之一，合作设计了海外交流中心（现盐市口中环广场）和新世纪广场等高层建筑项目。

作为专家技术型的领导，长期的专业技术工作不仅锻炼了他们过硬的技术实力，严谨、踏实和稳重的工作作风，同时还对设计技术和细节都十分熟悉。因此，杨院长上任后，除了对全院发展进行宏观部署和掌控，为了严格质量管理，采取了一系列措施，提出了以预防为主，防检结合的管理原则，出台了一系列质量管理的规定，联产承包责任制中规定将质量和计奖挂钩，全院各级技术岗位都建立明确的责任制度和工作标准等，从而把勘察设计管理和建立完善质保体系的工作推向了一个新的阶段。

据杨院长回忆，当年的领导层对工期和质量抓的十分严格。院技术处每季度抽查设计质量和勘察质量，抽查分专业按标准进行打分。抽查后召开质量分析会，分析质量情况和存在的问题，最后分别反馈到各个科室，召开设计人员专业会议进行分析讲解。同时，省院通过工程回访等听取建设单位意见，进一步确保设计质量。

从杨院长开始，省院的院领导都是由有着长期从业经验的专业技术人员担任，他们技术实力过硬、严谨务实，对于执掌省院这样的技术型企业有着不可替代的优势。随着行业的进一步转型，随着省院的进一步改企建制，企业的管理者更需要从专业技术型向多元复合型过渡。

新一代：向企业家思维转型

沃克·西莫在《看不见的花园——探寻美国景观的现代主义》一书中写道，美国四五十年代设计机构的掌门人都是行业精英，但到了七八十年代，执掌设计机构的都是懂得公司管理和资本运作的人。

近年来，我国东部沿海部分勘察设计企业的转型探索，似乎正印证着西方同行的经验总结，这也预示着，未来中国勘察设计行业的管理者要从专业技术型人才向企业家思维转型。

陈中义（左）、李纯（右）

回溯梦的历程

回顾省院发展历程，改革与探索不仅是每一代省院人和省院领导执着的责任与梦想，也是一直贯穿60余年甲子岁月的省院精神，大同小异之下，不同时期，改革与探索的重点有所不同。

1998年，省院现任党委书记陈中义开始担任院长，恰逢这一年，城镇居民住房改革开始在全国范围内推行，单位福利分房取消，住房实行货币化、市场化。此后十多年时间里，商品住宅市场持续扩大，并带动着中国城市化进程快速提升，这为勘察设计企业的发展带来了前所未有的机遇期。

因此，上任伊始的陈院长面临的最大改革议题便是，如何抓住市场机遇带领企业进一步发展壮大。对内，他与领导班子改进和完善生产经营体制和管理措施，最大限度调动生产技术人员的积极性和主动性，鼓励和促进技术创新；对外，根据市场变化，灵活采取相应的市场经营策略，及时调整生产结构和业务体系，努力用最优的产品方案和服务态度赢得市场口碑，就是在这一时期，省院今天三大业务板块中的工程勘察和项目管理实现了突破发展。

陈院长谈到，在他任期内，面临过最艰巨的挑战莫过于2008年。这一年5月，四川遭遇了“5·12”汶川大地震；4个月之后，全球金融危机失控，波及效应开始在四川显现。面对双重困难，作为省属大型国有企业，省院一方面需要积极开展抗震救灾，履行国有企业的社会责任；另一方面，又需要积极采取措施，应对金融危机影响之下的市场变化。最终，省院克服双重困难，转“危”为“机”，不仅在抗震救灾中树立了良好社会形象，被中华全国总工会评为“抗震救灾重建家园工人先锋号”，还实现了生产产值的逆势增长。

也是在这一年，陈中义院长荣获“中国建筑设计行业优秀管理人才”。在陈院长引领省院发展的13年时间里，省院实现了从一家地方中型设计企业到全国享有较高知名度企业的壮大，仅从年产值一项指标来说，就实现了1990年初千万元左右到四个亿的增长。

谋划梦的起航

2011 年，李纯院长从陈中义院长手中接过领航省院发展的接力棒。

此时，无论是勘察设计市场，还是行业本身的发展形势，都悄然发生着众多变化：国家持续调控房地产市场开始初见成效，全国大型国有勘察设计行业陆续迎来 60 年的发展节点，各家企业的“十二五”战略规划进入贯彻执行阶段，部分同行开始实行转型升级的战略发展。

面对这样的形势，李纯院长的心境正如她在2012年年终述职报告中所说：“省院的发展，已经走过了只‘靠天吃饭’的阶段，即使在市场不景气的情况下，仍然可以依靠自身内在的成长性，不断发展。像省院这种规模和发展阶段的企业，决不允许停滞不前。因此，这一年来，我倍感责任重大，唯有全力以赴，不敢有丝毫懈怠。2013 年，省院迎来 60 周年院庆，借此契机，省院对过去的发展历程进行回顾和总结，也对下一个 60 年进行展望和谋划。躬逢其时，我们肩负着承上启下的使命，我们必须认清总体战略方向，坚持深化改革，推动省院发展。”

正是这种使命感和责任感，李纯院长自上任伊始，陆续采取了一系列措施，或未雨绸缪，抢占先机；或顺势而为，整合借力，为省院甲子新梦想的起航进行谋划布局。

2013 年 2 月，住房城乡建设部在《关于进一步促进工程勘察设计行业改革与发展若干意见》一文中明确指出，下一步将拓展工程勘察设计企业的服务范围，促进大型设计企业向具有项目前期咨询、工程总承包、项目管理和融资能力的工程公司或工程设计咨询公司发展。

紧接着，3 月，住房城乡建设部继 2 月下发促进行业改革发展的文件后，接着出台了《关于做好建筑企业跨省承揽业务监督管理工作的通知》，明确要求各级主管部门给予外地建筑企业与本地建筑企业同等待遇，严禁设置地方壁垒。这样的政策措施，无疑会对勘察设计企业进行跨区域的业务拓展产生强有力的助推作用。

李纯院长在看完文件后，立即建议全体院领导传阅，并通过电子屏与全院职工分享。经过认真分析，院领导们便将行业发展转型的关键词锁定在了“业务拓展”、“产业链建设”和“跨区域发展”上，结合省院的实际情况，2013年4月的职代会上，《院长工作报告》将“强化产业链建设”提到了全新的高度，强调在继续落实“做精主业、两头延伸”的同时，整合内外资源，实现设计环节、业务领域及区域的延伸。

2013年召开的第七届工程勘察设计行业院长论坛上，来自东西部勘察设计企业的院长们形成了鲜明的对比。走在行业转型发展前列的企业院长们广泛地交流跨越业务范围和区域的发展经验，而西部的大多数企业尚未采取跨越式发展的举措。

积极培育地域建筑文化的差异化品牌路线，搭建“中国地域建筑与文化研究院”和西南地域建筑文化沙龙的平台，开展西南地域建筑文化的研究型实践；不断创新发展思维，筹建企业技术中心，通过科研与实践相结合的方式，大力推动新能源等技术发展；探索业务模式的转变，开展产业链的建设和服务，为成都天府新区，内江市等提供全程技术支撑等。这些方面，省院均已抢占了先机。

而积极谋划新院址，加强内部业务板块的联动和产业链延伸，广泛开展与集团的合作等，则是顺应成都城市发展和行业转型的趋势，展现省院平台的资源整合力。

偶尔李纯院长会调侃到，“谈话”几乎成了她现在每天的主要工作方式。她调侃中的“谈话”往往是对战略方向的探讨和资源平台整合的洽谈。

自从担任院长以来，她感到自己的职业生涯和角色正随着企业和行业的发展在变化和转型。她曾总结过，作为一名建筑师，进入这个行业已将近三十年，平均每十年会面临一次职业转型，如今面临的就是她职业生涯中的第三次转型。

行业内知名的天强管理咨询公司在分析行业和企业管理者的现状时指出，为适应行业转型趋势，勘察设计企业的管理者们需要从专业技术中抽离出来，完成向建筑企业家的转型，具备企业家的战略思维和投资眼光。

深化改革发展，共筑百年名院，企业家思维的转变尤显重要。

第三章

观·梦想

行业沧海桑田，企业日新月异。

似乎是在弹指一挥间，省院已经走过六十余年的岁月。人生如船，梦想是帆。借用李纯院长的话说，六十多岁对于人生来说已步入晚年，但对于省院来说正值青壮年。SADI 这艘大船，正在一代又一代的人生梦想之帆推动下，全速驶向自己的新航程。

在一甲子有多的岁月里，我们走过荆棘，穿过风浪；我们迈出低谷，克服困难；我们享受成功，分享喜悦；我们战胜诱惑，坚定方向。这一切，只因为我们在心底坚守着一个梦想，一个属于一群建筑设计师的梦想。

梦的精神

满怀信心，共筑百年名院

文 / 李纯

开启实现“省院梦”的新征程，必须坚定信心，必须创新发展，必须凝聚全体省院人的梦想和力量！受到习近平主席在 2013 年两会深入阐释实现中国梦的路径和方向的鼓舞，我代表院领导班子在 2013 年的工作报告中提出了“强化管理支撑、业务能力提升、战略适应性调整”等工作基调，希望全体干部职工在省院甲子岁月，振奋精神、厚积薄发，为省院走向百年名院注入强大的正能量。

伴随着国民经济第一个五年计划开始实施的背景，服务于川渝地区的城市建设，实现“树百年名院、创国内一流”的省院梦，是 1953 年建院以来几代省院人肩负的历史使命。过去的六十余年，是省院紧扣国家战略规划发展和西部地区改革发展的时代；也是全体省院人艰苦创业、追逐梦想的时代。

站在过去和未来的梦想交汇点上，我们对过去的岁月感到自豪、对未来的发展充满信心！60 余年来，SADI 在社会经济、科技、文化高速发展和城市化进程快速推进的过程中，锐意进取、改革创新，汇聚了众多专业技术人员，并始终把提升能够满足客户核心需求的技术服务能力作为企业的基本目标。

2011 年至 2015 年，我们以收入每年数亿的增长幅度高速发展，到 2014 年、2015 年更是突破了 8 个亿；五年来复合增长率达到 15%，基本实现“十二五”规划关于规模和增速的战略目标，累计新增培养四川省勘察设计大师6人，正高级工程师20余人，荣获全国、省市设计奖100余项……连续几年的快速、健康发展，已经推动省院提升到一个更高的发展平台，企业的综合实力和品牌影响力也大大提高。实践证明：省院人是富有凝聚力、战斗力和创造力的！

人生如船，梦想是帆。梦想之旅，从来就不是一路坦途，一帆风顺。梦想之路越切近，新情况、新问题就越多。发展起来之后的问题，一点儿也不比不发展的时候少，解决难度更有甚于前。行百里者半九十，尽管我们距离梦想越来越近，但需要付出的努力依然艰辛。越是在这样的时刻，越需要我们满怀信心，振奋精神，凝聚力量，向着百年名院坚定不移地走下去。

省院梦，一定是全体省院人的梦，共创共享的梦。大家是实现省院梦的根本依靠。全体员工同心共筑省院梦，心往一处想，劲往一处使，必定能汇集起一股前所未有的力量，在省院甲子岁月天府新篇的起点，沿着“国家好，企业好，大家共好”的发展逻辑，梦想成真！

高扬凝心聚力的省院精神

文 / 陈中义

在满怀信心走向百年名院的梦想中，在全国上下同心共筑中国梦的机会中，在持续推动院“十二五”、“十三五”战略目标实现的奋斗中，我们如何凝聚全院共识、激发创造活力?“传承企业精神、凝聚职工梦想”是实现省院梦的精神力量，也是省院梦的重要内涵，催人奋进。

人总是需要一点精神的，国家和民族是这样，企业更是如此。没有精神的有力支撑，就没有全民族精神力量的充分发挥，一个国家、一个民族就不可能屹立于世界民族之林。没有精神的支撑，就没有企业文化的传承和企业的凝聚力，企业就不可能在规模化、集团化发展中基业长青。实现省院梦，要求我们不仅在收入（产值）上增长起来，也要在精神上强大起来。

省院 60 余年的发展历程也是企业文化、企业精神生长的 60 余年。

20 世纪 50 年代，第一批省院人在北门城墙根上建起了我们今天的创业家园。那时候设计师们画图时，广播里放着毛主席语录，省院人在这样的氛围中开启了设计事业，也陆续完成了川渝地区一批重点工程的设计，如：省游泳馆、金牛宾馆、新声剧院、四川大学（原成都科技大学）行政楼、理化楼等工程，那个阶段积累的技术经验以及那一代技术人员求真务实的精神是省院企业文化的本源。

进入 70 年代，在改革开放的时代背景下，长江三角洲、珠江三角洲等东部地区现代化建设日新月异，省院则开始了一段特殊的“集体下海”经历。80 年代起，企业先后成立了上海、海南、珠海、北海等分院，一大批年轻的设计人员带着企业的使命，怀揣着青春与梦想下海闯市场。回望走向东部的20年，这批技术、业务骨干带回了丰富的设计经验、先进的市场经济观念和管理理念，有效促进了企业的持续健康发展。

2000年以后，省院牢牢抓住国家西部大开发，建设成渝经济增长极等发展机遇，深化改革，加快转型，全面打造企业提供全面技术解决方案的工程设计咨询能力，收入指标一年一个台阶，企业发展蒸蒸日上。新时期，企业迈向规模化、集团化的同时也进入转型期、改革攻坚期，省院精神力量的作用也愈加凸显。

面对纷繁复杂的个人梦想，如何在多元中做引领，在多样中谋共识？面对艰巨繁重的改革发展任务，如何以更大智慧与勇气啃硬骨头、涉险滩？离梦想越近，就越需要不断增强团结一心的精神纽带，越需要持续激发自强不息的精神动力。

“以人为本、专业诚信、追求卓越”的精神在企业60余年的发展历程中实现了传承和发扬，并逐步成为照耀我们前进的灯塔，凝聚着企业以及全体员工的梦想和力量！有梦想、有机会、有奋斗。相信在实现省院梦的新征程中，高扬凝心聚智的省院精神，我们就一定能朝气蓬勃地迈向未来，以更加优异的成绩迎接百年华诞！

梦的基础

用技术与质量筑牢梦想的根基

文 / 徐卫

梦想要激发力量、凝聚奋斗，离不开现实的深厚基础；梦想要开花结果、落地生根，更有赖于现实的强力支撑。

我们回溯到 20 世纪初，爱国人士发出的“奥运三问”；进步青年只能在文字中幻想未来在中国举办的万国博览会……那时的中国战乱频频、民生凋敝，经济萧条，何敢言梦？百年后的 21 世纪，我们先后举办了北京奥运会、上海世博会，一个接一个民族梦想的实现，离不开国家经济社会发展的这 30 多年积累的基础。

从国家到企业，省院发展的 60 余年也是一个用技术和质量铸就梦想的过程，技术和质量始终是我们坚持的生命线、也是我们的骄傲。50 年代后子门体育馆的大跨度木结构、80 年代蜀都大厦成都市第一高楼、2010 年省内首个获得国家绿色三星奖的整体规划及建筑设计项目——中国保护大熊猫研究中心灾后重建项目……过去的 60 年，我们很好地实现了技术的发展和传承。2008 年，“5・12”汶川大地震后，我们在抗震救灾的同时，开展了灾区范围省院设计项目的检测工作，结论是省院设计的项目无一坍塌，这是臻于建筑的省院人在质量工作方面一次最好的宣誓。

我们认为技术和质量是企业梦想实现的根基，是因为这是建筑设计、工程勘察、项目管理等行业的基本要求，是因为作为建筑师、工程师首要的职业操守和使命感，是因为企业发展 60 余年来的实践经验。正是基于对技术和质量的坚守，省院成为四川省勘察设计行业的开路先锋和领军企业之一，省院的设计师们逐渐成为全省勘察设计行业设计师群体的优秀一员，企业也在竞争激烈的开放市场中始终处于优势地位。

由此，我们在院“十二五”战略规划的框架下，制订了《技术发展职能战略规划》。一方面提出了“标准化建设与管理”的实施目标、路径、步骤和激励约束机制，包括制图标准、技术措施、标准图库、工作流程四个方面，要求各专业对这四个方面的内容进行梳理细化，明确各专业在标准化建设方面的异同，以及持续改进的制度设计等；另一方面完善了企业关于技术创新的各项制度设计，包括技术创新项目的分层及评定、组织模式、资源配置、配套机制，并设计了技术创新项目全过程管理的制度体系。

与此同时，协同设计系统的建立和完善，也将逐步与标准化建设与管理、技术创新等形成对接，确保《技术发展职能战略规划》的有效落地。我们也将加大对科技研究方面的投入力度，切实做好企业的知识管理和知识产权管理工作。

作为有着三代设计师传承的国有大院，历史和现实都要求我们成为行业的技术引领者和质量管理的模范，都不能允许企业在技术和质量上有任何的差错和疏漏，这也是对社会、公众负责的态度，企业的社会责任，更是我们梦想的基础。

因此，我们必须坚守！扎实做好技术和质量的管理和发展工作，为实现省院梦筑牢基础，为企业走向百年名院交上一份满意的答卷。

不忘初心，立足品质的创作梦想

文 / 涂舸　章一萍

纸笔转，建筑起，对于一个建筑设计研究院来说，省院的百年梦想，一定是立足于设计主业的不断夯实与拓展。

实现省院的百年梦想，也是让身处省院的每一位建筑师，实现他们的建筑梦想。企业所要做的就是以制度和工具建立其完善的体系，让进入这个体系的设计师们，有创作的环境，有创作的目标，有可供指导的导师与相关理论支持。

建筑行业是一个需要深厚积淀、不断思考、不断更新的领域；建筑师则是一个需要静下心来，耐得住寂寞的群体。省院参与了中国建筑六十余年的时代变迁，经历最初的懵懂探索，也经历了房地产爆发时代经济大潮对建筑创作的冲击，"十二五"期间开始有意识地从忙碌的生产任务中抽身开来，慢慢去思考和总结自己所奉为梦想的建筑事业，发现无论时代怎样变化，市场如何波动，立足设计咨询主业，打造作品、精品，塑造企业品牌，是省院永不动摇的企业战略。

"十三五"的到来，开启新的阶段，省院进一步明确了"以设计咨询为主业，带动相关领域多元化、产业化发展，成为西部一流、国内知名的建筑设计企业集团"的企业战略目标，从顶层设计开始，将打造精品、提升服务、树立品牌作为企业的定位。以目标为指引，建立机制、制定具体工作细则，逐步形成完善的建筑创作体系。

建筑是一个复杂的命题，需要实践与理论的不断回溯思考。得益于省院几十年的实践积累，当我们返回去思考的时候，可以从浩如烟海的项目中抽丝剥茧，发现无意识间已经在一些领域形成了经验积累。下一步所要做的，是将省院所擅长的住宅、酒店、医院等传统项目领域，思考总结形成可进一步指导实践的产品专项理论。

建筑是一个协助的过程，有赖于个人创作与集体智慧的共同创造。设计企业整体创作能力的提升依靠两个方面，人力提升与辅助工具的提升。人力提升，一方面指建筑师既需要有坚实的专业基础，同时也要打开视野，跨界跨专业地去思考问题，特别是一些基础性的根本性的问题；另一方面，设计院的传帮带优良传统在任何一个时代都不过时，互联网带来的碎片化的知识汲取永远无法取代手把手教学的言传身教。在项目实践与图纸的一笔一画中，建筑创作的经验在传递。而辅助工具则是在整个设计院庞大的人员中进行协作，实现效率与质量的最大化。

建筑创作是一个服务的过程，设计师需要做的就是在满足业主需求的基础上，尽可能地表达自己的设计理念，而好的服务也就是在满足了业主期待的基础上，创造期待之外的惊喜。让产品变成作品，让作品成为经典；让作品成就员工，让员工成为品牌。在百年省院梦的征程中，这将是我们对建筑创作的不懈追求。

梦的方向

业务联动、整合协作，铸就百年辉煌

文 / 张理

省院梦，归根结底是关于发展的梦想。根据习近平总书记关于中国梦内涵的阐述：国家富强、民族振兴、人民幸福。结合省院的企业文化，我认为省院梦的基本内涵应该是：客户满意、企业发展、员工幸福、贡献社会。

省院已经走过 60 余年，2016 年又将迈出企业发展历程中的重要一步。企业“以设计咨询为主业，带动相关领域多元化、产业化发展，成为西部一流、国内知名的建筑设计企业集团”的企业战略目标在这个历史节点上显得更具有号召力！

同时，我们不能回避勘察设计行业发展阶段变化带来的行业企业成功要素改变的问题。企业在努力实现愿景的过程中，产业链延伸牵扯到单位业务领域的改变，更牵扯到内部资源模式的变化，还有组织体系、工作流程的改变等等。所以，在实现省院企业愿景和梦想的过程中，要更加关注协同性、整体性。

过去几年，我们立足设计咨询主业，从三个维度实现企业的产业延伸。一是前后端延伸；二是业务领域扩大的延伸；三是服务区域的延伸。三种维度中，产业链的上下延伸是主线，也是业务联动和整合协作的核心环节，企业传统业务和延伸新业务之间的协同性问题、机制需要不断探索和完善。只有新旧业务之间关联性得到协同，才可能有效地实现效益和价值的增加。

整体性方面大致可以分为两个层次：第一层次是信息共享、业务带动、资源互补，两类资源得到一定程度的补充，形成互动的格局；第二层次是资源共享、业务联动、企业内部各板块、业务类型和区域之间通过制度构建了良好的资源共享体系，建立了紧密有效的联动机制。

省院这几年，在协作方面就有很好的团队和个人涌现出来。我们不难看出，协作性比较好的团队，发展速度就比较快。可以说，发展的结果是对合作能力的直接评估。商业评论的一篇文章《建立协作型企业》认为，一个世纪以前，一些公司致力于建立高度可靠的组织，如今他们当中的成功者已经家喻户晓；而今天，可靠性已不再是关键竞争优势，企业将以可持续的、大规模的、高效的协作创新能力而闻名。

因此，在省院实现工程建设全过程服务的过程中，需要不断强化产业链意识、企业价值意识和内部（资源、能力）核心竞争力意识，通过业务联动和协作整合，实现企业业务的转型和发展，内部资源的集成，企业核心竞争力的持续提升。

千里之行，始于足下。我们要让中国梦、省院梦在民众和员工心目中的宣传更加实在，而这个实在的过程需要我们从以上的方方面面一起共同努力：传承、协作，共筑百年梦想！

立足川渝、面向全国，开放成就梦想

文 / 雷文明

当省院这艘大船穿越历史的波涛，驶向理想的彼岸。大家可能都会关注：省院梦将怎样在日益激烈的行业竞争中展开？走向下一个百年的省院又将给社会、合作伙伴、员工们带来什么？

“十二五”战略规划，省院明确提出了“以设计咨询业务为龙头，发展成为西部一流、国内先进，提供全面技术解决方案的大型现代工程设计咨询集团”的企业愿景。市场区域方面的定位是兼顾省内市场的精耕细作与西部市场的布局和开拓。

从这个角度来讲，我理解的省院梦关键词是“开放成就梦想”。具体来说是关于“跨越：领域、业态、地域、文化”的思考。当前，工程设计企业都在思考自身发展路径时或多或少都面临着跨越的问题，越来越多的企业在开放市场的竞合关系中面临着跨领域、跨业态、跨地域乃至跨文化的平衡和冲突。

跨领域、跨业态方面：“设计院”的标签已经不能再体现面对激烈市场竞争的工程设计企业的特征。“做精主业、两头延伸”是我们在“十一五”期间面对激烈市场竞争提出的发展策略。近年来，我们不断扩大产业链前后端延伸，沿着业务领域横向延伸，并在此做出了区域延伸的探索。这种跨领域、跨业态的整合提升能力与传统设计企业的核心能力相去甚远。无论是否跨越，还是以何种方式跨越，省院都需要在这个过程中，克服困难，培育出自身核心特色的竞争力。

跨地域、跨文化方面：在“十二五”战略期，逐步完成了企业在西部地区的市场布点，企业未来除了产业链的横向延伸，服务的深度也在加强，业务涉及区域也将不断扩大。跨地域乃至跨文化的管理，将是对管理者的全新挑战，我们需要将总部的企业文化、技术能力和管理模式等进行跨区域的有效传递，形成有效的集团管控模式。

不同的发展阶段，外部环境的变化决定相对应的企业工作重点。我们的战略合作伙伴万科企业股份有限公司，在不同的时期有不同的学习标杆：成立~1991年，向日本索尼学习销售和售后服务；1992~2004年，向香港新鸿基学习客户管理、产品品质；2005年至今，向美国Pulte Homes学习赢得客户的忠诚。我们可以从中发现对标的对象也可以是跨领域、跨业态的，省院也需要在征途中始终保持一颗学习的心态、开放的心态，才能进无止境。

所以，未来行业市场的竞合关系必将铸就一个开放的省院，而一个开放、包容、思变的省院未来会给相关方带来什么？除了优质的服务、经典的作品、员工的幸福感。我认为还应该是：一个有着六十载光辉历程和百年梦想的企业，它的精神、理念以及社会责任的传递。这种传递是企业规模化、集团化、跨区域化发展的必然选择，也将是它带给社会最大的财富。

共创共享是省院梦的最好诠释

文 / 何智群

共筑省院梦，需要企业的持续、快速、健康发展，也需要职工收入和生活的持续改善和提升，这是筑梦之源、筑梦之本。

2013 年职工代表大会工作报告，提出了省院梦的内涵要点，凸显出共创共享在省院们实现过程中积极重要的作用。

企业发展、共同创造、共同分享，省院梦勾勒出美好的图景，不禁让我联想起“大河没水小河干”、“小河有水大河满”的逻辑语境。企业 60 余年的发展不断向我们证明着一个朴素道理，国家好、企业好、大家才会好。而在实现省院梦、参与到中国梦实现的过程中，唯有将个人之梦融入企业之梦、国家之梦，梦想才会更丰富、更精彩。

省院梦是对打造西部一流、国内先进，提供全面技术解决方案的勘察设计咨询集团的向往。“十二五”规划关于企业愿景的描述、策略的部署，近年来得到了积极的贯彻落实。设计、勘察、项目管理板块业务齐头并进；建立院级 EPC 项目管理团队；技术、人力、财务、经营以及企业信息化、品牌及文化建设的业务职能改革发展各项工作稳步推进……企业正大步迈向既定的愿景和梦想。

省院梦是对员工收入和生活持续改进的追求。这些年来，无论是企业员工收入的持续增长，还是丰富多彩的工会、团委活动体系的建立等方面，员工的幸福指数不断提高。我们深刻理解，“宏大叙事”的省院梦，也是“具体而微”的个人梦。省院梦始终是由一个个鲜活生动的个体梦想汇聚而成。更好的收入分配、更多的培训机会、更满意的职业通道、更富有挑战的工作机会、更舒适的办公环境……员工对于人生出彩机会的渴望、对美好生活的向往，正是省院梦最富有生命力的构成！

筑梦省院，我们每个人都是梦想的筑就者。如果说“大河没水小河干”是命运共同体的逻辑，那么“小河有水大河满”，则揭示了发展进步的内生动力机制。正如党中央习近平总书记指出的，中国梦的实现必须紧紧依靠人民。

省院梦不是空中楼阁，不是海市蜃楼。梦想成真，共创共享是省院们最好的诠释。

2016 年是企业“十三五”战略规划的第一个年头，在这个实现阶段性目标的关键时期，最大程度地吸纳全体员工参与企业改革发展，最大程度地促进企业发展成果的共创共享，最大程度地动员和凝聚全体员工心目中的个人梦想，将企业发展落脚在全体员工的共同发展上，将梦想的力量凝聚在筑梦省院的旗帜下，同心共筑省院梦、共创共享省院梦，未来省院一定能以更加稳健的步伐，在走向百年名院的道路上踏实前行！

第四章

观·平台

海尔说，所有企业的成功都只不过是踏上了时代的节拍，踏准了就成功了。互联网、信息化……时代的更迭越来越快，企业要走到下一个百年，要做到基业长青，必须把准时代的脉搏。平台化，是一个极富时代魅力的词语，也是当前企业发展不可回避的战略选择。

战略所指

关于企业集团化平台建设构思的几个解读

文 / 李纯

十八届三中全会向全社会绘制了一幅崭新的改革蓝图，市场在资源配置中的决定性作用、积极发展混合所有制经济等信号，企业改革尤其是国有企业将面临一次大转型。而近几年来，我们也看到国内大型设计院、专业设计院转型升级为设计集团或兼并重组为工程集团，纷纷走上集团化发展道路，以谋求更大更快的发展。根据住房城乡建设部 2012 年发布的最新勘察设计行业百强企业名单显示，百强企业中 70% 以上已经转变为集团化公司，其中民用建筑设计行业入围百榜的 7 家企业全部是集团化公司。

变革的本质是权力和利益的再分配。面对新的市场变化和竞争环境，破旧立新的转型升级大多会带了双重风险，原有的模式将打破，新的机制又尚未形成。但机遇长存于风险之中，就看我们如何把握，如何坚定，如何系统持续地推进。

企业集团化平台建设的必然性

目前，已实施集团化战略并组建集团的建筑设计企业主要有：国家级建筑设计单位，现代集团、中国建筑设计院、中建设计集团等；省市地方建筑设计单位，浙江华汇（前绍兴市院）、湖南省院、吉林省院、广西省院、深圳建筑总院已纷纷实施集团化战略并组建集团。

西南地区兄弟单位西南院成立了企业策划与管理部，专门负责子公司管理工作；云南省院，2013 年 7 月，院务会议通过了云南省院集团化改革方案，决定组建“云南省设计院集团”；贵州省院拟于贵州省城乡规划设计研究院合并，联合组建“贵州省设计集团”，目前重组方案正在制定中。

必然性反映一种趋势，取决于战略所需要重点关注的外部市场环境的变化。企业集团化平台建设必要性主要有以下三点：

（1）改革开放以来，我国的经济体制由计划经济转变为市场经济，勘察设计行业面临竞争激烈的市场环境，党的十八届三中全会对国有企业改革做出了新部署，再次强调市场决定论，新一轮的国退民进或由此拉开大幕。可以预见，未来西南市场国际、国内各种规模、体制设计公司（院）的重兵压境，强胜弱、快吃慢的市场现实我们必须面对。

（2）勘察设计行业在发展新时期呈现出两个明显的趋势：一是从单打独斗到“抱团取暖”，行业机构发展规模化趋势明显；二是专业化分工、社会化协作 ，行业企业分化、协作趋势明显。

（3）国家放宽设计资质管理的门槛后，无论三五十人的小设计公司还是数百、数千人的大设计公司，根据现行的招投标法规定，每次投标，一个独立法人单位都只能投一标。市场机会对于规模越大的设计公司越不公平，而这种现状短期内不可能改变。针对建筑设计，必须在符合国家的资质管理规定前提下，通过基于产业链一体化，打造更多专业化服务模式，增加市场窗口，对任何一个项目由单点服务调整为多点服务，争取更多机会、扩大市场。

集团化平台建设概念发酵的过程

2006 年，我们正式提出了“产业链延伸”的概念，并按此经营发展策略不断前行，到今天共形成了 20 个设计机构 +4 个全资子公司 +12 个总部职能管理部门的组织规模。

实际上，“产业链延伸”也并非是从 2006 年开始，最新一轮产业链延伸可追溯到 2002 年成立建筑景观设计所、曹波建筑创作工作室，向设计前端延伸开始。而直至 2006 年我们才明确提出了“产业链延伸”的经营发展策略，这是通过前期的摸索和积累自然而成。

类比“产业链延伸”概念的提出，集团化平台建设不是随口一说，而是长期实践摸索的一个提出过程；也不是新瓶装旧酒，因为在新的平台上，对每一位平台上的成员提出了新的定位和要求。

院“十一五”战略规划期结束时，省院已形成清晰的三大业务板块；近年来不断推进的战略管理、职能管理优化、组织机构转型升级、薪酬改革、品牌及企业文化、信息化、培训体系建设等管理创新工作，都是通过不同的维度提升总部各项管理能力，以适应和匹配企业规模的迅速扩大。

从那时开始，我们有意无意已经在去往“集团化”的道路上默默积淀。而至此，企业发展到现阶段，下属机构的不断升级和组织规模的持续扩大，已迫使我们必须要正视“集团化平台”建设的问题，2013 年我们需要明确提出“集团化平台建设”的企业发展战略。

关于集团化平台概念的理解

“集团化”可以理解为是搭建“平台”的一种手段、途径，同时“集团化”本身就是一个平台，并包括了这个“平台”的运作和维护。

满足资质管理要求的人力资源为前台资源，而体现省院整体实力更为重要的是后台资源。 后台资源包括：严格的技术、质量、经营、管理、产品专业化体系；精细化、特长化对各类项目起指导性、控制性作用的高级人才；先进的装备以及雄厚的工程经验积累等。后台资源才是大规模设计院悠久历史和技术积累的优势所在。

省院致力于打造的平台是企业、团队、个人和合作相关方共同成长的平台，同时，基于客户价值的平台建设是一种新的战略，它是保证客户利益最大化和企业利润最大化的一种平衡，既能为客户带来更多的价值，更好地满足客户的价值诉求，也为企业的盈利带来新的路径。

省院集团化建设的出发点

行业要求：规模效应 & 协同效益

规模效应：行业的规模化趋势意味企业将整合更多的资产、更广的业务和更高的效率；协同效应：协同基于分工，分工是提升劳动生产率的重要途径之一。行业专业细分的趋势必将促成行业企业间协作的加深，集团化平台上业务联动机制将保障内部协同效应的发生。

国资管控要求：规范 、严格、风险控制等

“出资人权利”通过法律赋予的“权利”确定了集团对各业务单元的管理内容。《公司法》中赋予集团公司对子公司管理的三项基本权利：重大经营决策权、选择经营者权、收益分配权。国资委提出了国有集团公司加强管控的要求，以及十八届三中全会后科恩对国资管控创新的新模式，对于国有集团公司总部平台定位和增强集团公司管理效能提出了指导意见。

企业自身要求：业务拓展 & 业务联动

建筑行业市场需求促使设计企业延伸产业链、扩大专业覆盖、实现专业化服务，一体化服务，以及能适应新的设计管理方式。

集团化不仅意味着管控更大的资产和更宽泛的业务，更意味着通过加强业务之间的联动，实现战略协同，最终实现“1+1>2”甚至是乘数效应。比如：咨询部门、规划部门的“小齿轮带动大齿轮”效应。

省院集团化平台建设的目标

总体目标：整合企业内外资源，培育价值纽带，提高管理效率和生产效

率，提升品牌价值，打造企业平台化核心竞争力。

企业价值纽带一方面指企业内部各战略单元、生产部门、职能部门、各流程环节之间的价值联系；另一方面则是企业平台链接外部资源的合作联动机制。具体来说是要建立一套风险共担、利益共享、平等协商、公平合理的运营机制，通过建立个业务单元的市场协作，推动集团整体的市场营销，整合内部资源，促进人员和业务联动，产生协同和增值效应，是总体目标的核心。

总体推进策略和原则

（1）克服企业集团化建设的困难和挑战："收放两难"。

总部过于集权、成员企业缺乏活力，经营行为无所适从；总部过于分权，成员企业难以发挥协同效应"各自为政"。管理中的集权分权问题始终是困扰企业管理者的问题，而解决的方案也不可能一语概之、一劳永逸，需要实事求是的进行设计和实践。

（2）集团化平台推进策略的两个维度

在传统基于《生产经营责任制》根本大法，我们已经在进行企业总部对资源团队的管理，这套机制和模式促进了企业的持续快速发展。但我们通过对行业标杆企业的研究发现，事实上更多的组织模式和流程设计新方式为东部企业探索，未来设计机构采用的管理模式将会呈现出多元化的趋势，而集团化平台更像一个基础工作，打造一个生态圈，制定科学的规则，不同的模式、方式可以不断被孵化和培育。

我院应从两方面入手打造企业集团：一是建立企业集团化平台构架，对一线资源进行评估、分类，设计集团化管控体系，初步运行管控机制；另一方面通过职能管理部门的转型升级，设计、打造集团总部支撑、服务等不同的功能序列。其中职能管理部门的转型升级，不仅是基于管控体系的企业平台建设，通过支撑、服务提升企业管理水平，强化业务协同，更是基于业务协同的企业设计协同平台，对推动企业集团凝聚力，促进集团化发展有重要意义。

集团化平台建设实施步骤简述

一线资源团队管理

集团化管控体系建设的一系列工作，有承上启下的内在逻辑，首先是通过与主业紧密程度、业务成熟度等指标，对资源团队进行分类，进而选择不同的管控模式，基于不同的管控模式来确定总部和资源团队的区别定位，进而明确权责划分，根据权责划分制定考核办法，基于考核的节点完成关键管控流程设计等，将以上流程梳理，制度汇编，形成对每一类资源团队的管理制度体系。为下一步企业发展规模化做好机制准备，为内部协同效应的产生完成制度设计，就现有体制的一些问题进行制度性修正。工作流程如下：

✧ 资源分类；

✧ 选择管控模式的因素；

✧ 基于资源分类的管控模式选择；

✧ 明确总部和各类资源团队的定位；

✧ 明确总部和各类资源团队的权责划分；

✧ 关于管控对象的考核；

✧ 完成关键管控流程设计；

✧ 完成集团化管理制度整理、汇编；

✧ 总部职能部门转型升级。

职能部门的转型升级则是构建企业集团化平台的另一个方面，核心是在资源团队管控体系建立后，倒逼职能部门具备相应的管理、服务能力，在集团化管控体系中，明确管控的内容和具体的操作办法，纳入部门职责和岗位职责，作为部门和岗位绩效考核的重要指标。简要流程如下：

（1）制定基于企业集团化平台建设的职能部门转型提升方案；

（2）完成职能部门定位、设置及职责等调整，发布新版管理部门职责；

（3）修订完善考核及奖惩机制。

未来畅想

展望未来的集团化平台建设，引用CCDI内刊新空间的两段文字来表述：

（1）一个好的平台需要做到：

✧ 善意对待平台上的一切资源；

✧ 为资源创造更多的增长机会；

✧ 同时量化资源的成长目标；

✧ 建立更多的裁定标准；

✧ 形成包装服务、提升服务的双向产品化；

✧ 培育、引进、投资更多新团队、新业务；

✧ 搭建更广阔的合作媒介；

✧ 通过自我营销寻找更多机会；

✧ 不断提携新人给予培养和支持。

（2）平台上的成员同样需要：

✧ 联合内部团队和外部客户形成良好合作；

✧ 借助集团化后台体系开拓业务网络；

✧ 不断贴近客户、关注市场需求；

✧ 在业务实践中提升产品化、品牌化；

✧ 精准锁定并打到目标客户；

✧ 为达目标，成员需老实勤奋、踏实肯干；

✧ 培养更多牛人，形成更多核心能力。

近年来，尤其是在企业“十二五”战略规划确定后，我们密集的就企业改革发展问题进行着思考和调整，并陆续落实了很多举措，甚至在本次群众路线活动中，有职工提出我们是不是跑得太快了，需要停下来等等我们的灵魂。

我想这个问题不能这样来看待，2000年以后的这10年，我们用发展数据证明了省院总体的发展战略和举措是正确的。正是由于我们这种不怕“折腾”，持续“折腾”这种劲头，才使得这个企业保持一种持续的核心竞争力，省院才有现在的速度和规模。要想成为真正的设计集团，成为百年名院，就不能满足于现状。技术创新、管理创新都是可以的，但是模式创新、发展策略的创新更为重要。省院人在企业成立 60 周年之际，要继承前辈们哪些精神？我想创新，敢于创新，大胆迈出改革步伐是至关重要的一个方面。当然，不是新就是好，新还要适度，新还要能产生效益。

模式决定未来，30 余年的从业经历，让我深刻地感受到模式创新的作用和效益，模式科学、符合实际，产生力就会不断地被激发。所以，本文以及本次关于平台的特别策划的所有内容就是让大家更好地了解企业的前瞻思考，更全面地去了解“平台”概念，更快的找准自己的位置，更好地在平台上实现自身价值的持续实现。

平台畅想

关于双 11 事件的认识

双 11 销售事件，支付宝的惊人业绩是一种互联网时代发展的必然，如果天猫不出现，其他的企业也会引领这场“全民运动”。企业的发展也有一个规律，应该要敢于突破传统，看准时机、顺应潮流，找准爆发点，敢想、敢干、勇于担当。

与此同时，双 11 背后的平台模式意味着商业世界正在因为技术的革新而发生巨大的变化，跨界打劫事件在资本、技术的要素资源的日益活跃的今天层出不穷，值得我们所处的传统行业引起重视。

平台——新概念还是新事物

概念是一种抽象的东西，抽象的东西即是虚的东西；事物则是实实在在，看得见摸得着的，企业的管理和价值创造更是一门实实在在的学问。

我们现在讲平台，是真正要打造一个新事物呢？还是借用一个新概念而已？弄清这个前提，才有继续讨论的必要。如果继续以前的生产经营模式，只是套用“平台”这一名词，那么平台就是一新概念——以前叫集团，现在叫平

青年建筑师沙龙

台；只有建立新的、能调动最大多数员工积极性的机制，真正起到平台作用时，平台才是一个新事物。

那么是不是因为我们建立了一个平台，就能比以前发展得更好了？不一定，已有前车之鉴。既然是变化，要么变得更好，要么变得更差。但我们可以努力让平台成为一个健康向上的平台。

根据《平台战略》一书的描述：平台商业模式是指连接两个（或更多）特定群体，为他们提供互动机制，满足所有全体的需求，并巧妙地从中盈利的商业模式。平台商业模式的精髓在于：打造一个完善的、成长潜力强大的“生态圈”。它拥有独树一帜的精密规范和机制系统，能有效激励多方群体之间互动，达成平台企业的愿景。

所以，平台既是一个新概念也是一个新事物，概念是我们需要学习的，事物是我们需要去尝试建设的集团化平台。

新概念：平台的“五度”理解

高度：企业的核心竞争力和综合实力的集中体现，包括技术体系、质量控制体系、融资能力、品牌影响力、市场占有率等；

宽度：企业的社会辐射能力及企业业务链整合能力；

强度：企业社会资源的整合能力和风险的掌控能力，应对风险的能力，包括：风险管控体系、风险管理文化等；

温度：企业的核心凝聚力，组织和个人自我学习和协同合作的能力。高效的组织有更高的参与度和认同度；

速度：企业的应变能力，以及对平台生态圈的不算修正、完善、过滤、淘汰以及整体更新速度。

对平台的五度理解涉及对平台概念理解的深化，也符合管理经济学理论体系中的规模效益、范围效益、速度效益等四大效益之三，让我们看到对平台概念的另一种解读。

新事物 1：透过 “挂靠”看本质

设计院的平台概念是什么？当省院的资质和品牌在省内有一定高度，持续不断的吸引着不同的合作伙伴、团队加盟（俗称：挂靠）才算是提供了一个平台，此时合作伙伴赚大头，自己赚小头（管理费）。这样，符合了教科书呈现给我们的概念。但是为什么苹果公司基于 APP 平台能够实现如此丰厚的利润？

以上说到的挂靠平台概念只是吸引了单方面的合作伙伴，而并没有吸引到业主，不符合平台发展壮大的条件。设计院只有走集团化路线、资质范围涵盖建筑领域的方方面面、工程建设的全过程，拥有先进的技术体系、科学的质量体系、优质的服务品质、良好的品牌信誉等，才能真正吸引到业主，使业主通过设计院这个平台，可以解决很多和建设相关的问题，比如：前期的可研、规划、勘察；中期的城市设计、建筑设计、经济优化；后期的项目管理、运营指导等一条龙服务，如此设计院的平台才是应该营造的大平台，平台内外的资源团队才会因此而信赖这个平台，认可其：开放性、聚合性、黏合性、交易性、成长性，企业才能真正做到如 Slogen 所描述的：理想建筑的合作伙伴。

新事物 2：平台自身建设的几个维度

1. 模式决定未来，思维上的转变是首要的。2000 年的川勘院，财政上异常艰难。2001 年，分院转变发展思路，包括允许合作伙伴加盟，建立起过滤机制、约束机制、退出机制和激励机制，近年来持续取得良好的经营业绩。观念上的改变使分院彻底改变了原有的发展模式，凤凰涅槃。

2. 机制的设计是最重要的。平台建设需要建立起完善的进入机制、激励机制、过滤机制、退出机制等，使平台在机制的约束和保障下健康向上成长。平台上，有些是补贴方、有些是付费方。资源团队与大平台建立分成比例关系，实质上是一个付费关系，而平台的目标是将蛋糕做大（产值提高）、质量做好（收费提高）、品牌做强（口碑提高），如此才能对资源团队保持足够的吸引力。这一点需要向行业标杆企业 AECOM、上海现代集团、悉地国际等企业学习经验。

3. 集团化平台建设应该做好人才的培养和储备。人才是工程勘察设计行业最为核心的竞争力，在集团化平台建设中需要促成省院技术型人才向复合型人才转变。就像梁士毅老师所说的项目经理要成为八爪鱼；应该为未来企业发展 EPC、PPP、BOT 等甲方日益青睐的模式储备人才，并具备一定垫资、投融资能力；企业平台应该建立领军技术人才引进和管理机制，增强行业话语权，巩固平台中央生态圈，往往会迅速促进企业在该类业务方向的成长。

4. 组织的优化和价值链的增值，向组织要效率，向组织要效能。参照组织的三种模式：一是基于科层制的内部协作；二是基于矩阵式组织的协作方式；三是基于价值链、基于项目的生产组织结构和流程设计。宜逐步建立以项目为中心的价值链组织结构，试点项目经理负责制，优化人力资源配置，寻求组织更新的价值爆发点。

5. 对行业技术的掌控能力需要平台去整体规划，包括标准化的推行，新技术的应用和发展。基准方中事务所在 2008 年完成了企业设计标准化的系统工作，提升了工作效率，提高了品牌的市场识别度和认可度，对这两年其快速扩张起到了良好的保障作用。

关于模式选择的风险

平台基于企业生态圈的中央，自身的建设是否良好，是否具备对各方的吸引力是平台成败的关键。互联网上的平台与省院的平台概念有所不同。互联网上的平台是为别人搭建的让合作伙伴赚大头，自己赚小钱的模式，而设计院一般是通过提供产品自己赚大头，不是真正意义上的平台。

平台的概念对于设计机构来说需要进一步界定，正如此前所说，首先需要明确定位，这套平台战略模式才会有方向。这一点没有思考透彻，生硬地进行一些变革，将会带来对原有平台的巨大风险。

BIM 让甲方快乐

目前，中国建筑设计研究院、北京市建筑设计研究院均已更新了设计系统，即使是在成都本土市场挂靠在北京的一些设计机构，在投标时已经开始应用 BIM 技术。越来越多的甲方在招标函中明确要求使用 BIM 技术。BIM 技术的应用已经不再处于探索阶段，而进入应用阶段；不再是辅助手段，而是应用手段。我院目前的 BIM 技术应用处于局部合作阶段，亟须在繁重的生产任务进行的同时及时更新设计手段。

与此同时，建议省院平台能否开发一些东西，可供施工单位或者甲方使用，同时对接我院的标准。这些东西可以是软件甚至硬件，并申请专利，比如在智能建筑、节能监测等领域。其实，现在已有的像结构的《填充墙图集》，就是一种软输出，给甲方和建设方提供了指导，但是这个不具备很强的独特性，所以容易被替代。如果能研发一套功能复杂但易操作方便实用的东西，那么市场前景就非常光明了。如果这个东西可以贯穿前面的一条龙服务，就更具备竞争力了。

关注平均设计费

在日常工作中我们常常会发现此类问题，非常优秀的设计人员放弃了培训机会，如 BIM 软件的使用推进，大多数设计师仍然在选择用传统的方式画图。事实上这背后存在着我们行业设计费偏低的现实造成的恶性循环问题。比如，省院每年画 1000 万 m^2 的图，收入 3 个亿，那每平方米的收费是 30 元，基本是国家规定收费的 50%。而当我们通过技术革新、产品升级等手段将收费提升到 60 元 /m^2，则我们完成同样的产值，只需要画 500 万 m^2 的图，这无疑会使我们的资源团队和设计师有更多的时间来思考“如何偷懒”。如：深圳华阳国际在装配式住宅设计方面建立了技术体系，在装配式住宅设计方面取得了较高的设计费。

当然，我们看到平均设计费提升可能带来的对企业创新文化培育、创新方式、管理模式等方面的促进作用，然而，平均设计费的提升需要平台和资源团队的共同努力，更需要后续机制保证长期和短期发展的矛盾处理。

第五章

观·战略

“胜兵，先胜而后求战；败兵，先战而后求胜”[1]，一个好的战略能大大提升成功的几率。战略是知，业务是行，战略管理就是知行合一的过程。战略也是一种选择，是人通过组织的集体选择行为，战略既是一个名词，即一套应对未来的选择；也是程度词，即重要的选择。战略本质上来讲，是企业核心能力选择的深化和经营理念的显化。

省院在2000年后开始制定企业发展战略，并在生产经营活动中一以贯之。我们很难想象今天发展的局面和战略思考的一致性，但战略目标形成的向心力和持续不断的努力方向是我们理解战略最重要的意义。

1《孙子兵法－军形篇》。

方法论

坚持方向、立足创新、强化执行

战略决定了企业基本的长期目标和目的，明确了实现目标必须的一系列行动及资源，由此意味着组织面临着一系列重大的决策，这些决策或许没有那么容易被感知，但却会在三五年后决定组织的成败。

“十二五”期间，省院围绕“打造宜居城市空间、创建美好人居未来”的企业使命和“以设计咨询业务为龙头，发展成为西部一流、国内先进，提供全面技术解决方案的大型现代工程设计咨询集团”的企业愿景进行了一系列“规模发展、特色做强、管理提升”的举措，取得了可喜的成绩。从统计数据来看，五年来复合增长率达到 15%，基本实现“十二五”规划关于规模和增速的战略目标，累计新增培养四川省勘察设计大师 6 人，正高级工程师 20 余人，荣获全国、省市设计奖 100 余项，员工收入持续提高，企业也整体搬迁至天府新区全新的办公环境。

外部发展环境对企业的影响

勘察设计行业的供给侧改革核心就是企业的改革，企业是市场供需关系的供给方。工程勘察行业在去产能时代，如何实现供给的转型升级，这是行业发展环境变化带给企业需要去思考的核心问题。

一是新业务模式的探索与拓展，大力开展PPP、EPC、代甲方等项目承接模式，充分发挥企业在过去积累的工程建设全过程服务能力，建立与业主之间的新型合作伙伴关系；二是研发环节的增强，加强在工程建设领域实用新型技术、发明专利的培育，用技术重塑行业竞争门槛，提升企业核心竞争力，获得技术研发投资回报；三是业务领域的多元化发展，包括市政行业、轨道交通行业等国家重点发展的投资领域；四是企业之间的深度合作，在商业模式创新、科技研发、跨领域发展等企业战略调整方向上，并不是完全依托企业自身资源实现发展，而是在跨界深度合作的基础上，协同发展、共享发展；五是加快企业创新性复合人才的引进和培养，在企业未来转型发展的探索中，我们需要培养一批在新业务领域具备复合能力的人才，企业也将不断完善员工职业发展序列，以人为本，共同成就企业发展的未来；六是企业面临管理上的一系列全新的要求，例如企业的风险控制体系将会更加的复杂、复合，从过去单一的质量、法律风险管理，过渡到工程、安全、资金等更为全面、切实的风控体系；还有企业的目标分解导向设置、投融资管理、人力资源管理、培训体系等方面面临着全新的改革发展要求和难度。

基于内部业务组合的战略要求

经过六十余年的资源积淀与整合，省院初步形成了四大业务板块，核心业务有设计咨询、岩土工程、工程管理，新业务为创意产业。在战略规划中，基于企业总体发展目标，我们针对每个业务板块确定了不同的业务定位，提出了不同的发展要求。四大业务板块是推动省院不断向前发展的坚实基础，不管是企业总体发展目标的达成，还是商业模式、发展模式改革创新，最终都要落实和融入四大业务板块发展策略和举措中去。根据战略规划总体发展目标和新要求，按照四大业务板块各自定位，贯彻落实四大业务板块发展策略和关键举措，做好四个业务板块的快速发展，实现设计咨询主业做优做久，相关业务做精做专做大做强并举；要统筹规划，深入思考，从战略全局出发，实现四大业务板块的协同发展，全面构建以技术为纽带的工程建设产业链全过程一体化工程咨询产品与服务体系；要根据企业战略目标进行业务发展考核，战略规划要求的内容即是未来年度绩效考核的重点。

创新发展展望

对于企业“十三五”战略的展望基于两个理论基础，一是S型曲线理论，二是战略管理理论。S型理论的核心要义在于当旧动能增长乏力的时候，新的动能异军突起，就能够支撑起新的发展。战略管理理论的应用则核心在于“战略规划的制定—组织架构调整—绩效计划的改进”三个环节。

谋划“十三五”发展必须放眼全局，长短结合。所谓“长”，就是要立足长远，有计划有步骤地推进各项工作；所谓“短”，就是立足当前，全面完成2016年各项目标任务，为“十三五”开好局起好步。企业的“十三五”战略规划编制工作接近尾声，在未来的学习宣贯过程中我们将重点围绕S型曲线进行，战略规划选择了我们未来要努力的有限的方向，需要全体干部员工充分的理解规划，并将企业有限的人力、物力、财力、精力聚焦到这些努力方向中，加强内部的协同发展、共享发展，共同推动企业基于战略规划的创新发展新实践。

作为组织层面，企业也将从组织架构和绩效设计两方面做出适时的调整，确保战略规划各项目标有效落地。未来企业将形成集团化的管控模式，并基于战略目标分解，设计年度计划目标分解的弹性，确保战略执行的组织和绩效导向。

最后根据国家提出“创新、协调、绿色、开放、共享”的发展理念，企业将秉承“智慧建筑、以人为本，共创共享”的企业宗旨，正确理解和处理好按劳分配和按资分配的关系，系统规划二级公司混合所有制、分红权等体制机制改革举措，广泛调动广大干部职工干事创业的积极性，为企业“十三五”战略目标的实现提供体制和机制的保障。

回顾“十一五”

2006 ~ 2010年：差异化发展

“十一五”战略规划是省院自主编制的第一个五年发展规划。在“十一五”期间，省院围绕“努力打造人才领先、技术先进、管理科学，为顾客提供优质专业技术及管理服务，国内一流的勘察设计咨询企业集团”的总体战略定位，实施了系列业务发展和组织调整举措，取得了积极成效。“十一五”期间，省院领导班子高度重视生产组织对生产力提高的推动作用，根据业务发展的客观要求对生产组织结构进行调整，在传统建筑设计主业基础上，积极有效地进行了多业务板块、多产业链环节及部分特色业务的延展，对主业起到重要的支撑作用，形成了更多元化的业务结构，总体经济效益超额完成既定目标。

一、省院“十一五”发展战略及战略描述

根据省院的现实人力资源、组织结构、业务范围、经营规模、战略定位及市场前景，其发展战略分为三个层次：第一层，人才领先，技术、管理创新，持续发展的总体战略；第二层，做精主业，两头延伸，多元化、差异化发展的经营战略；第三层，机制灵活、管理科学、密切协同的职能战略。

1. 总体战略

人才领先，技术、管理创新，持续发展战略——人才是勘察设计企业的第

一资源，是企业核心竞争力的基础，是企业立足之本，有人才即有市场、就有发展。因此，人才发展构成企业总体发展战略的核心。创新是企业的灵魂，是企业发展的动力，只有强化创新意识，构建创新机制，才能使企业永远具有竞争力。保持持续发展，争取做大做强，是省建筑设计院发展之路。

2. 经营战略

做精主业，两头延伸，多元化、差异化发展战略——现有主业有一定品牌优势和市场份额，但仍有发展壮大的空间，可以适当扩大规模或用整合办法、与有实力的投资商形成战略伙伴等扩大经营规模，同时在收费普遍较低的条件下，精心设计，增加技术含量，提高单项工程收入水平。为投资提供全过程技术、管理服务是经营发展的方向，向前端延伸提供可行性研究、规划、项目策划，向后端延伸提供项目管理服务等。技术服务产品多元化是规避风险、增加市场份额的有效途径；差异化发展，突出优势业务的地位是战胜竞争对手的保证。

3. 职能战略

机制灵活、管理科学、密切协同的职能战略——机制灵活是应对市场环境变化的条件。省建筑设计院要在用人机制、激励约束机制、经营机制等方面加大改革力度，形成能适应市场竞争的内部机制。管理出生产力，加大对科学管理方法的研究，形成体系并执行有力。职能部门密切协同是发挥省建筑设计院整体效能的要求，要根据发展研究部门的设置和职能划分，制定并完善各职能部门的职能战略，为省建筑设计院总体战略和经营战略的实现奠定基础。

二、“十一五”产业结构调整目标

省院属于为顾客提供专业技术及管理服务的科技型企业。由于人才、资金、市场等各方面的原因及总结改革开放以来省建筑设计院发展第三产业的经验教训，我们认为，凡与省建筑设计院主业不相关，不能依托主业提供技术支持，或投入大、收益低、风险高的产业和市场均不能进入。因此，省院的产业结构调整只能是专业服务范围的调整或产品链的延伸。其目标是：

1. 园林景观设计市场前景较好，竞争对手相对较少，而省建筑设计院建筑与景观设计所人员规模较小，宜适当扩大规模，增加市场占有份额。

2. 工程的前期策划、规划、城市设计和城市空间设计，省建筑设计院尚未形成竞争力。5 年内应通过培养和引进规划技术人才，提升资质等级，拓展工程前期技术服务。

3. 国家正在改革工程建设组织方式，培育发展工程项目管理、总承包企业和市场。省建筑设计院已组建项目管理公司，但当前业务仍以工程监理服务为主。要加强项目管理公司的人才储备，完善各项资质要求，培育形成省建筑设计院向工程后端服务延伸的主要力量。

4. 加强对地质灾害治理工程勘查、设计、施工、地质灾害危险性评估业务的投入和人才引进。争取在 2006 年、2007 年两年内取得“地质灾害危险性评估甲级”资质和“地基与基础工程专业承包壹级”资质，以加大、增加省建筑设计院在勘察行业市场的占有率。

三、“十一五”发展的主要成绩

“十一五”期间，四川省院基本完成了“十一五”规划制定的总体经营目标和各职能线条的具体目标，其中产值目标超前超额完成。公司在业务多元化发展、人才建设、行业地位等方面均取得了长足的进步，为下一步发展奠定了坚实的基础。

1. 四川省院在省内处于建筑设计行业第一梯队，在“十一五”期间取得了产值翻两番的可喜成绩，以略低于同期固定资产投资增速的速度发展。

2005 年四川省院收入 1.2 亿元人民币，2010 年收入 4.5 亿元人民币，年均复合增长率约 30.3%，在“十一五”期间呈高速增长状态。而同期四川省固定资产投资 2005 年为 3478 亿元人民币，2009 年为 12017 亿元人民币，年均复合增长率为 36%。

2. 三大业务板块在“十一五”期间均取得了较大发展，整体业务格局以设计咨询业务为核心，工程勘察及项目管理业务作为多元化业务共同发展。

其一，建筑设计咨询产业链布局较为全面，在细分专项领域（如建筑规划、建筑景观、装饰等特色专项）较中建西南院优势明显。同时人均产值较高，在西南地区位列第二，且与第一差距较小，大项目比例也逐年提高。

其二，岩土勘察业务板块自经营自主权下放后，经营与生产积极性明显

全院合同额、完成产值、实现收入构成分析

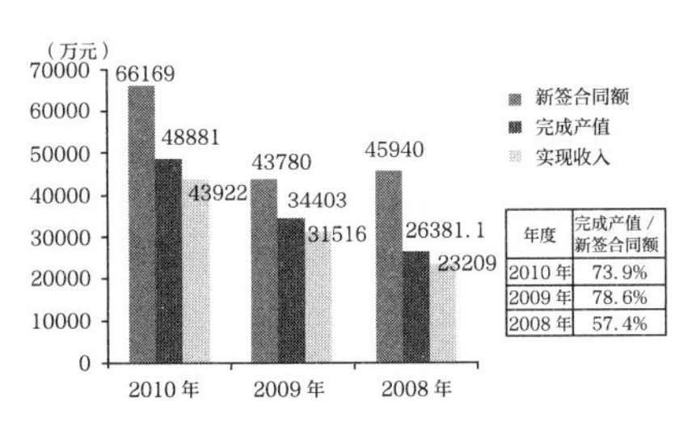

省院近年合同额、完成产值及营业收入图

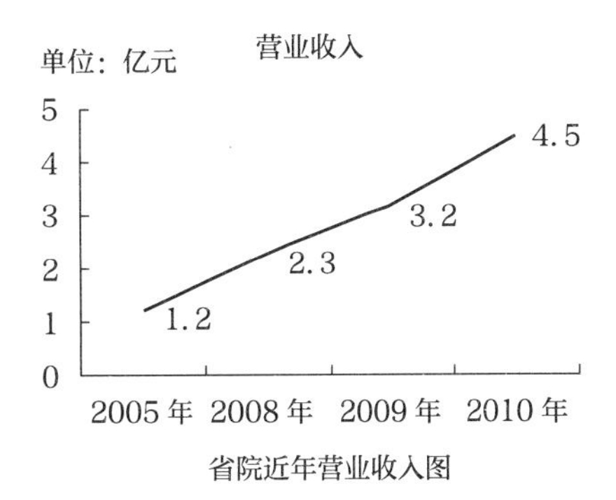

省院近年营业收入图

提高，业务规模迅速增大，对院整体产值贡献较大。实现收入从2005年的4000多万上升到2010年的1.9亿，年均复合增长率高达37%。

其三，项目管理与工程监理业务在四川省建筑行业内处于领先地位，行业影响力较大，现场管理水平与能力在行业内领先。

3. 在建筑设计业务尤其是民用建筑方面，经过多年的项目积累和技术质量优势，在区域范围内取得了较高的行业地位与社会地位。

作为核心主业的建筑设计业务在西南地区仅次于中建西南院。民用建筑方面优势明显，在中国民用建筑设计市场排名榜中位于前列，尤其在住宅方面，经过多年的项目积累，技术和设计质量有一定优势。

四川省院设计服务质量客户满意度很高，2010年被万科评为“2010年度优秀合作伙伴金奖”，且与老客户签订项目的合同额在总额中所占比例逐年升高。

总结“十二五”

2011 ~ 2015年：打造全过程服务能力

一、战略规划编制背景

1. 我国建筑设计市场的资本运作趋势将带来行业市场集中度的提高和企业的两极分化。

资本运作加剧将带来整个行业市场集中度的提高和企业的两极分化。未来部分定位不明显、竞争力不强的勘察设计单位将面临较大压力和挑战，有可能被扫荡出局，部分通过资本运作或资源整合等具有较强综合竞争实力的企业将进一步快速发展壮大。一方面，设计院上市初露端倪。中国海诚作为国内专业设计服务行业的第一家上市公司成功上市，除此之外目前国内领先的建筑设计企业，如部院和现代集团等也在正积极谋求未来整体上市；另一方面，并购重组加剧。涉及外资企业并购的有美国AECOM公司分别并购易道公司和中国市政西北设计院，并收购深圳市城脉建筑设计有限公司，加拿大宝佳国际集团收购中国建华设计院，五合国际集团收购华特设计院正式签订收购合约。

因此，在当时的大环境下，国内勘察设计企业一方面要进一步找到自身的细分定位，建立竞争优势；另一方面，对于一些准备涉足工程总承包业务的大中型勘察设计单位，要提升自身资本运作水平；最后，对于所有勘察设计企业而言，都需要提升资源整合能力和管理水平。因为今后激烈竞争下的行业发展模式将是一种集约式的发展，过去粗放式的管理已经不能适应市场竞争的需要。

2. 区域壁垒和行业壁垒逐渐消失，竞争压力不断加大，利润正在日益摊薄。

随着我国市场的加速开放，市场竞争主体呈现出多元化的发展趋势。外资已经大量进入国内建筑市场，尤其是抢占国内高端设计市场；工业类设计单位不断蚕食建筑、市政、规划设计市场，其由于处于发展起点和迫于竞争压力，逐渐渗透中低端市场。另外，我国已经持续了 20 多年的城乡建设快速发展时期，形成了一支庞大的行业队伍，建筑设计行业“僧多粥少”的局面在短时间内恐难改变。由于市场供求不平衡，依靠市场调节的行业收费标准就难以有效提升。同时，企业负担不断增加，使得行业利润有日益摊薄的趋势。

建筑设计前期的规划和咨询业务重要性日益凸显，成为把握业务先机的重要环节

建筑设计企业通过为业主提供前期规划和咨询服务，能够提前掌握项目相关信息，与业主形成更紧密地合作关系，从而为承接产业链后期相关环节业务打下基础。因此，随着市场竞争的加剧，前期规划和咨询服务与产业链后期业务的协同价值将进一步显现，重要性日益凸显。

绿色、低碳、节能建筑日益受到重视

绿色、低碳、节能等理念是当前经济转型中的热点，随着这些理念的逐步深入人心，绿色低碳也是将来建筑设计在设计过程中必然重点关注的元素。目前我国建筑能耗占全社会总能耗的 30% 左右，再加上建材生产能耗，仅建筑方面用去的资源就高达 45% 左右，而在发达国家，建筑能耗仅占总能耗的 10%。无论从国际经验还是国内趋势来看，我国绿色建筑都拥有广阔的市场前景。

建筑设计的投资热点逐渐从东部发达城市向中西部欠发达地区转移，中西部地区的竞争将逐步加剧

从区域来看，随着国家为缩小发展差距而进行投资重心转移，部分发展相对迟缓的内地城市逐步成为国内城乡建设的热点。因此吸引大量境内、外著名

的建筑设计机构进入这类市场，从而使这类新兴的市场成为行业新一轮竞争的热土。

另外，随着我国中西部经济的增速加快，国有企业、民营企业和外资企业等不同性质主体参与竞争使得不发达地区建筑设计市场的竞争更加激烈，因此整体上建筑设计市场的竞争将由东部发达地区向中西部不发达地区转移，进而导致中西部地区的竞争加剧。

二、省院“十二五”发展战略及战略描述

1. 战略目标：以设计咨询业务为龙头，发展成为西部一流、国内先进，提供全面技术解决方案的大型现代工程设计咨询集团！

内涵：

业务格局和联动关系：整合集成多环节、多领域的资源与能力，以前端规划设计咨询业务为龙头、带动产业链全过程一体化工程咨询产品与服务体系的全面构建。

业务定位：传统业务的做大做专与特色业务的做精做强并举。

市场区域：兼顾省内市场的精耕细作与西部市场的布局与开拓。

行业地位：发展成为西部一流、国内先进，具有显著竞争优势、面向多方业主提供全面技术解决方案的大型现代工程设计咨询集团公司。

2. 中长期发展战略阶段划分与特征描述

四川省院未来实现战略定位是一个分阶段逐步实现的过程，在“三步走战略调整路径”各个阶段的关键和重点有不同的侧重：

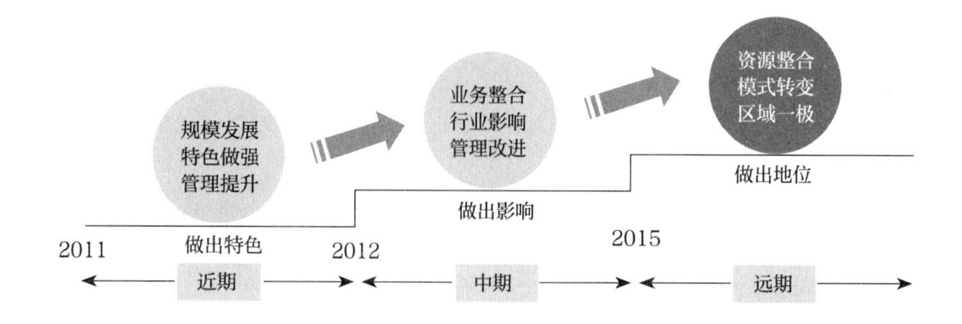

第一阶段：规模发展 特色做强 管理提升

✧ 保持多业务板块的共同发展，获得业务规模的稳步增长；

✧ 在规模基础上，提高业务层次，强化特色业务的做强做大，通过特色点的突破，持续扩大行业知名度和影响力；

✧ 积极寻求外地机构合作，以及条件成熟下西部区域的布点；

✧ 将内部人才队伍建设和系统性管理提升作为支撑业务发展的重点。

第二阶段：业务整合 行业影响 管理改进

✧ 在业务联动基础上进一步强调资源整合，在协同业务和一体化业务发展方面取得更广泛的实质性成效，进一步确立专业特色；

✧ 进一步扩大与外部分支机构合作的广度和深度，进而带动业务市场区域布局的拓展；

✧ 关注内部人才梯队和管理的持续改进和优化，关注业务和资源之间的协调、整合管理。

第三阶段：资源整合 模式转变 区域一极

在“十二五”整体业务与管理能力全面提升的基础上，进一步谋求由内生式发展向外延式发展模式的逐步过渡和转型，通过品牌和管理输出，加大与区域范围内多种模式合作，搭建共同发展的平台，打造区域内工程建设领域至关重要的一极。

从保障总体定位和业务发展战略落实的角度出发，需要人力资源、技术科研、信息化建设、品牌建设、党建与企业文化等各个职能线条的相关工作的推进和落实，尤其应该首先明确生产组织优化调整和管控体系的建立，为其他各项工作的开展奠定组织保障。

3. “十二五”业务结构调整目标

通过对院所处行业环境和自身条件的分析，在总体定位明确的基础上，设定院未来 5 年的总体发展目标如下：

经营性目标：2015 年院总产值规模达 8 亿 ~ 10 亿元人民币，年符合增长率达到 14% ~ 18%。其中，设计咨询业务产值规模达到 4 亿 ~ 4.5 亿元，工程勘察业务产值规模达到 4 亿 ~ 4.5 亿元，项目管理业务产值规模达到 1.8 亿 ~ 2.2 亿元。

三、“十二五”发展的主要成绩

1. 发展成果简述

“十二五”期间，四川省院各项指标增长迅速，收入连续两年突破8亿元，其中2015年度全院新签合同额约17.7亿元，收入8.12亿元，较2010年4.18亿元，增长了94%，收入平均增长率为14.9%；累计实现利润9546万元，利润平均增长率为10.16%；累计完成新签合同额58.7亿元，较“十一五”期间合同总额20.7亿元，增长了183%；目前企业的专业技术团队规模已超过1500人，其中有高、中级工程师750余人，四川省工程勘察设计大师11人、省突出贡献专家及享受政府特殊津贴专家18人，“十二五”期间累计新培养四川省工程设计大师6人，正高级工程师20余人。企业发展增长幅度较快，业务结构均衡发展，发展质量、效能不断提高，整体搬迁进入天府新区全新工作环境，综合实力大幅提升，向“打造西部一流、国内先进的行业领军企业”迈出了坚实的步伐。

2. 存在的问题和不足

（1）战略规划层面，子项规划有缺失，方案细化度不够；执行层面，未有效落实到考核体系中，缺乏过程管控和调整。

（2）企业管理层面，如何应对日渐激烈竞争和日渐系统性的客户需求，管理复杂性和难度提高，对环境变化的掌握度和敏感度不够，发展模式和业务结构的调整的及时性不够。

（3）业务管理层面，设计质量各方面出现技术、资源和能力等支撑不匹配，企业的客户满意度、专业化水平、管控能力、盈利能力等面临挑战；综合能力和专业能力建设之间的矛盾始终存在，专业化建设推动困难；企业技术标准体系建设过程中，未能与信息化建设深度融合，技术质量管理存在漏洞。

（4）企业发展层面，企业体制机制改革滞后，商业模式创新能力较弱；院内科技研发资源整合机制尚未形成，产品技术研发转化能力依然较弱；企业投融资、EPC等业务的发展，企业综合管控能力有待进一步加强。

展望“十三五”

2016 ~ 2020 年：构建集团平台　创新驱动发展

一、行业竞争环境分析

1. 行业发展趋势分析

（1）资本运营能力和融资能力成为设计企业转型发展的关键能力。从政策导向和行业环境来看，国家鼓励大型建筑设计企业发展 EPC 业务，鼓励社会资本进入基础设施领域的 PPP 模式，东部大型建筑设计企业已经开始向海外市场、总承包项目发起攻势，本土大型建筑设计企业也在紧紧跟进，在此过程中传统的业务运作方式正在改变，EPC、PPP 等业务运作方式的大量成功实施，使企业对资金、资本的关注度和依赖度越来越高。

（2）科技研发与应用、高端复合型人才、行业领军人才成为设计企业转型升级的第一动力。随着互联网技术及互联网思维的快速渗透，行业技术创新频繁，勘察设计质量和技术水平将不断提高，更加强调与信息化（BIM 技术、智能化）和绿色发展（绿色技术）等新技术相结合，科技研发与应用能力将是提升企业核心竞争能力的重要抓手。而工程总承包、投融资、绿色建筑、建筑工业化等新业务的发展，使企业对高端复合型人才、行业领军人才的需求更为迫切。

（3）企业核心能力从以技术为主逐步向企业综合管控能力转变。国内勘察设计行业的成功要素正在从过去以技术为主，向技术、管理、商务策划、资本运作、资源协调整合等多元综合能力转变，行业内企业的盈利模式也出现分化。越来越多的勘察设计企业关注资本运作，并尝试各种资本运作方式，包括筹备上市、投资并购等方式。随着行业整合程度的日益加剧，企业在全面加强综合管控能力的同时，还必须找准核心竞争力谋求差异化发展。

2. 竞争格局分析

“十三五”时期，随着外资准入政策的放开、各大设计院的转型升级以及市场化进程加快，行业竞争将更加激烈，更多国内大型建筑设计公司在外资企业压力下更加重视西部市场。

一是从省外企业来看，国内一流建筑设计公司大量进驻西部市场，凭借其丰富的行业经验积累占据了相当的市场份额，对西部几家大型建筑设计院产生较大的竞争压力。

二是从本土企业来看，西南院凭借规模、技术优势在产业链上下游及相关业务领域进行拓展，进一步扩大市场份额，基准方中等民营企业经营方式更加灵活，发展势头迅猛，省内市场面临更加激烈的市场竞争。

三是从产业链上下游来看，国内知名房地产公司也在进行产业链延伸，开展建筑设计业务，不断从设计企业吸收优秀人才，整体设计水平大大提升。在房地产投资放缓、市场总量下降的形势下，市场竞争将进一步加剧。

四是从潜在竞争者来看，行业相关设计单位也在争夺市场，随着工程设计综合甲级资质的放开，且建筑设计资质壁垒的弱化，产业链上下游建筑、市政、规划行业间的界限也愈加模糊，促使工业类设计单位也在争夺建筑、市政、规划设计市场。同时建筑、市政、规划行业之间也出现相互间的渗透。

二、“十三五”战略发展思路

企业在“十三五”企业总体战略规划为“明确一个定位，实现两个突破，拓展三大区域，深化四项改革，落实五项举措”。

1. 明确一个定位

“十三五”期间，企业应明确“以设计咨询业务为主业，带动相关领域多元化、产业化发展，成为西部一流、国内知名的建筑设计企业集团”的企业愿景和发展定位，围绕企业定位开展相关的战略举措。

2. 实现两个突破

“十三五”期间，完成企业集团化平台构建和业务结构转型升级，以进一步搭建战略规划贯彻框架。

一是构建企业集团化平台，明确企业集团化平台的内涵、外延，完善总部平台管理职能和权责，建立委员会决策辅助制度，为企业“十三五”改革发展奠定基础；

二是推进业务结构转型升级，做优做久设计咨询主业，大力发展工程管理业务，拓展建筑设计产业链上下游相关多元化领域，探索与资本运营、其他多种产业相结合，实现业务结构转型。

3. 拓展三大区域

“十三五”期间，企业应进一步明确区域发展方向，根据国家及各地政策，调整区域发展策略。

一是川渝地区：立足四川，依托高速铁路发展趋势，围绕成渝经济区和川渝两地城市发展规划，配合国家成渝经济区发展规划的实施，建立院地合作发展模式。

二是西部地区中心城市：加强区域布局，关注长江经济带以及西部地区国家级新区等国家重点投资和发展区域，完成西部中心城市区域市场布局目标。

三是海外区域：跟随“一带一路”经济带，借船出海，针对不同区域采取对应的营销策略，积极拓展海外市场。

4. 深化四项改革

“十三五”期间，企业应国家国企深化改革的要求，推进在深化商业模式改革，发展模式创新，管理模式规范和建立孵化平台等四个方面的深化改革，以适应战略发展的要求。

一是深化商业模式改革创新。在资本运作方面，通过参股、持股、控股和人事参与等方式，实现产融结合；积极参与新型项目建设模式，培育企业 PPP 项目投资、建设、运营能力；根据国家对国企改革要求，系统规划、积极探索二三级子公司逐步进行股份制改革、分红权改革、部分业务上市等商业模式创新工作。

二是深化发展模式改革创新。由传统的技术密集型企业技术咨询输出发展模式，向科研研发型企业转变，占领产业链制高点，规划产业链上下游转化、投资。

三是深化管理模式规范提升。根据企业改制、业务相关多元化发展和资本化运作规划，成立集团企业，建立母子企业三级组织管控模式；依托信息化平台，对不同发展阶段子企业的分类管控，以集团为整合、协调运作平台，实现各子企业的资源整合、协同发展。

四是建立企业创新孵化平台。优化组织结构，建立制度机制，鼓励企业优秀的设计人员内部创业，依托建筑科技创新发展，激发企业内部发展活力，为企业未来做大做强提供持续动力。

5. 落实五项举措

"十三五"期间，企业需要落实五项职能关键举措，保障战略目标的达成。

一是优化企业组织架构，构建企业集团化机制和管控体系。分阶段完成集团化平台建设，适时完成设计本部整体下沉；建立委员会制度、优化决策支撑机制；优化和完善管理职能部门；规划业务单位组合和管控，强化集团管控能力。

二是深化商业模式创新，构建新型营销体系。在"点（客户）、线（产品）、面（城市）"三个方面管理提升的基础上，加强高端营销，加强整合营销，匹配企业业务结构转型升级。

三是建立科研转化机制，构建科技研发体系。进一步提升原创能力、科研与产品研发能力，打造专项技术及领域优势。

四是实现发展模式创新，构建投资融资体系。依托设计咨询主业，围绕业务、项目技术成果转化等，培育投融资资本运作能力，实现盈利模式创新。

五是匹配组织持续发展，构建省院人才体系。制定人才发展规划，提升人才引进、人才培养以及人才梯队建设水平，完善薪酬考核激励机制。

三、"十三五"战略规划阶段划分与特征描述

"十三五"战略规划定位、目标体系是一个分阶段逐步实施的过程，在两个阶段的关键和重点各有不同。

第一阶段（2016~2017年）：稳中求进、组织调整、管理提升

保持业务板块的协同发展，积极应对市场下行趋势，确保财务指标稳重求进、稳步增长；完成企业组织架构系统性调整，构建企业集团化平台和管理机制，完善科学决策机制，完善和加强总部职能部门职责和能力；将内部人才队伍建设和系统性管理提升作为支撑业务发展的重点。

第二阶段（2018~2020年）：资源整合、创新驱动、转型升级

在组织架构调整，业务能力和管理能力全面提升的基础上，进一步发挥企业平台的资源整合优势，通过品牌、技术和管理的输出，加大区域范围内的多种合作模式探索，搭建相关多元化、产业化发展的子平台，打造区域内工程建设领域的领军企业。

图说战略

SADI 各时期组织结构图

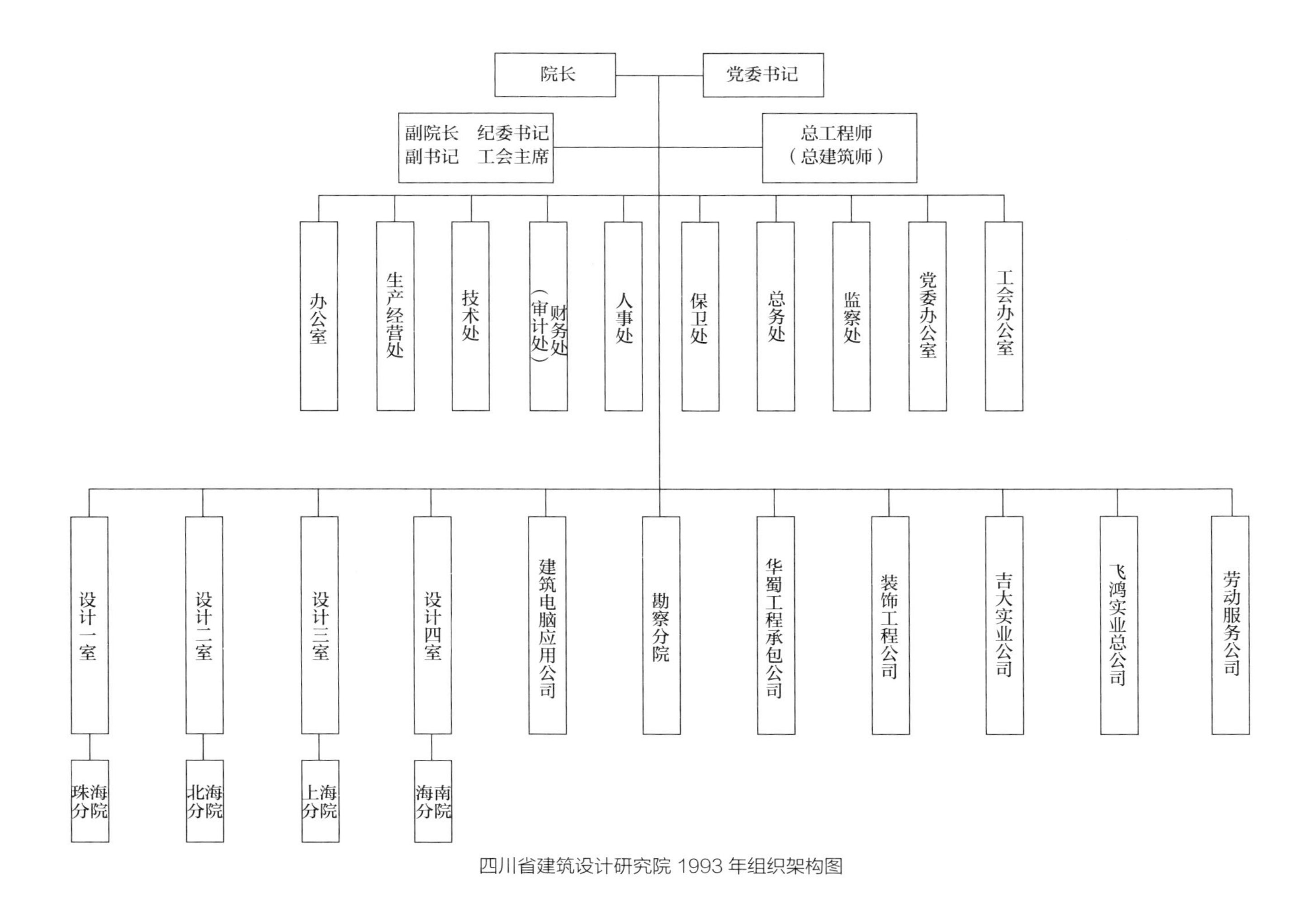

四川省建筑设计研究院 1993 年组织架构图

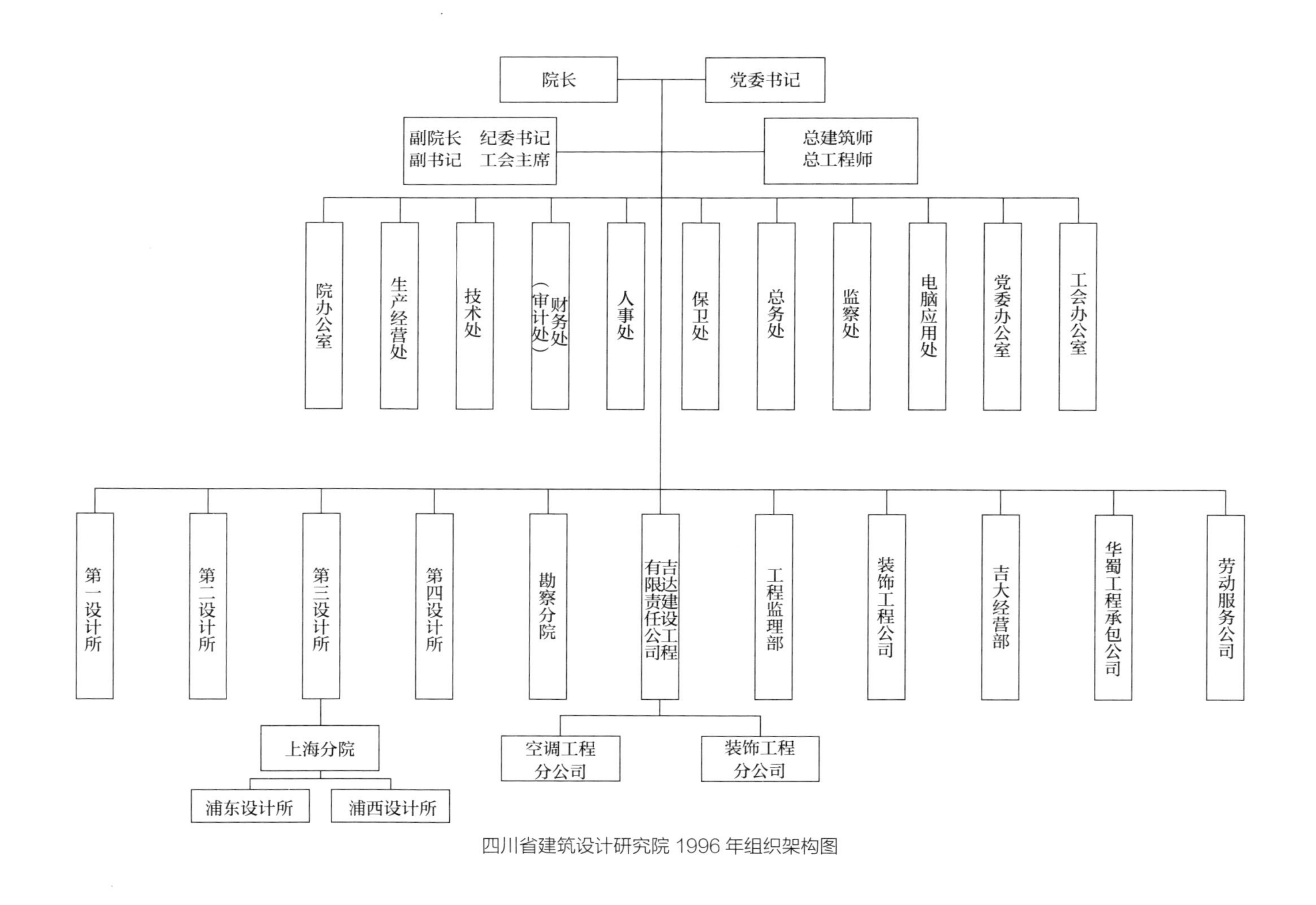

四川省建筑设计研究院 1996 年组织架构图

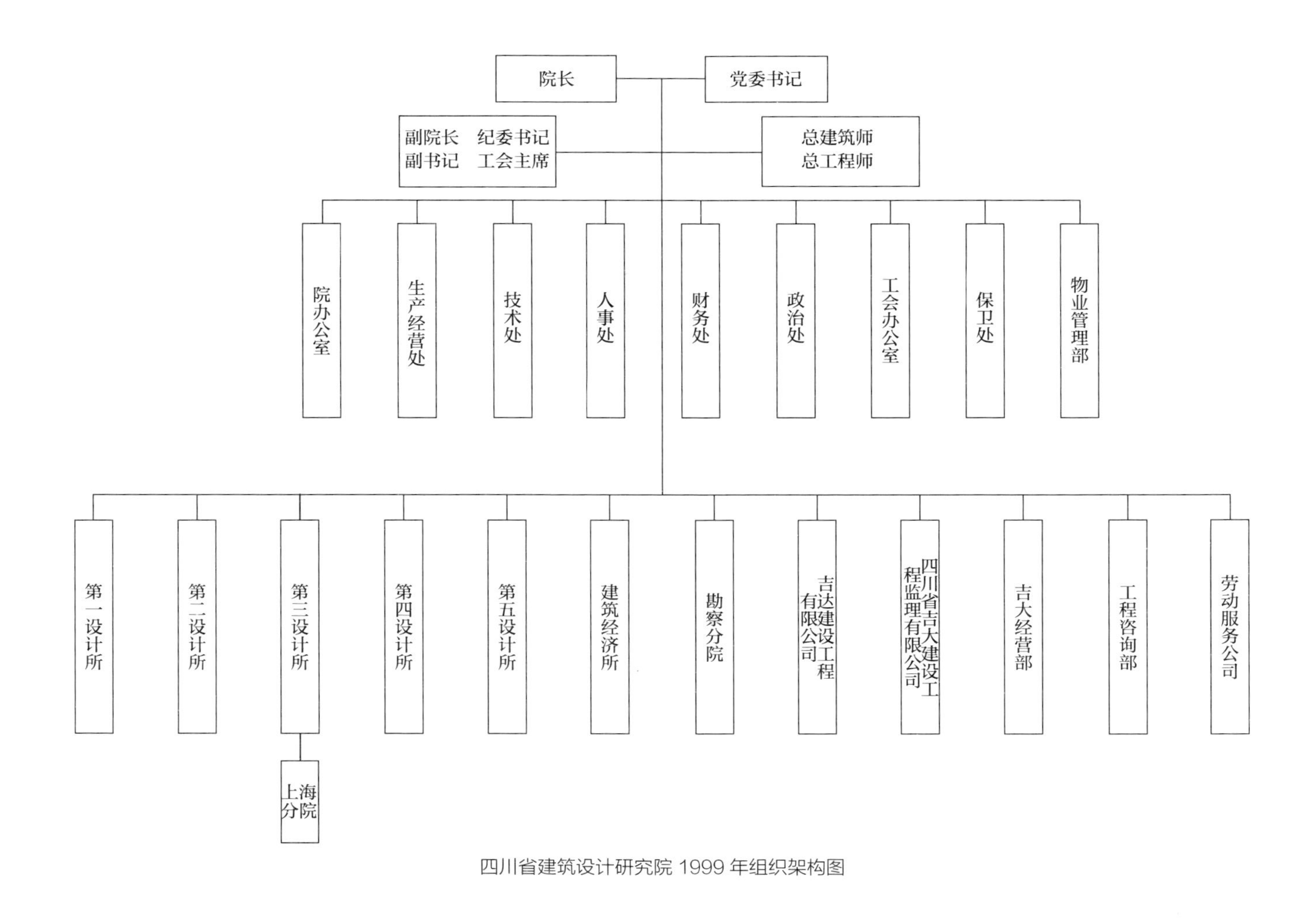

四川省建筑设计研究院 1999 年组织架构图

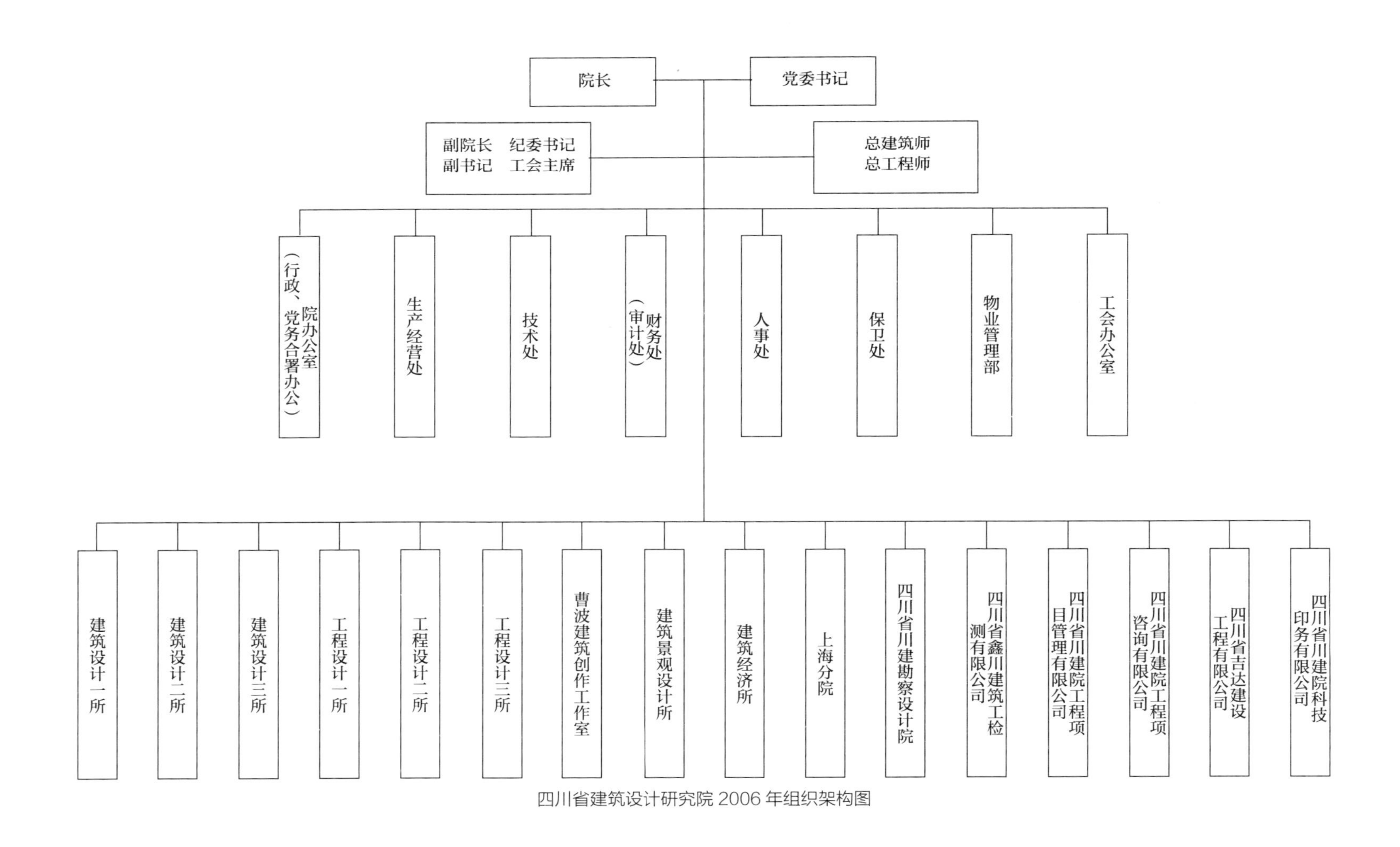

四川省建筑设计研究院 2006 年组织架构图

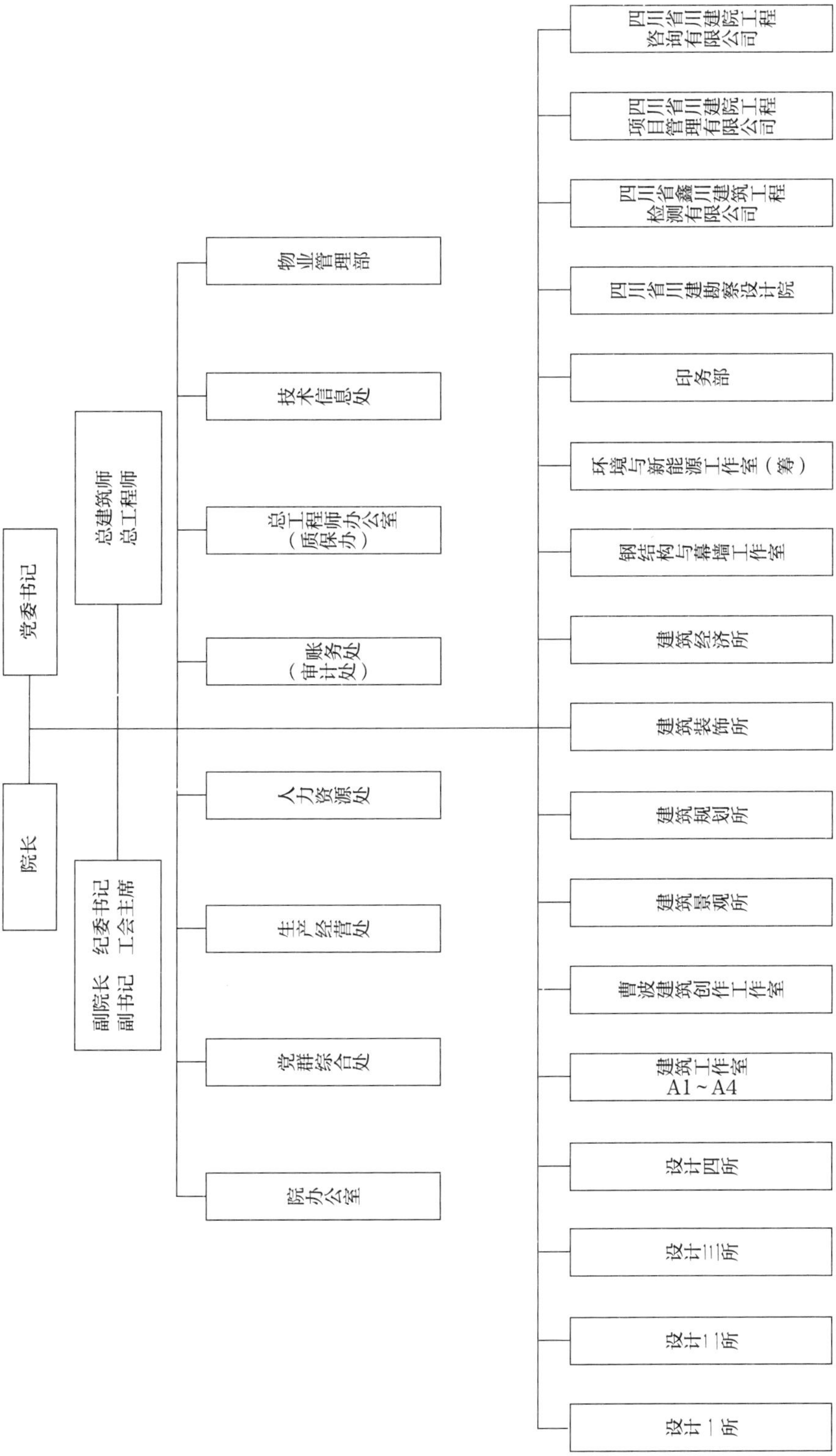

院长

党委书记

副院长 纪委书记
副书记 工会主席

总建筑师
总工程师

院办公室

党群综合处

生产经营处

人力资源处

账务处（审计处）

总工程师办公室（质保办）

技术信息处

物业管理部

设计一所

设计二所

设计三所

设计四所

建筑工作室A1～A4

曹波建筑创作工作室

建筑景观所

建筑规划所

建筑装饰所

建筑经济所

钢结构与幕墙工作室

环境与新能源工作室（筹）

印务部

四川省川建勘察设计院

四川省鑫川建筑工程检测有限公司

四川省川建院工程项目管理有限公司

四川省川建院工程咨询有限公司

四川省建筑设计研究院2010年组织架构图

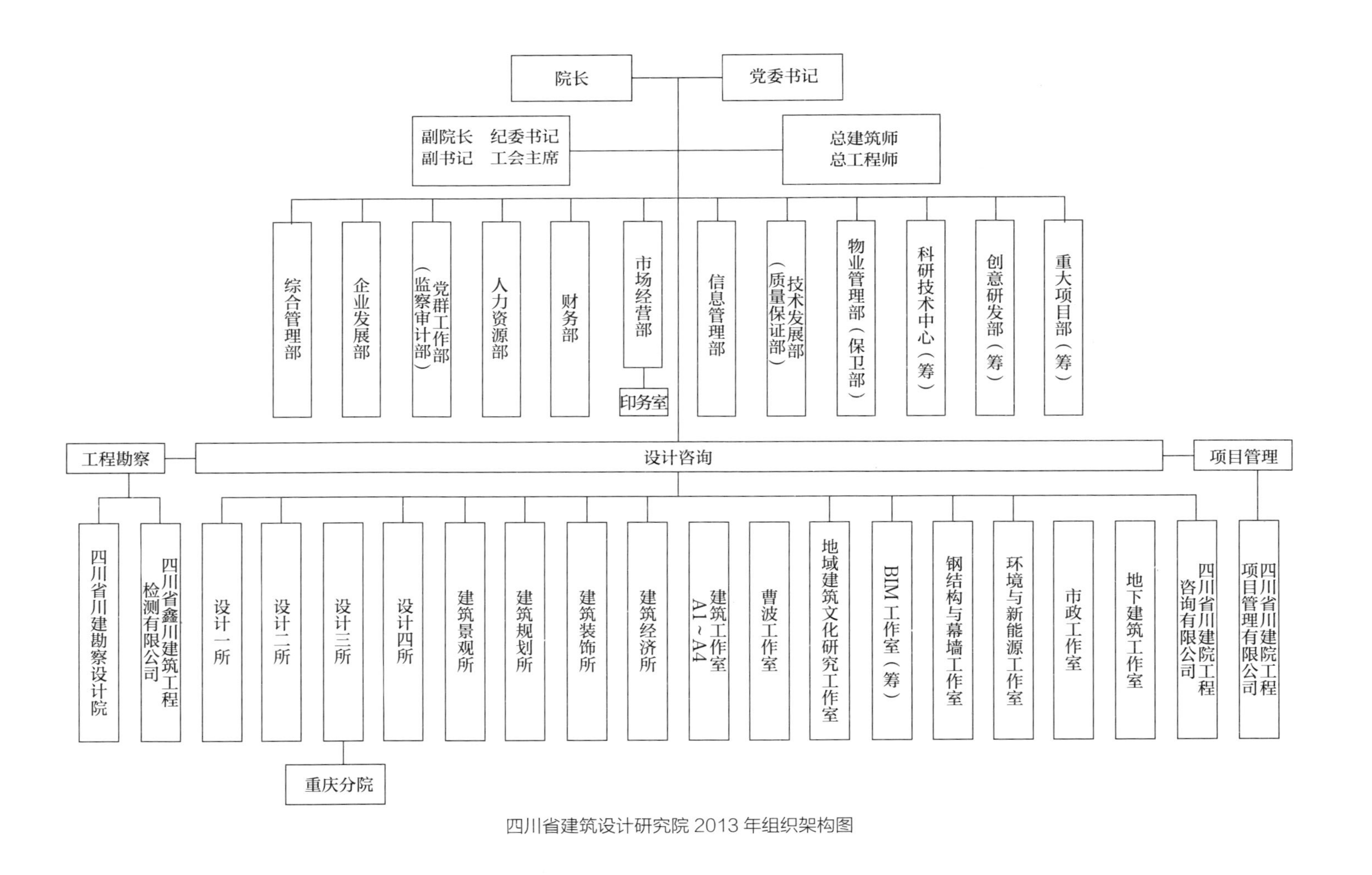

四川省建筑设计研究院 2013 年组织架构图

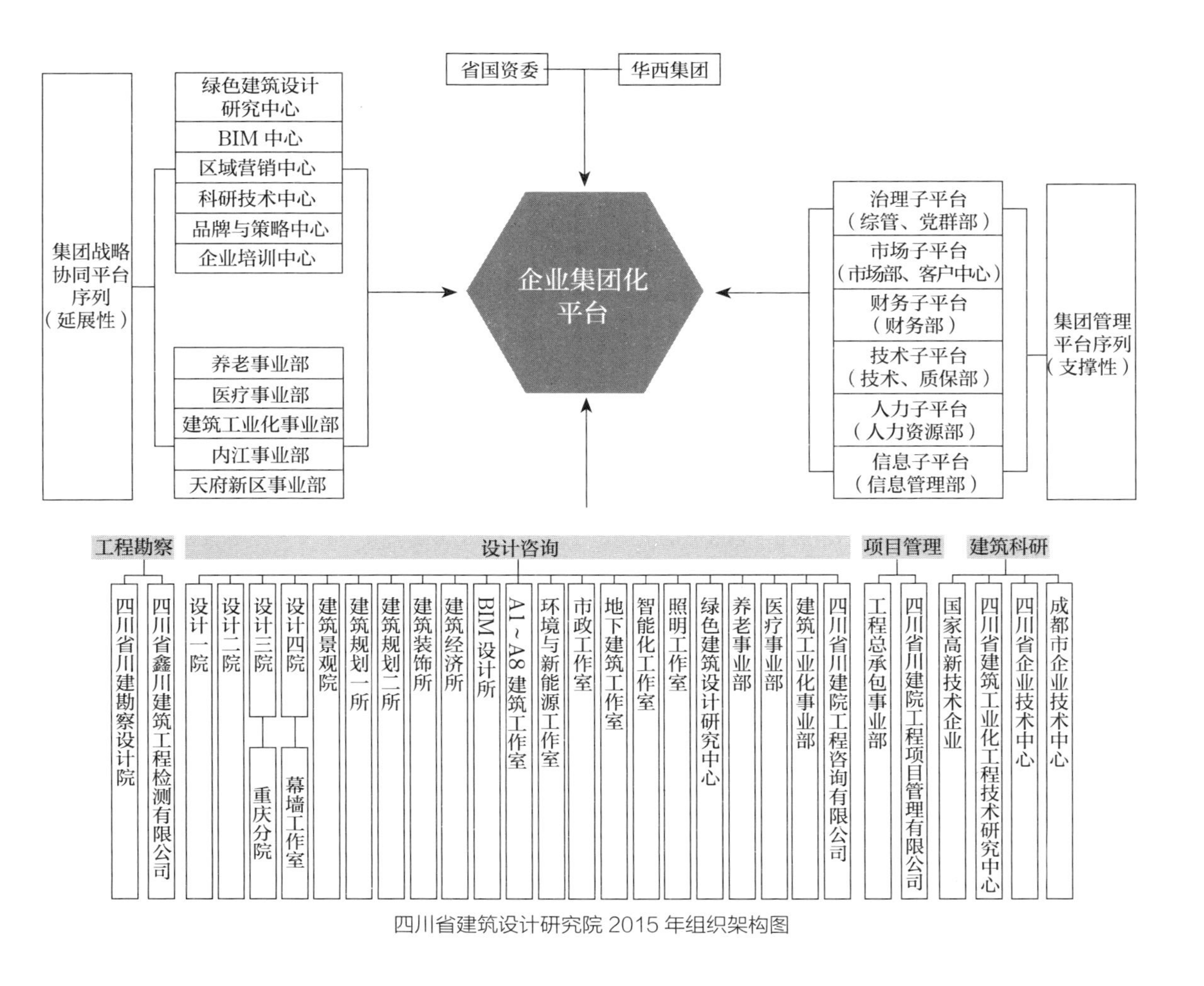

四川省建筑设计研究院 2015 年组织架构图

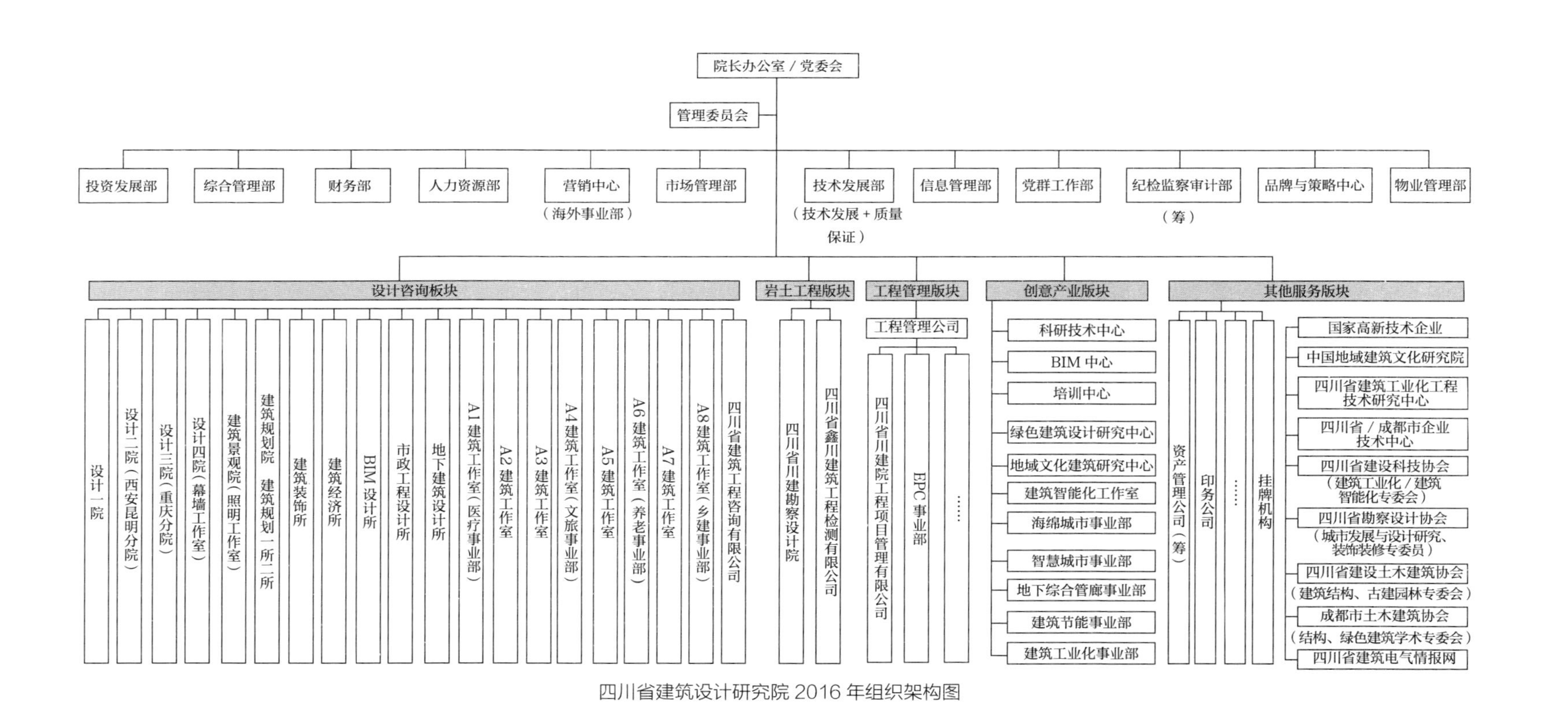

四川省建筑设计研究院 2016 年组织架构图

观筑之道

Course of Architecture Forward

一本企业的转型记录 一个群体的时代思考

李纯 陈中义 主编

下册

中国建筑工业出版社

目　录

上　册

下 册

第六章

筑·方向

跟随时代的指引，数十年来整个行业市场涌动，关于方向与定位，更多是基于市场的自然沉淀。在浪潮汹涌中，企业像一艘航船，也逐渐掌握了方向。回望上一个阶段的探索，关于业务板块收展的思考在业务部门负责人的阐述中逐步清晰。

从人本精神到改革创新、从领导力到执行力、从应对危机到战略调整、从专业化到建筑哲学……持续的实践和思考汇聚成企业应对市场大潮时的坚定和自信。

设计咨询再启征程

综合院

组织管理确保服务品质

文 / 付志勇

回望设计一院的工作历程，有很多感慨。这几年一院经过几次的整合，包括人员的变动情况，自我接任一来，第一个重要的工作就是稳定人员队伍，并同步推进团队的人才培养。

对于技术服务团队，专业人才是最关键的因素，是团队核心竞争力的重要体现。团队要具有较强的驱动力，其实就是给团队一个目标（target），给团队中的每一个成员一个目标（target）。有了这样一个目标，项目团队就可以对团队成员产生强大的吸引力，从而增强团队的凝聚力，使团队目标与个人目标高度一致，首先要了解年轻人的追求是什么，他的特点是什么，他的付出会得到什么样的回报。如何把一碗水端平，是每个所都在探求的经验，了解每一个人青年的目标之后，就要做好责权利的明确，这样就可以使团队的生产效率大大提高。设计一院的人才优势突出表现在拥有一支专业、团结、高效的管理团队，也是一支经验丰富、结构合理、专业过硬、服务意识强的技术队伍。设计一院的人员大多具备丰富的行业经验，并对行业技术、业务环节及未来发展趋势有深刻的了解，在历史上完成过有影响的项目，积累了很多公共建筑、医

成都市第二社会福利院改扩建工程

疗项目的经验。从开始的“手忙脚乱”，经过几套流程之后，他们便都能轻车熟路地知道该如何与甲方打交道，节点在哪里，该如何与各部门沟通，相当于建立了一个专业的生产线。

作为综合院，设计一院长期致力于追求产品精细化、服务细心化、品质精品化原则，由于人员的变动，也会产生一些影响，但是在长期的工作中积累了很多经验，在院领导的支持下，组建的领导班子都是老搭档，在团队管理转型中，一院也由“所升级院”，这是省院长远发展战略中的部分，也在朝着这个目标在走。这些年完成的项目不仅有商业类建筑项目，像富森美家居，这是很有成果的；还有很多医疗类项目，教育类建筑项目，像西华大学教学楼、四川理工学院等，西南物流项目获得省优，养老类建筑项目有第二福利院、温江福利院等，房产类建筑项目锦城南府、鹭岛青城山等，这些项目，整合了一院所

富森美家居国际商城

有人的智慧。在每一个项目中，每个工程都会遇到很多困难。有困难，大家一起来解决，做项目最好不要有故事，如果真的有故事，就是出问题的局面。每个项目的困难都是一样的，首先明确工程的困难，然后再与甲方沟通得好，最后达成合作。

一个核心管理层在团队运作的过程中非常重要。“兵随将领草随风”讲的是这个道理。这些年来，正是因为我们这个领导班子团结一致，五个人态度明确，共同配合，分工合作，我负责统筹全局，了解每一个人的诉求与目标，给每个人合适的位置；两位老总负责技术；丁院对内管理非常严格，经常加班加点，几乎每一个工程出图都要经过他的审定，相当于大的项目经理；刘院负责商务标的制作和与甲方的沟通协商。整体控制项目的承接到完成，这个过程难免会发生一些矛盾，在一个团队里解决是最有效的。在一个工程里，也会钢结

大合仓（西南物流中心）

构与幕墙等部门的合作，在这个过程中，在与甲方的沟通中，会因为工作方法的不同，给我们造成很多不确定的消极因素，这就需要更好地做好各方面的协调工作，作为综合院，规模与优势是相互并行的。

作为一个服务性企业，尤其面对民用产品，也就是房地产开发产品来说，我们并不是前端的创意性的团队，我们最大的优势来自于规模，我们必须思考如何使产品精细化，细节更完美，品质显得更高，前期的服务精细化，后期的服务更贴心，让顾客认可你。

因此，建筑设计项目的组织管理在建筑设计行业当中是极为重要的一环，涵盖了项目建设的各个关键环节，设计项目的组织者和管理者首先应该是一个优秀的设计师。同时还需要更多地从宏观和微观两个层面，对所进行的工作进行思考。在此基础上，采取环环相扣的方式，力争把趋于完美的建设设计概念在宏观（规划）、微观（景观、智能化设计）等方面得以全面实现，从而保证创意和构思在最后成为精品。有时候，可能因为看起来很微小的东西，就失去了整个项目。目前，设计一院的所长、副所长，老总，都要深入到每个项目，这样就会非常辛苦，他们都要面对不同的运作事宜，甲方越来越专业化，很多项目都要做到精细调整，才能让甲方满意，这就需要我们以开放的心态，与甲方共同成长。面对甲方越来越专业化的要求，我们不断提升自己，给他们一个信任度，才会赢得甲方的满意和认可。建筑本身就是一场场的构思、沟通、协调、实施，直到最后完美呈现。

找准定位突出专项服务能力

文 / 魏继谦

过去的十几年，是住宅设计领域的“活跃期”，住宅类项目占据了二院设计项目的主要部分。因为“主要”，久之便成为传统。作为二院最传统的优势设计板块，它是发展的基础，但也可能成为发展的瓶颈。随着市场环境不断地更新与进步，住宅设计领域的发展也日新月异。养老住宅、装配式住宅、绿色住宅、智能住宅等，都是住宅领域新的关注导向。在夯实传统优势板块的基础上，二院的设计团队一定要提前在思想上和技术上做好充分的准备，登高望远，迎接新的理念转变和技术革新，保证业务量增长的同时占领未来的前端市场。这一点对于设计二院来说具有战略意义

作为综合设计院，业务范围应涉及多样化建筑。除传统住宅板块外，大中型公共建筑项目的份额也尤为重要。大中型公建项目设计难度大，流程复杂而多变，对设计人员综合能力要求高，而这正成为近几年二院发展的重点。这不仅影响到人均产出效率，同时对团队综合实力的提升更是一种突破，让能力在汹涌的市场中升华，让传统与现代完美地对接，让自身的“瓶颈”成为过去。目标明确，行动也快，在领导班子的带领下，公建板块在设计项目中的份额逐步增多，到目前为止，住宅与公建项目产出比已接近 1：1。各类公建项目在带来较好经济效益的同时，也逐步树立了良好的口碑。值得一提的是，与 A2 工作室、环境与新能源工作室合作的青羊区龙嘴幼儿园达到了国家绿色建筑三星标准，荣获 2012 年成都市优秀建筑设计方案一等奖，建成后将成为成都首个示范性幼儿园；此外与 A2 工作室合作的新光华

曼哈顿首座富豪酒店

特殊教育小学在设计上为特教领域开创了范本，建成后成为社会教育人士参观学习的典范。这些特色的小型公建项目为市场拓展赢得一片赞誉，为省院创造了专项设计上的品牌价值。同时，二院的大型公建项目也在积累与实施

中粮成都大悦城

之中，例如成都中粮大悦城、蔚蓝卡地亚花园城酒店、华能林芝水电生活基地等项目，这对团队的技术力量将是一次次的提升与考验，极大的锻炼了队伍，是精神与物质的双丰收。相信团队通过几年的努力，一大批高水平的公共建筑，一定可以铿亮地出现在公众的眼前。

在厘清方向的基础上，同步注重团队竞争力的提升，主要体现在前期拓展以及过程中的支撑与服务。综合设计院树立的品牌、搭建的平台、积攒的口碑将会在前期市场中形成无形的价值。随着市场的发展、行业的规范，越是正规、高素质的团队越能在市场的竞争中站稳脚跟，成为行业的精英。而技术积淀不足、打法不规范的团队，则必定会被市场逐步淘汰。

在团队架构上，依托团队和谐关系作为基础，加以现代的科学管理方法，二者相辅相成，既避免传统过于“人治”的管理模式易导致的非科学性和规模化瓶颈；又将科学的管理体系人性化，二者相揉，贯穿其中，以期达到“行千里而无疲累”的效果。设计院的管理者大多是从技术工作岗位逐渐转型到管理岗位，深知技术人员到底需要什么，他们的综合诉求在哪些方面，这样的管理方式也相对接地气。

没有团队是完美的，如何将团队走出特色是关键。在过去几年中，最大的感受是团队人力资源架构上的不完整。院内分流、人才流失、技术骨干行政化等因素，使得综合院高端技术人才尤为稀缺。人力资源架构的断层状态是最棘手的问题，这比项目来源更加紧迫，必须迅速完善人才架构。在这样的状况下，80 后年轻的设计师们直面压力、勇担重任，充分发挥了主观能动性。同时院部也为他们创造有利条件，多加支持和协调，而非拔苗助长。在高强度高压力的工作环境下，年轻的设计骨干们迅速成长，团队架构的困难也得到了一定程度的缓解。随着团队的扩大，院里也在采取措施进一步完善人力资源架构，例如人才的引进、对年轻的设计负责人进行全面的培训与充分的锻炼等。

在完善人力资源架构的同时，保持人才的活力也至关重要。近几年二院原创项目比例有所下降，一个建筑团队的原创能力最终决定了该团队话语权。它不仅会影响到项目的前期市场拓展，也会影响到整个二院系统运转的顺畅性。加强原创能力是近年二院的发展目标之一。一定要参与到残酷的市场竞争中去，保持活力，多板块齐头并进。我们的这个目标一定要达到，也一定会达到！

提升全过程服务能力

文 / 杨净宇

面对过去几年的快速发展，在国营设计企业现有的组织模式下，一个设计团队的规模达到了 100 人以上，人均产值接近七八十万的时候，实际上已经处于一种瓶颈的状态，需要全面思考如何有所突破。

设计过程中，我们往往会发现一些能够提升项目附加值，为业主方带来切实好处的内容，但这些内容又不在设计任务书中，加之设计工期的压力，我们往往就会忽略了这些需要花更多时间与精力才能完成的内容。因此，工作之

万科金域蓝湾

余，我们也在思考一个问题，我们的工作到底是被动的完成设计任务，还是为业主提供主动的服务。最理想的状态是，我们通过引导业主方接受我们的主动服务，提升项目的附加值，这一方面需要遇到有缘的业主，一方面需要我们团队自身实力与经验的积累，同时还需要有一些措施的保障。

随着团队规模的不断扩大，我们的管理有序性与前瞻性需要进一步提升，希望通过管理的优化能够进一步提升团队的职业化水准，提高服务与行为的规范性，增强设计人员的责任心与执行力。

回顾过去几年的工作重心，正如《白话设计管理》一书中提到，管理的整合是分为三个维度的（如图所示），一是资源（如何抓一手好牌），二是产品（打什么牌），三是业务流程（如何成为好牌手）。

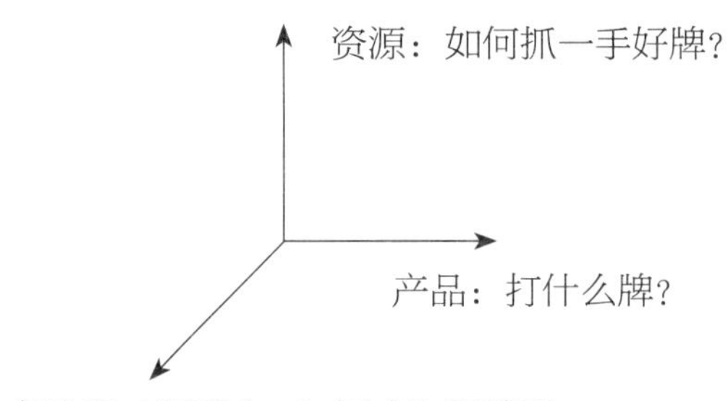

在市场蓬勃的几年，综合院主要的工作重心就集中在第二和第三两方面。通过对市场资源的争取和保有，对于打什么“牌”，主要是顺应市场的发展，市场有什么“牌”就打什么“牌”，同时加强团队的管理，让团队成为能够应对市场变化与挑战的好帮手。提升团队的职业化水平，形成自身的风格与气质，具有一定的开放性和较强学习能力，不仅能够解决单一的工程技术问题，而且还能为业主提供主动的全过程服务，获得业主的认可与信任。

关于方案创作，目前，市场上大多数业主都委托境外设计公司创作方案，这种状况已经持续了十年以上，但现在一些开发商也已经逐渐认识到请境外设计公司存在的一些问题，可以预见，越来越多的业主会邀请本土设计企业进行方案创作，因此方案创作的本地化是未来的一个趋势。对于工程综合团队而言，方案创作属于创作性的工作，必须加强。同时也必须意识到，创造性工作应该建立在做好确定性工作的基础上。作为团队管理者，需要一方面给予创造

乡林集团涵碧楼综合体项目

性工作资源和经费的支撑，另一方面确保常规的确定性工作不下滑。

在与同等规模的民营设计团队的市场竞争中，省院的资源团队不仅拥有省院品牌和技术积淀等优势，在商务口碑与后期服务方面也具有较强的竞争力。未来，行业发展的趋势是整包设计，省院的企业平台战略有利于实现项目的分包与跨部门管控，将会产生一站式服务的市场竞争力。与此同时，省院作为国营设计企业，如何让每一个资源团队在市场竞争中都体现出院的实力与水平，这需要我们在内部资源共享和院级技术支撑等方面进行完善和改进。

在团队培养上，经过多年的管理实践，也有一些建议：**年轻人要耐得住寂寞**。近几年，院里每年会招收大量应届毕业生，这些年轻员工综合素质普遍很高，具备较广的眼界视野，具有很好的团队配合度，工作的服从性较强，懂得平衡个人意见与团队的要求，对于社会现实的内容也有着自身的理解和价值观。

进入设计岗位，团队中的年轻人要耐得住寂寞，个人在学校氛围与培养中树立的丰富诉求与多元憧憬，步入社会后遭遇到现实工作中比较狭窄的诉求实现通道，因此，在专业技术尚未达到一定水平之前，很多个人的诉求是无法实

珠江国际新城

现的，这是任何人都无法规避的成长必经之路。

除此之外，我们所处的建筑设计行业属于平稳增长的传统行业，企业的规模不会出现急剧式的发展与扩张，这也就决定了个人的职业晋升途径是平稳上升式的，所以每个人都需要有一定时期的积累与坚持。

塑造职业化设计团队需要一小刀一小刀的精雕细琢。在职业化团队的塑造中，业主方是影响和推动团队成长十分重要的因素。如在设计三院内部，有一个被院内外所熟知的“万科团队”，其实所谓万科团队，就是泛指做万科项目的人员，由张樑总作为设总带领，具有较强的技术实力和责任心，专门执行万科的一些项目。三院的“万科团队”是设计团队受业主影响迅速成长的典型。由于万科在全国对市场认知和技术要求具有一定的引领作用，因此我们的设计团队在为期提供技术服务的同时，对方的要求和标准反过来也会倒逼我们设计团队在管理、技术和服务等方面的全面改进，提升团队的职业化水平，让我们的生产流程变得更加精准，降低损耗。

我们在与和记黄埔以及中海的合作过程中，也产生了与万科合作相类似的效果。和记黄埔作为一家香港企业，对设计的理解与内地存在很大的不同，十分重视细节的把控与全面服务的跟进。过程中，他们会告知他们的常规做法，然后询问我们是否还有其他的方法。在与之合作中，设计师无论工作多么繁忙，都需要通过邮件等方式对其进行全面跟进的服务，最终获得了他们认可与信任。而中海则是另外一种风格，合作中，会告诉我们其他优秀的设计公司的做法，这也对我们团队的成长与提升产生了很好的指引作用。

在与大型业主的合作中，团队会逐渐形成了一定的风格和成熟的业务处理方法。接着要继续打造团队品牌和个人品牌，作为综合型工程技术类团队，职业化的设计团队应该内部人际关系简单，成员情绪理性严谨，明白自身的角色担当，在高标准质量要求的基础上，树立一种朴实的工作态度，对工作保持激情与敬畏，懂得根据项目的重要性调整自身工作的节奏。

团队的职业化水准也还表现在处理职业底线与业主要求相矛盾的方法上，当业主提出与我们职业底线矛盾的要求时，我们不会简单地答应或者拒绝，而是设身处地的为业主方考虑，经过充分沟通，进而希望能够找到既符合技术规范，又满足业主方要求的解决方案。

目前团队的现状是，在创作性工作与确定性工作之间，团队更多的是作的确定性工作，甚至有时候连确定性工作也会出现一定的问题，这一方面是具体设计人员的职业疲惫所造成的，另一方面也是我们管理上的疏忽。一个规模较大的团队能将确定性的工作完成也十分不容易，需要管理者的严格把控。很多时候，团队成员的兴趣都是在创造性工作方面，并且这部分工作也是以后设计企业的核心竞争力，所以他往往需要在团队管理中平衡处理好二者之间的关系。

我们希望，经过不断的磨炼与进步，未来团队不仅能解决单一的工程技术问题，还能为业主提供全过程的主动服务，同时具有一定的开放性和学习能力，最终成为一支让业主充分认可并信任的职业化团队。

以品质确保口碑

文 / 熊林

最近几年，随着市场竞争的白热化，建筑设计行业面对一种前所未有的竞争压力，在面对这样的压力时，我们渐渐意识到，作为一个专业配备齐全的综合所，要想在市场上站稳脚跟，从方案到施工图的全过程设计将会是一个很大的优势。

对综合院而言，夯实质量一直是我们的工作重心。不求多做多少项目，提高多少产值，只求脚踏实地把手上每个项目做好、做精、做出高质量。为了保证质量，团队甚至还会放弃一些可以带来巨大经济收益的项目。2012年，团队继续忙于腾讯研发中心项目，过程中我们也清楚地意识到了团队能力在面对这种高难度任务的不足，而与此同时手里还有自贡泰丰国际中心和另外两个项目。如果想高质量地去完成项目就必须要投入足够的人力，但由于人员规模的有限，院领导经过讨论后决定放弃其他两个项目，集中精力全力做好腾讯研发大楼和自贡泰丰国际中心。有的项目宁愿放弃，宁愿不做，也不能砸了省院这块牌子。既然选择去做一个项目，就一定要尽全力做到最好。这次不做，下次还有机会，但一旦没有高质量地完成，也许以后就再也没有机会做了。

坚持品质，在甲方眼中，我们的设计团队就会有他区别于其他设计院的独特之处，是一个会站在甲方的立场上提出问题并且解决问题的优秀团队。同时打造一个代表性作品，一个让外界看到我们院实力的代表性作品，以此为契机承接更多、更大、更有挑战性的项目，也是品质服务带来的品牌效应。在未来发展中，团队应利用好之前项目的后续影响力，注重重点项目的推广和评优项目的宣传。前期完成的项目里所蕴含的隐藏资源对后来的项目有着强大的推动力。

在团队培训上，我认为应当注重整合。

与其他部门的管理班子、专业老总分工较明确不同，设计四院的管理班子、各专业的老总的职责分工并没有明确界限，比如黎院既要带方案团队，又要拿单报方案，还要领着大家一起熬夜加班。陈总除了完成总院相关业务建设科目、保证整体建筑质量管理外，还要亲自担任多个项目的设总、甚至负责具体方案设计（包括户型推敲）。唐总除了结构、设备质量管理、承担总院业务建设科目外，还以自己多年的积累和良好的市场口碑，为院承接了包括环球时代中心等多个设计项目。而我本人在刚来的 2010 年和 2011 年，所有的标书都会亲自做，每一个项目会，项目质量会甚至是综合管线校对会，也会主持参加。

从 2011 年接手腾讯项目以来，作为一个管理者，当真正切身地感受到团

腾讯成都研发中心大楼细部

腾讯成都研发中心大楼

泰然环球时代中心

队能力的有限之后，也有点灰心，因为自己团队在很多问题的解决上时常不能满足甲方的要求。幸运的是，院里给予了很大的技术支撑并且从邻院抽调技术骨干。在最后一次出图前，院里出面请各专业的专家顾问团队把图纸全部重新审核了一次并承担了全部顾问的审校费用。

如今的成都设计市场，民营企业发展非常活跃，作为省院这样一个规模较大的团队就应该体现出大团队的优势。只有良好的人才培养制度以及人才流动制度的完备性才能保证一个企业的勃勃生机。目前院里完善的人才培养令多个团队都受益匪浅，但在人才的稳定性方面可能还需要一些措施来加强。同时，还应加强更多的专业化分工来支撑设计团队。例如有专人负责户型收集作为平台资源供设计团队参考、了解市场动向，有专业团队负责项目的前期包装和策划，项目后期的宣传润笔等等一系列可以为设计团队增色的手段。在企业大平台上，不同的资源团队可以有更多的业务联动，整合各团队的诉求与力量。加强综合团队和专业团队、方案团队之间的相互交流可以将省院平台的资源优势最大化，也利于各团队发挥优势，更好地完成设计任务。

特色院所

景观

人本价值观引领团队事业发展

文 / 高静

建筑景观院作为特色院，已经有十余年的历史，在中国西部一直扮演开拓者和领导者的角色。而从技术人到管理人，也是一个开拓的过程。我的管理经验更多来自于具体的设计工作，不是这个专业的话，确实做起来会比较困难。即便现在团队到这个规模，我还是会经常做一些看起来属于设计总监在做的事情，这是创意设计行业的特点决定的。

价值观是第一位的

这些年我们的团队在壮大，我也在思考。团队到了一定规模，我更多的是传递价值观，管理的思路，但放在每一个人的头上，可能就有盲点，就会有关注不到的地方，这时我希望通过一种团队的氛围，一种企业文化去影响我的团队。最终的效果，还是看具体的人，希望能发挥每一个人的主动性。

铁像寺水街

如果一个人刚好是我们类似的风格，他比较能接受我们基本的价值观和一些管理的底线，那么就慢慢沉淀下来；如果不能接受，或者对某些内容有些抗拒，就要看适应的情况。

而“价值观”很难用一句话去准确的概括。对景观院的员工来说，设计既是一个工作，更是一个事业。景观、建筑作为创意设计行业，你必须爱好它才能做得好。所以，像有些行业可以做到朝九晚五，上班和下班截然分开，我们这个行业就很难做到。其实设计在生活中无处不在，你下班、休假往往都会看到、体验到一些东西，你也会思考、积累，待工作需要的时候抽调出来，很难严格区分工作和生活，这是一个不太一样的地方。

因为设计是你的爱好，你的事业，所以仅仅用钱的多少来评价是不准确的。对设计工作来说，一个人是不是很好地融入这个团队，享受这个氛围，享受这个工作，这个很重要。钱也很重要，但它其实是你高水平的工作自然的结果。我自己有这样的体会，当你作为设计师的想法获得认可、实现，有时候个人的价值感超过单纯的金钱鼓励。一个有凝聚力和向心力的团队，会给你很大的支撑，当你在这个团队中找到自己的位置，一起去完成一个作品，看到这个作品获得认可，你会有很强的成就感，感觉实现了自己的价值。尤其是 85、90 后的年轻设计师，他们往往不是迫于生计从事设计工作，他们都是有自己

锦里二期——水岸锦里

的价值观、审美追求，这种情况下，价值观之类的东西就显得更为重要。

管理中的弹性与柔性

在团队管理中，我感觉我的风格有点像教练型的，也像导师型的，也像合作型的，算是混合型的。具体情况具体分析，重要的是要双方都很享受这样的关系，如鱼得水，乐在其中。

对我来说，更多不是上下级的，是朋友，是伙伴。我和其他人，包括很年轻的设计师，都是一种互动的关系。以前一个单位和个人之间的关系，现在已经有些不适应了，比如说一个设计师很难说是某个单位的“财产”，人才是自由流动的，他很可能明天就告诉你要换一个环境。我对人才的进出没有很抵触，我认为这个很正常。甚至我认为，我们之间的合作，可以在景观院这个平台上，也可以是其他层面上的，都是开放的关系。所以，我希望我们有一种更开放的心态和氛围，更强调人的主动性，是一种更宽松、舒服的氛围，大家都冲着把事情做好这个目标就好。

成都金沙遗址博物馆规划及景观工程

弹性的、柔性的，营造相互信任的氛围是我作为女性领导者擅长的，刚性的规定我比较少去做，但我们也需要一个基本的规定，否则不公平。这些刚性的东西，总的原则是以人文本，既要照顾到整个团队的氛围，又要考虑具体情况。

我们还是更强调主动性，比如有些人很自觉，有些人主动性差一些，大家都会看得到。我希望主动性的人多一些，能用好的方面去影响负面的，大家一起往前走。我们希望大家看不到这些规定，因为你的主动性发挥出来以后，那些底线性质的规定根本对你是不存在的。实际上如果你碰了这个底线，可能已经不适合在这里了。从这个角度看，柔性的东西是根本，刚性的东西反而在其次。

这种刚性的制度和柔性的文化氛围之间的平衡，很微妙很关键，我也一直在摸索。这就是大家说的领导要有领导的艺术吧。像我们特色院的领导，首先你要有魄力、能力，有一定的人格魅力，领导者自身要是一面旗帜，形成一种向心力，要有很强的领导力，也要有很强的执行力。领导者还需要有心胸，有很好的判断力、敏锐的观察力，否则设计师们非常好的思路都可能因为领导者的问题导致没有被采纳。另外，自控力也很重要，每个人要想成长自控力都很重要，领导者的自控力有其重要。

我们说“得人心”，就是以人为本，首先领导者要深入了解设计师，判断他的能力和特点，再进行有针对性的安排。比如有些人很适合做默默无闻的工作，而一个团队必然也需要这样的人，他也很享受这样的状态，你给他安排其他工作反而是一种困扰。

作为设计企业，设计师是我们最核心的资产，领导者要倾听骨干们的想法，做好服务，为他们创造好的创作环境，解决创作之外的工作、生活中的问题，从内到外贯穿对设计师的尊重，最终全面调动设计师的主动性和创作热情。这种尊重，有时候会看起来不那么“公平”，比如有些设计师很自觉，能力又强，我可以给他很宽松的环境，自律性差一点的可能就不行。总之，在团队内部看平等自由，也是有条件的，看你的贡献，你的能力，不见得是表面上的平等自由。

关于战略的思考

领导者需要有远见、很好的判断力，落实下来关键是要有执行力。从战略的角度，我们思考得比较少，很多东西都是在一个又一个项目创作的过程中逐步积累出来的，有种功夫在诗外的感觉。

目前，我们的方向是很清晰的。首先，在文化类、地域性的景观和建筑方面，我们投入最大的热情，通过不断升级的作品系列，不断给社会和业主信心。我们作为景观行业的开拓者也好，领导者也好，对包括规划局、文化局等在内的政府提供相应的专业服务，参加各种会议、评审，担任一些院校的导师，这些都是投入，既是我们影响力的表现，也是我们的责任之一。

从执行力的角度，我们强调团队的力量，我在与不在、参与或者没有参与，我们的项目都执行得很好，这是我很愿意看到的。我们希望通过潜在的影响达成目标，没人要求你怎么样，但如果你不做到 100%，就没法达到我们的标准。任何一个项目都有相应的创新水准，非常好的口碑，不断提升我们的影响力，使我们不断获得优质甲方、优质项目的邀请，不断看到我们的项目最终落成，有很好的完成度，获得各方面良好的反响。

规划

紧凑型团队

文 / 付雅艺

建筑规划一所成立于 2007 年，是省院将建筑、规划、景观等专业整合的设计机构。秉持“人文、公共、集成”的设计理念，业务包括“城市更新、旅游度假、新城建设、特色建筑”四个领域的规划和建筑设计，完成了成都市人民南路区域综合整治设计、川陕路片区城市设计、峨眉半山七里坪国际旅游度假区规划和建筑设计、绵阳市仙海湖国家级度假区香溪谷国际社区、道解都江堰山水实景演出场景设计、都江堰建工紫荆城、江西省新余市仙女湖新城旅游小镇概念规划、邛崃市 4.20 火井镇灾后重建规划和建筑设计等重要项目。峨眉山七里坪国际旅游度假区作为“旅游度假”版块重要项目，在综合规划之后，又持续 7 年相继完成了风情小镇一期、二期建筑工程、度假酒店、会议中心、温泉会所、别墅组团（H5）、洋房组团（A、B1、B2、C、F1、F3）等建筑设计，产品逐渐趋近复合多元化。

2014 年，建筑规划一所在峨眉半山七里坪成功举办了“论剑七里坪 – 建筑规划一所 A+P 七周年庆暨旅游地产跨界论坛”。由于规划所的工作特性，接触的甲方大多是政府管理层，这就要求在技术人员配置上，必须是熟手，综合素质要高，这样才能在建筑、城市设计、景观等项目上做大做强。何总说，长期以来，我们一直是坚持生产的团队，思路在扩大、规模在扩大，从简单积累到资源整合、我们在探索着一条适合自身特点的路子。作为技术出身的团队带

峨眉半山七里坪国际避暑休闲旅游区设计

头人，要想更好地领导团队，是一个很大的挑战。

对个人而言，执行力就是办事能力；对团队而言，执行力就是战斗力；对企业而言，执行力就是经营能力。而衡量执行力的标准，个人是按时按质按量完成自己的工作任务，企业是在预定的时间内完成企业的战略目标。设计的本质，一方面是创造，另一方面是协调。多年来，建筑规划一所始终坚持“高端原创”的经营定位和服务特色，设计出个性化的产品，营造出独具特色的专业实景，在芦山灾后重建项目设计工作中，首先对灾区的建筑情况和抗震表现进行全面评估，严格执行国家的建筑抗震设计规范标准，除了对学校、医院、供电、供水等重要设施按高标准设防外，提倡使用轻型和新型建筑材料和结构形式，同时保护传统民居的建筑样式。对于灾后重建项目来说，关键是创造安全、宜居和宜业的新家园，重塑灾区信心，而怎样在短时间内快速、优质、高效地重建家园，使灾民迅速地恢复正常生活，各方有效地协同

峨眉半山七里坪国际避暑休闲旅游区建筑细部

合作是非常重要的。

在建筑规划一所的设计员工中，大多是 80 后、90 后的年轻人，无论是设计经验，还是工作阅历，都还是起步阶段，用这样年轻的团队承载重大项目，难度可想而知。从团队建设的角度，规划一所一直强调把自身的团队建设认定为紧凑型团队。作为一个团队的领导者，要将注意力集中在关乎全局、影响成

成都市成华区二环路（双桥子 - 高笋塘）区域综合整治概念规划

邛崃市火井镇灾后重建实施规划

果的大事上，具体的事由员工去办，这就需要领导者做到知人善任，要对团队的人才现状有全面的了解，对于所里每位的员工优势和不足要了然于胸，根据其不同的特点，合理使用人才，把正确的人安排在正确的岗位上。设计团队积极致力于全方位、多视角的行业交流，2014 年，设计团队积极致力于全方位、多视角的行业交流，参与了一系列年会交流活动，通过中国城市规划年会

武侯区科华片区城市设计

（海口）、中国建筑学会年会（深圳）、城市设计国际研讨会（上海）、中国城市可持续发展高层国际论坛（广州）等论坛会议，积极扩大对外影响并促进合作交流，持续实地考察学习国内外优秀设计并进行积极了解行业发展动向，赴北欧对 Alvar Aalto、MVRDV、BIG、3NX 等国际知名建筑设计团队及优秀设计项目进行实地考察，并与当地知名事务所进一步交流，深入了解探讨外国先进设计理念并进一步拓展视野，同时，积极参与到“西南地区美丽村镇小康住宅设计建造技术成果集成研发与示范”等国家科研项目研究中，不断提升团队品质和综合实力。

规划业务发展谈

文 / 潘庆华

规划业务从供给侧来看主要有三类团队：具备行政资源优势的专职规划设计院、民营规划设计院，还有就是省院这种综合设计院里的规划团队。

综合分析三类设计团队，比之资源型的专职规划设计院，如成都市规划设计研究院，他们的优势在于其业务大多由相关部门直接划拨，对政策及宏观层面的热点及敏感点反应迅速。相较之下，省院的优势则在于我们在某些版块更专业、更精细，同时依托综合设计院平台有强大的整合能力，因而我们可以把规划做得更专业、更落地、更有品质。

与民营规划机构比较，他们体制更加灵活，商务运作投入比重更大也更成熟，且在人员激励方面有更大的优势。特别是人才激励问题，在未来省院规划业务进一步拓展、团队更加庞大时势必会面临这一问题，需要提前思考并做准备。当然，我们与民营企业，首先身份就是先天的优势。因为规划业务主要面向政府部门，在市场越来越趋于谨慎的大背景下，作为老牌国有综合院更容易被政府接纳，特别是在面对一些重大项目的时候。同时，在规划行业中，国有企业跟行业联系更为紧密。民营企业很难在这一领域占据技术高地，其技术信誉度也就相应受限。

综上，我们可以很直观地看出，基于企业的定位我想要着力发展规划业务，必须扬长避短。而要扬长避短，我认为必须注意三点：

首先，找准战略。规划的特点是，与政策、宏观发展背景息息相关，规划市场的竞争力培育非一朝一夕，其威力也是在中远期中显现出来。它需得深耕

新都石板滩核心区城市设计项目

一片成熟市场，长期地跟踪，深刻了解区域发展情况，并以优质服务与相关部门建立良好长期的合作关系。和建筑等其他业务板块有所不同，规划必须要在先进城市和中心城区占牢根据地，所谓先进的城市才能诞生先进的规划团队，发展更好、能级更高的市场代表了规划发展也更先进。

其次，注重协同。协同各个业务板块、各个技术团队，资源整合，同时还要注重协同资料。由于省院规划业务的集中发力是在近几年才开始的，规划版块的协同资料还不够完善，需要尽快跟进。

再者，打造优势。这个“优势”指在市场竞争中更容易胜出的指标及条

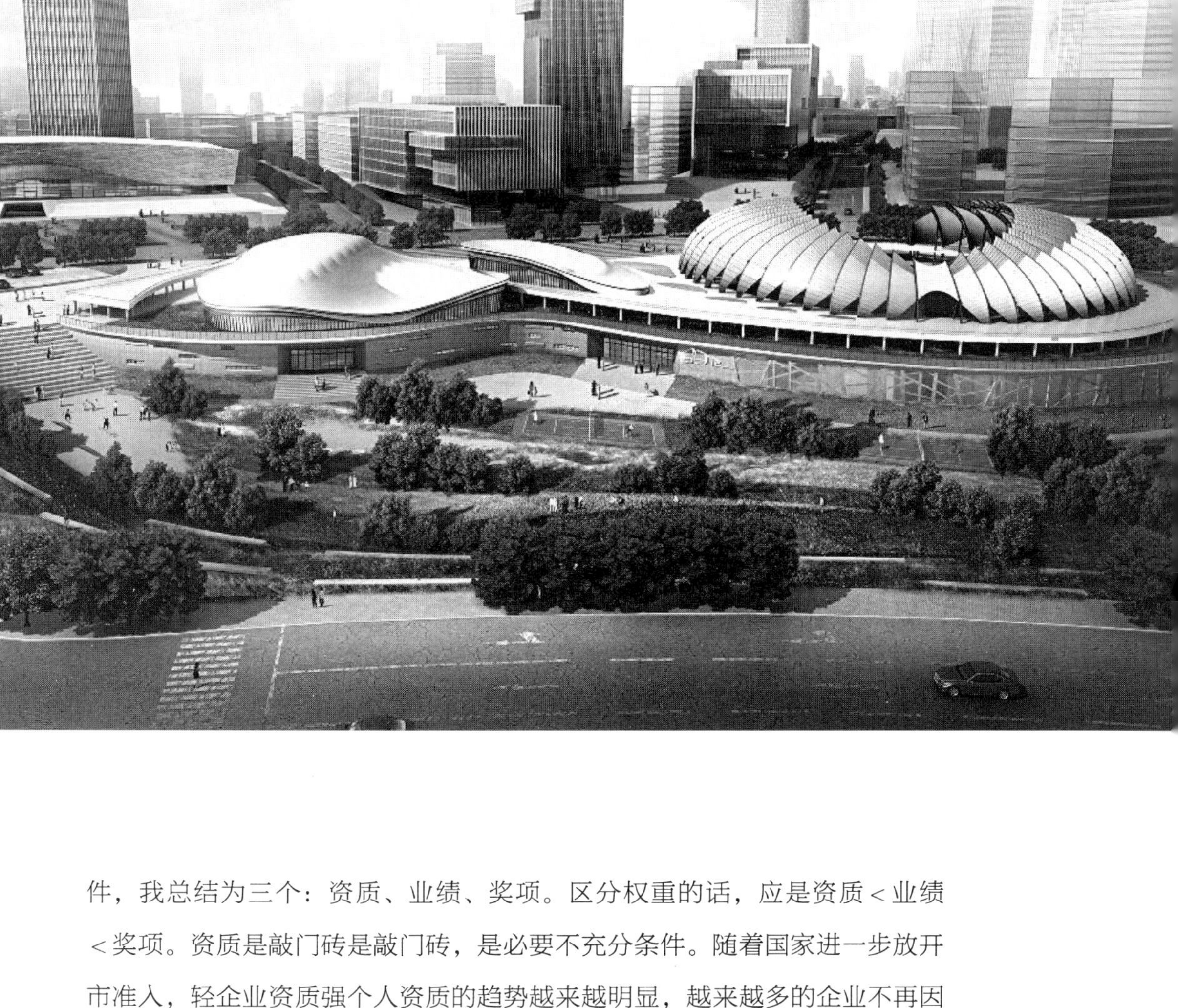

件，我总结为三个：资质、业绩、奖项。区分权重的话，应是资质＜业绩＜奖项。资质是敲门砖是敲门砖，是必要不充分条件。随着国家进一步放开市准入，轻企业资质强个人资质的趋势越来越明显，越来越多的企业不再因资质问题而丧失准入资格。于是业绩成为第二个比较依据，而当市场再向前走，更多的企业完成了相当量业绩累积后，获奖项目的多寡及质量就变得至关重要。在技术领域，行业话语权非常重要。行业学会、协会不仅仅是各种奖项的评选机构，其成员同时也代表了这个领域的技术高地，属业界权威。任何一家企业都要一些在业内有影响力的人，对外代表企业品牌，对内指引

中和旧城更新实施规划项目

团队成长。

最后，强化内功。前面我们谈了很多规划的外部环境，对于规划二所内部而言，我们对自己的定位很明确。我们不应该被贴上“建筑设计院规划团队”的标签，我们就是一支专业规划团队，与市场其他任何团队没有什么不同，甚至我们还要更好。

规划二所是 2015 年才成立的，时间不长，团队也很紧凑，但战斗力却不容小觑。我常常跟我的团队分享，作为领导者我能给到他们的培养无非两点：思维习惯和做事的经验。这两点恰恰是做规划所必须的，中国式的教育从小到大都是被动接受，没有培养我们主动去解决问题的能力。在学校里你可以学到技能，但学不到方法。进入企业，我希望自己的团队都能建立起良好的规划思维习惯，我不会给他们说怎么建模、怎么画图，在具体技能上我不见得一定比

他们好，但我会告诉他们应该怎么去思考、去建构。举一个例子，规划工作常常会面临一些我们从没做过的项目，这时候我和团队都从零开始，但常年养成的思维习惯却可以让我在短时间内理清楚脉络，迅速上手。员工进入团队，学会养成良好的思维习惯，迅速从生手到熟手再到能手，这就是企业之于人力的意义所在。

规划市场的竞争力培育非一朝一夕，其威力也是在中远期中显现出来。希望通过我们的共同努力省院的规划能在院各层面建立起组织与策略上的架构，并将政策切实落地，使得规划既有构想，亦有路迹。

装饰

人格魅力的胜出

文 / 白中奎

四川省院的建筑装饰所成立于2009年，是西南地区第一个以国营建筑设计院为主导的专业装饰设计所，在复合型和多元化的课题领域拥有丰富的实践经验，能够在宏观、中观和微观三个不同层面上把握项目的发展方面和实施品质，最终使项目的成果和品质实现国际化和地域化的结合。

领导者，既领且导。领，必须是走在队伍最前面；导，必须找准路线、指清队伍前进方向。目的性和方向感是领导行为的基础，它决定了具体行动和政策的成败。因此，领导更需要不断进步，终身学习。用领导所具有的能力、知识、远见、判断力，去实现生产目标。要做到知己知彼，深入了解市场和业界的发展动向，结合自身条件制定正确的发展策略。有一幅哲学漫画：最艰难的那一段路，站在队伍的前方和队员一起拉车，还是稳坐车中指挥队员拉车？这是 Leader 和 Boss 的区别。

在团队管理中，需要以理服人、以情服人的管理办法，审时度势。在省院工作了三十年，在建筑装饰所工作了七年，员工就像自己的孩子一样，有时候，感觉自己就是一个家长，管好人的心灵，才能管好一切。很多优秀企业的人力资源管理的一个显著特点就是注重“人情味”，即给予员工家庭般的温暖，管理的根本之道，是建立在人的内在心灵管理之上的。可以说，抓住了人

印象网咖

的内心，就抓住了管理的关键所在，刚性管理和柔性管理相互融合，以制度为坚持，以人为本更重要，宽严适度、在工作中，多一些人情味，有助于员工对企业的认同度，忠诚度，更能避免人才流失，对于企业来说，员工队伍的稳定可以说是效益稳定的一块基石，频繁的进进出出，实际上付出最大机会成本的。要充分信任员工，在非工作时间，领导和员工就是兄弟和朋友，做到情感上尊重他们，工作上信任支持他们，生活上关心帮助他们，使双方的情感产生共鸣，技术和管理才能入耳入心，达到“春风化雨、润物无声”的境界。

刚性管理强调规章制度，柔性管理则是以人为核心，灵活柔软。两者应相互渗透，互为补充，刚柔并济。所谓刚柔并济，就是说刚性管理和柔性管理这两种管理方式应配合使用，不可偏废。刚性与柔性要同步并进，在发展中不断完善刚柔相济综合管理的内涵。刚性管理，是组织保持稳定有序的基础和前提，正所谓“不以规矩，难成方圆”，如果一个企业没有规范化管理、

亚非牙科（成都）装饰

四川卧龙大熊猫基地博物馆装饰设计

印象网咖

没有规章制度，管理就会无序，行为无法协调一致，但要真正发挥预期的作用，还离不开柔性管理的配合。柔性管理强调以人为中心，是在尊重人格独立和个人尊严的前提下采用非强制性的一种管理方式，例如之前提到的待员工如家人，帮助员工成长与自我价值实现等，都在此范畴。作为刚性管理，它是企业管理的基础性工作，离开刚性管理，企业管理就是无源之水，无根之木。同样道理，柔性管理是企业管理的灵魂，离开柔性管理，企业管理就是死水一潭，毫无活力。

雄飞星际里电影院室内设计

经济

领导力与执行力

文 / 李科

如果说把一个优秀的团队比作一艘扬帆起航的大船，那么团队的领导者无疑便是扮演着掌舵人的角色。领导者的才学、能力、管理理念在很大程度上决定了这艘大船的行驶方向、航行速度，换言之，便是团队的发展远景。

领导力与执行力是一个管理学中经常被提及的关键词，大到国家小到家庭都可谈领导力与执行力。但脱离工作岗位来讨论领导力与执行力只能是纸上谈兵，只有结合具体工作性质的探讨才是有意义的。

谈到领导力一词，首先进入大多数人脑海的便是如何领导员工，如何将领导的这个“力”做到强劲有力，甚至更为通俗一点的理解是“领导发话员工做事”。其实不然，领导力应该强调的是把人往何处“领”，把人往何处“导”，如何能够更大程度地激发员工的工作热情，以及如何能够更大程度地挖掘员工的工作潜力。

三人行，必有我师，每个人都有自己的长处。在团队中的体现，可以是因材施用，将每个人的作用发挥到极致，调动出每个员工的积极性，开发出每个员工的潜力。根据每个员工不同的优势特点，给他们提供不同的业务能力培养的机会。就某种层面上来讲，让团队的每个人能把自己的所学发挥出来，挖掘每个人的潜力，把员工的长处用到极致，也是一种对员工的负责。与此同时，也只有把每个员工的长处都发挥出来，才能更清楚地看到自己团队的不足之处，而这样的不足之处也正是未来团队发展、人才培养以及人才吸纳的方向。

而能最大效率发挥个体作用的团队往往是一个像大家庭一样温暖的团队，一个能让团队成员找到归属感的团队。因此，秉承着以人为本的原则，经济所的管理是人性化与制度化相结合的管理。一方面赏罚分明，坚持原则地严格管理，另一方面也注重给予大家人文关怀，注重人与人之间的换位思考以及集体共鸣。我很高兴地看到现在很多员工在遇到工作或者生活上的烦恼时，都乐于与我交流、询问我的意见。我很享受他和大家之间的这种相互信任，而这种信任，从深层次来讲也是大家对于他管理工作的肯定。一个成功的领导者，是被团队成员所信任的领导者，只有这样得领导者才能让员工自发性地为团队发展所努力。

谈到执行力的时候，以往谈得较多的往往是领导者是否能让员工很好地执行自己的意图、理念。实际上，就设计院而言，团队组成都是可以完全做到高度自治的高素质人才，几乎不会出现团队执行不利的情况，也不存在队伍不好带的问题。而换个角度看执行力，既然不存在员工执行力的问题，那么就得明确执行的客体是什么。毫无疑问，执行的是政策、法律法规、条例、规章制度、管理办法等。目前，经济所在清单计价、定额等专业方面的执行是比较好的。一方面得益于团队认真严谨的工作态度，另一方面更要归功于所里定期组织的业务学习等一系列业务建设工作，而这一点恰恰是经济所与外面很多小型咨询公司的区别所在。现在市场上很多咨询公司往往过于强调赢利，而不太注重员工的继续教育，而我们作为省院这个大型综合设计院的经济特色所就应该不断强化自身的能力，在业务建设上体现出自己的优势。

领导力与执行力这两者的关系显然不是独立存在的，而是一个相辅相成的整体。比起管理学中经常探讨的领导力与执行力孰更重，或是执行力的本质是否是领导力等类似问题，他更愿意思考在这样一个市场氛围下，领导力与执行力这一整体如何更有效地引领团队朝着目标前进。

市政

技术创新与差异化发展，企业前行的发动机

文 / 唐先权

现阶段，我们所面临的是一个竞争激烈的市场，一个多元化的市场，一个不断深化、日益进步的市场。在这样一个市场中，企业为了生存和发展，只有不断地提高自己的核心竞争力，才能在激烈的竞争中立于不败之地。所谓“道在日新，艺亦须日新”，面对着不断更新、日趋成熟的市场，技术创新应该作为一种战略精神，推动企业发展与壮大，带领团队走在时代的前端。

市政设计所是我院一个专业化工程技术类团队。目前，市政设计所的技术专业团队包括了给排水、道路桥梁、交通、电气及自动化、建筑与结构等专业人员，承接的业务主要方向包括有市政道路、桥梁，自来水厂、污水处理厂、给排水管网及泵站等附属设施；旨在以经济、实用、美观、环保为目的，为业主提供优质合理的工程设计及后续服务。

小市政

从近几年市政行业的发展来看，整个市政板块有着良好的走势。市政行业大多属于政府投资，受政策宏观调控影响较小。与此同时，城市综合管网建设

巴中市望王山接待中心及配地片区道路工程

也将会是未来很长一段时间内城市发展的重要组成部分与方向。

在市政设计所最初成立之时，很多人都觉得很奇怪，一个建筑设计院怎么还要做市政。其实很好理解，就整个市场发展而言，越来越讲究一个整体打包的能力。单一地只做建筑设计，对有的项目来说反而不是一种优势。各个专业化板块都是对传统建筑设计的一种补充和扩展，这种板块联动更有利于增强设计院在市场上的整体竞争力。市政设计所就是在这样的大背景下应运而生的。在近几年的一些工程中，建筑设计与市政设计的关系越来越密切，如芦山灾后重建项目、设计四院牵头的宜宾项目，都将建筑工程和市政工程很好地结合在了一起，两者之间相互补充、相互协调，省去了很多建筑设计与市政设计在衔接配合上的麻烦，能更高效、高质量地完成任务。现在院里面已经有了越来越多的整体打包项目，项目的整体性越来越强，专业化板块的诞生、设计板块的多样化促使了一种“你无我有、你有我优、你优我精”的差异化发展，这样的差异化发展使得设计院在市场经济的竞争中可以占得先机。

市政设计的目的是更好地为周边地块、周边建筑提供支撑与服务。就这一点而言，对建筑设计的熟悉便成了我们得天独厚的优势。本着对建筑设计的了解，在做市政设计的时候，我们不单单只是提供一个符合规范的设计，而会更

龙泉茶店镇水厂

全面、更周详地去考虑如何与周边地块对接。例如，在道路铺装时我们会更细致地考虑建筑退距的问题；在预留排污口位置，也很讲究，我们会根据地块的具体地势情况，设计一个方便小区的位置。

高品质

市政团队非常注重员工的学习交流，包括专业内部以及专业之间的交流学习。设计所内部经常组织专业间的交叉培训，旨在培养各专业人才的综合能力。通过专业间的相互了解和学习，增进设计人员的设计水平，更好地为业主提供服务。比如做管网设计的，除了知道自己本专业的内容，也该对道路如何敷设有一定的了解，从而反过来也指导自己的专业设计。同时设计所还鼓励员工充分利用 8 小时之外的时间自主学习，学习新的规范、新的技术措施，以及从其他优秀的设计图纸吸取经验。

市政行业包括了很多截然不同却又相辅相成的专业，不同工艺技术的发展，在其具体的环境、程序以及框要下，都有着它自身的特点。市政工作室一向贯彻边工作边学习的理念，在保证工程质量的同时注重新技术以及新材料的应用，在实践中成长，在稳健中发展。

目前，设计所工作类型很多，目的规模正在逐步扩大，并且新技术也在逐步运用中。2015 年，设计所完成了好几个自来水厂，其中在夹江的自来水厂近期规模 3 万 m^2，远期将达到 6 万 m^2。非常值得一提的还有新技术在甘孜新龙县的污水处理厂的运用。就目前而言，小型污水处理厂一般采用的工艺是改良型氧化沟。而在甘孜州新龙县的项目，设计所则采用了生物流化床。生物流化床是在传统的 A2/O 的基础上加填料，通过水的流动和曝气，增大污水与污泥的接触面，因此，处理效果更好。但目前这项技术在国内实践中用得非常少，甚至许多专家都不是很熟悉。在拿到可研报告后，设计所查阅了大量的资料，仔细地研究了这项技术的可行性与可操作性。在确定了生物流化床在实际运行中的效果及稳定性后，设计所还是大胆地采用了此项新技术。创新并不仅仅只是新技术的运用，还应该包括一种在工程中发现问题、提出问题以及比较各种应对方案的思考。例如在 2015 年的色达项目中，由于色达属于高寒地区，冬季需要防冻。我们本想将太阳能采暖技术融入污水处理技术中，但后来经过仔细地调查研究，发现此种方案涉及辅助热源以及相关设备，系统比较复杂，初期投资较大且太阳能板需要占用很大的场地和屋面面积。虽然新的方案最终没有被采纳，但正因为这样一种创新意识，让大家得以突破传统的设计模式，去寻找新的、更优的技术。毕竟作了茧的蚕，是不会看到茧壳以外的世界的。我们搞工程毕竟不是搞科研，工程并不是试验田，新的想法一定要经过小心求证才能运用，运用的技术一定都是成熟的技术，所有的创新必须在工程中结合实际。唯有将在脚踏实地中创新，才能得到更好的发展。

大未来

未来，道路专业的趋势主要是与海绵城市相结合；而供水方面主要是针对微污染水源的处理。目前传统工艺对水源只是更多的进行物理处理，但由于现在很多水源受到了污染，COD、BOD较高，以后在供水设计上，会先对水源进行生化处理，将COD、BOD降到一定程度后，再进行传统工艺的设计。关于排水，其实目前科研课题已经比较多了，国家以后的排污标准也许会提标。但氮、磷的去除将会是一个永恒的话题，对工艺上的改造，拓展处理，如何与经济挂钩，投入最小的成本达到最好的处理效果都将会是未来的发展方向。

设计所始终对新技术、新工艺保持一种很接纳的态度，同时也在积极应对。目前，市政设计所正在积极参与城市综合管网和海绵城市的相关研究和实践应用，这些将与以后的工作息息相关。院里对新技术发展与应用也非常的支持与重视，技术发展部在信息技术分享、方向把握等方面都非常的及时与到位，并且结合市场需求性，提前做了很多准备工作，这为我们的新技术发展提供了良好的大环境。

企业是市场竞争的主体；技术创新则是企业竞争的核心，是推动企业发展的关键。在竞争激烈的市场环境下，如何能够做到与众不同，并且以这种方式提供独特的价值似乎成为一种新的趋势。因此，技术创新是手段，差异化发展是目的，二者辩证统一。只有抓住市场务求，强力牵引技术创新；再贴近客户中实现差异化，才能在日趋激烈的市场竞争中立于不败之地。

地下建筑

战略无惧形势

文 / 张明光

这两年，整个行业都在讨论形势，的确市场形势严峻已是不争的事实，但对于我们而言方向一直都没变，除了一些应对措施之外，该怎么做还怎么做，一切都是按着既定的节奏在走。

这个方向早在 2012 年 3 月份设计所成立之初，商讨设计所名字的时候就已经初见端倪了。最开始是想叫做“地下空间设计所”，后来又有人提议叫“人防设计所”，最后才确定为“地下建筑设计所”。这个过程很有意思，因为这三个名字基本可以概括我们设计所的发展。

为什么想要叫人防设计所，因为我本人从事人防近 30 年了，设计所的总监也是这方面的专家，所以从一开始我们就确定了人防是设计所最初发展的主力业务，初创阶段要充分发挥自己的专业优势才能快速打开市场，奠定基础。而设计所成立至今三年时间，我们也用实实在在的业绩说明了这个起步道路选择的正确性。

最初我们想的地下空间这个名字，其实是设计所包括我本人对于未来发展的一个方向定位。设计所要想获得更大更长远的发展，必须锁定地下空间市场的开拓，人防仅仅只是地下空间的一部分，而更多的方向在未来一定大有可为。

最终定名的地下建筑设计所，是我们的优势所在。为什么这么说呢，未来的行业发展一定是专业化与综合性相结合的，既要求我们对于细分的专业有过硬的技术，又需要你有多专业多领域的综合实力。省院首先在建筑这一块有相当的优势，同时作为综合院所在各专业领域有所专研，这对于身处省院的每一个院所、机构、工作室来说都是优势。

所以立足人防业务、瞄准地下空间市场、用好建筑优势一直是我们设计所的发展线路。沿着这个既定的线路，设计所在成立到现在的三年多时间里，脚步一直走得较稳健，从最初只有两三个人到如今拥有 20 人的专业团队；从最初院里的人防业务还需要交给外面机构来做，到现在许多外院的项目都固定找我们合作。地下设计所的三年，一步步走来，每一步都有迹可循有理可依，即使面对市场下行，我们也能够稳住脚步，一开始找准方向很重要。

市场变化，这是个战略问题

当然，面临整个行业大市场的紧缩，整个建筑行业的不景气，人防也属于建筑的一部分，地下建筑设计所身处其中不可能不受影响。事实上，影响还不小，怎么应对，这是个战略问题。

早在 2014 年的时候，通过对设计所业务量的分析以及对当时形势的观察，我们就预判 2015 年的市场形势可能不会乐观，并且短期内不可能实现较强回弹。当意识到行业形势的变化时，我们通过商讨做了两手准备：一是对外在 2014 年底与西南院、惟尚等合作单位签订了战略合作协议；二是对内提升设计所设计质量，升级自身的服务。包括积极配合政府、合作单位及院内合作部门的工作，多提供服务，比如在前期免费提供一些咨询服务，增加他们招投标的亮点和筹码，后期也积极维护。加强质量，提升服务，以质量来奠定行业地位，以口碑来稳定客户。就 2015 年、2016 年设计所的项目业绩来看这两手准备都取得了一定的成效。

但以上这些措施都只能算是前瞻性的应急手段，也可以说是行业形势倒逼之下被动的必然选择，只是因为提前做了准备而掌握了一点主动先机

内江万达广场地下空间设计

而已。但真正应对市场的主动出击，一定是看准未来形势，积极开拓更广阔的市场。未来要想取得长远发展，还是必须在立足现在的基础上实现转型。在这一点上地下建筑设计所对于未来的战略思考和院里基本是一致的。

立足基础当然是抓住当前主要的人防业务不放手。同时要迅速跟进我们既定的发展方向，城市地下空间开发利用。在此，我们看好城市综合管廊和地下轨道交通在未来的发展前景。

地下综合管廊在成都已经有所尝试，最初的高新区 CBD 就做了一个环形的地下管廊，我们也在持续的研究和关注。现在提得比较热的珠海，他们的地下综合管廊是西南市政院做的，在参观考察过程中我们着重关注了一些技术性的问题，现阶段存在哪些问题，比照我们自己可以有哪些优势。因为当前就市场认知而言，有些人会把城市地下综合管廊业务更多的与市政关联，所以在前期其他市政设计兄弟单位在拿项目会上比我们有优势。但，这样的认识是不够全面的，城市综合管廊实际上是城市地下空间的重要组成部分。往长远了看，地下综合管廊的建设一定是要结合城市发展综合性考虑的，需要规划、建筑和空间上的专业技术，需要结构和地下施工专业技术，这于我们而言是很有利的。我们判断，未来尽管我国政策或多或少的支持中小城市城镇和新农村的发展，但人口仍然会进一步地向大城市尤其是特大城市集中。国家会在城市地下管廊这一块做很多投资。以前投资“铁、公、基”大量消耗的是材料，我们现在做地下综合管廊，大部分的成本可能来自于机器设备、来自于人力、来自于设计等方面。所以在未来我们应该充分研究规划、研究设计，研究施工，做好积累，发挥自己的优势，以技术取胜。对于像地下综合管廊这种需要大量投入的项目，一般会采用 PPP 模式，这时候如果可以通过技术手段切实的节省成本，节约工期，优势自然不言而喻。

在轨道交通领域，我们与铁二院等兄弟单位其实是各有所长，我们在建筑上的优势在未来市场上将会日渐凸显，未来的市场绝对不是一家独大的市场，是一个轻资质重技术的时代，需要综合的技术实力支撑，合作就变得更加重要，通过合作可以整合资源，互相促进。比如上海地下空间设计研究院，最开始也是做人防的，后来慢慢看到了上海地铁等城市轨道交通的快速发展，开始进入，进而扩展到了地上建筑。这也是一种发展模式，当然这首先就需要我们在院级层面首先建立各部门的协调合作，以组合拳的形式对外再寻合作，尽快进入这一未来大有可为的领域。轨道交通的发展不只是二、三十年的问题，也不仅仅是一线城市的问题，未来的实力强劲的二线城市同样存在着巨大的市场。

关于未来，我们已经准备好了

面临严峻的行业形势和未来可能的巨大市场机遇，地下设计所其实一直都在准备。因为一开始就定下了要往地下空间拓展的发展思路，所以设计所三年来在人才储备上，对于专业和研究方向都有所筛选，并且在每一次的项目中都让设计师做衍生思考，在技术上做进一步的突破。设计所积极创造员工交流学习的机会，支持员工取得防护师、审查等相关资质，为承接业务增加筹码，未来还将不断加强，打造地下空间的精英团队。我本人及设计所都十分关注行业形势，积极去日本及我国东部许多走在前面的地区考察，在已经实践成型的项目中锤炼技术，深入研究，以备在项目来临时可以迅速上手。

BIM

Do the Right Things Right（用正确的方法做正确的事）

文 / 熊婧彤

十载历练，只为“做出优秀的建筑作品”梦想

2002 年西南交通大学建筑学专业毕业后，我来到省院开启人生的职业旅程，而我一直以来的梦想，就是“做出优秀的建筑作品”，为此，我不断向着这个目标努力奋进。在创立院 BIM 团队之前，我先后在建筑景观所、曹波工作室、A1 建筑工作室三个不同的部门工作，每一段经历都让我受益匪浅，而这个过程也可以称之为打游戏收集装备加技能的过程。

初来省院，建筑景观所的经历是我从一名应届学生妹迅速进入到高效的设计工作者状态的起点。在景观所前辈们的培养下，建筑专业的我在入行之初能够通过景观设计学锻炼宏观把控项目以及注重室内外生态对话的视角，同时个人的绘画爱好也被训练成了可提升项目魅力的手绘能力。在曹波工作室，我对曹总捕捉复杂问题核心点的能力感触颇深，曹总总能在深挖项目或甲方的需求后，准确总结出项目最具权重的“病症”，然后带领大家给出一记能将其一击即破的“处方”。其间我更加认识到准确分析客户需求与团队创造能力的重要性，并逐步了解到获得这些关键能力的方法论。去到 A1 建筑工作室后，时任 A1 建筑工作室主任的付志勇院长非常鼓励设计师培养自身的项目管理能力

和语言表达能力，我的角色也开始逐渐转变，由一名幕后的设计师走向了“前台”，开始参与到项目的汇报及管理当中，并第一次了解了 BIM。这些经历，极大地提高了我的综合素养和专业能力，为以后在 BIM 团队的发展奠定了良好的基础。

BIM 实践：从“光杆司令”到西部领先

BIM 作为一项新兴技术，被誉为建筑设计界的第二次工业革命，作为建筑设计行业从二维转向三维的重要设计手段，其设计理念、核心技术都被众多设计企业所重视和大力发展，其对企业未来发展的重要意义也不言而喻。

因为“做出优秀的建筑作品”是我一直以来的梦想，BIM 是完成这一梦想的重要载体，因此随后我投身到了基于 BIM 的创作中。BIM 团队也从 2012 年 9 月的“光杆儿司令”成长到现在 30 多人，现在回想起来，整个过程并不容易。从我个人来讲，作为一个设计团队的负责人，同时又是一名专业的设计师，如何平衡团队管理、生产经营以及个人设计追求之间的关系？一个还有设计理想的设计师同时要负责团队管理和经营，这个问题曾让刚开始转变角色的我曾一度感到“恐慌”不已。不过对于目标的坚定还是让我平静下来，因为我意识到要实现“做出优秀的建筑作品”，经营、管理、设计必须得是统一的，恐慌是因为‘不知道’，那就努力学习，就当是新一轮打怪升级开始。

渐渐地，整个团队得到快速发展，我经常说的一句就是“除了总院一直以来的支持，团队内部的‘偏执狂’精神在拓荒阶段还是挺给力的”。正是这种对专业技术孜孜不倦的“偏执狂”精神，BIM 团队一方面加强内功建设，一方面积极与市场对接，在“十二五”期间逐渐形成了 BIM 全程设计、BIM 咨询服务、BIM 培训三大业务方向，并取得了可喜的成绩。首先是主要业务方向的产品成果经受住了本土市场的考验，赢得了业主的好评。比如龙湖、绿地、万华等对设计要求比较苛刻的开发商，我们的 BIM 服务让他们感到意外地满意，腾讯（成都）科技中心、龙湖金楠天街、成都大悦城 BIM 咨询，攀枝花三线建设博物馆、内江和广元两个天立国际学校的 BIM 设计等项目切切实实地展现了省院基于BIM的项目设计与管理的实力。其次，BIM 全程设计取得了突破，我们的 BIM 团队一直不局限于已经取得的成果，严格高要求自身，实现了从方案到施工图的 BIM 设计，取得了系列成果。第三，在引领区域市场发展方面，实现“走出去”战略，到西安、郑州、贵阳等地去参与BIM 项目的竞争，并取得了突破。最后，我们在创优创精品方面也屡创佳绩，在行业发出了声音。如腾讯成都科研中心项目在 2013 年获得四川省首届 BIM 大赛一等奖和全国首届 BIM 工程大赛三等奖；作为主编单位完成四川 BIM 标准《建筑工程设计信息模型交付标准》的编写；作为参编单位完成国家标准《建筑工程设计信息模型交付标准》、《建筑工程设计信息模型分类和编码》的编写；近期攀枝花三线建设博物馆项目入围全球工程界“奥斯卡”Be 创新奖，大中华区共有41 个项目参赛，7 个项目入围 6 个奖项类别，在民用建筑类中，我院是中国唯一入围的单位。这是我院第一个到国际上去参赛的 BIM 项目作品，从中我们也能更加清楚自身和国内一线城市的设计团队以及国际优秀的 BIM 设计团队比较有什么优劣势。

谈到市场状况，我认为：BIM 咨询服务是与市场需求结合的最好的一块。BIM 咨询服务虽然目前国内有很多团队都可以做，但是其中很大一部分并不被市场认可。在经受住了龙湖、绿地等要求很高的客户的检验后，省院的 BIM 团队在 BIM 咨询方面已经积累了强大的工程经验，甚至可以引领地区行业的需求。目前 BIM 全程设计在国内都很少有团队能真正完成，而我们是其中之一。能将 BIM 技术实际应用到业主的工程当中并得到业主的认可，省院 BIM 团队在国内中西部地区绝对是一流、领先的，和一线城市设计院，如北京院、天津院、华东院等也能相比较。而在BIM 培训方面，作为市场的一个发力点，在考取认证 ATC 培训资质后，BIM 团队的培训师们积极向内部、外部客户进行 BIM 培训，目前已对设计师、学生、开发商、施工企业等众多对象进行了培训。下一步我们希望能和政府部门有所合作，将 BIM 更加广泛地推广。在市场环境方面，BIM 全程设计对业主是非常有利的，由于BIM 设计刚刚起步，施工、报建、审图等还是用传统的方式在运作，因此在工程实际中业主往往不敢步子迈大了采用 BIM 全程设计，只得稳妥起见还是用二维的设计方式。但我相信，这一块是未来 BIM 应用的最主要方式。

攀枝花三线博物馆

内江天立国际学校艺体楼 BIM 设计

笃定前行：未来属于 BIM

谈到未来发展的思考，我认为 BIM 技术在未来 5 ~ 10 年一定是建筑设计行业的发展主流，并领先于施工企业的发展速度。在市场竞争更加激烈的时候，迅速升级设计手段，对我们扩大市场份额和进入区域市场有很大的支撑，所以我们应该从现在开始就掌握和使用好这项技术，为即将到来的设计手段变革做好准备。不过对于整个行业来讲，因为整个行业的关联板块太多，技术能力参差不齐，上下游依赖度又较高，BIM 技术在未来 5 ~ 10 年左右的时间才能真正比较普及，所以这项技术也不能马上就要求大家都掌握。总而言之，我们应该做好自己，增强自身的竞争力的同时，引导行业发生质变，静待花开。

从战略层面讲，我认为在目前行业转型升级、市场环境发生大变化的背景下，企业需要转型升级，在省院这艘航空母舰中，需要有相应的团队站出来，在发展模式和技术创新方面勇于尝试，而 BIM 技术和团队的发展要争取做企业发展的排头兵、试验田，保持前沿、坚持创新、坚定方向，为企业战略发展方向积累经验。

在人才培养方面，我希望整个部门的队伍建设、人才发展遵循优秀新人不断加入以及坚持传帮带传统的路子，使团队逐步的升级。我最信奉的格言是“Do the Right Things Right”，因此我也在努力学习和实施“把合适的人放到合适的位置做他擅长的事”。

在技术创新方面，我希望充分利用好院提供的 BIM 科研经费，抓好技术研究，充分利用这些资源保持省院 BIM 技术在地区行业的持续领先。

古语有云：工欲善其事，必先利其器。具体到勘察设计行业，这里的“器”可以理解为我们的技术手段、科技创新等，在科技发展瞬息万变的今天，只有坚持技术创新，掌握核心竞争力，才能在竞争中增加自身的筹码和话语权，愿我和我的 BIM 团队能够打造出更加锋利的“器”，成为省院差异化发展的又一把尖刀。

工作室

项目 + 品牌：建筑设计的专业化之路

文 / 柴铁锋

在 21 世纪，我们必须将城市视作品牌建筑的产物，而不仅仅是城际轮廓线，将建筑视作广告和目的地，而不是单纯的物质。在体验经济时代，体验本身已经成为产品：我们消费的不再是实实在在的物件，而是我们的感知，甚至是生活方式。在品牌建筑的新环境，建筑物不再仅仅是我们工作和生活的地方，而与我们想象和期望自己是谁密切相关。

职业化与专业化并不矛盾，也不是独立的两个概念。职业化是一个方向，一条路径，在这个过程中有职业诉求、职业道德、专业技能、职业素质等的不断成长。而专业技能指的就是泛专业化，即在建筑专业里面能做各种类型建筑的专业设计的能力。

在社会大分工的大背景下，必然会对专业进行不停地细化，只有拳头收紧后，才会爆发出更强的能量。但是专业化是建立在泛专业的基础上，只有泛专业这样的基础扎实了，才能谈得上专业的精尖化。这就像是金字塔一样，泛专业就是金字塔的基础，而专业化就是金字塔的塔尖。

建筑师的理想并不局限于某一类建筑，各种类型的建筑的涉猎才会有效提高能力，所以专业化这个概念是辩证的，在一个方向做精了，更加具有竞争力，也就能争取到更大的市场，但这一定是在泛专业化扎实的基础上的。

成都市人民南路区域综合整治华西坝片区

建筑泛专业会为各个层次的人才提供专业基础，有了专业基础，才能谈得上专业的精尖化。有了大量实践的基础，或兴趣使然，或机缘巧合，或特意引导，才会在某个专业方向发展到一定高度，在某个领域才会争取到权威话语权。

A2 工作室这些年涉猎了各种类型的设计，包括商业建筑、教育建筑、住宅建筑、改造工程、城市设计等，目前初步定了教育建筑这一个方向，也是因为机缘巧合。2008 年汶川大地震后，涌现大量的灾后学校建筑项目，在这过程中设计师们积淀了大量的专业经验，建立了良好的品牌和口碑，也在与教育系统和投资公司的接触中积累了人脉。在这样的基础上，才有后来的更多学校的实践，形成一个良性的循环效应。

任何建筑建成的整个过程中都需要消耗大量的社会资源，建成之后，整个社会都是建筑的受众，除了直接的使用者以外，同样也会影响到周边人，影响到整个环境，所以建筑师是社会化的职业，是社会秩序的创造者，也担负着一定的社会影响，而这种影响应该是积极和正面的。

A2 工作室做的教育建筑，更是担负更高的社会责任。教育建筑是一个特殊的建筑类型，这是一个教书育人的地方，从幼儿到成人，有很长一段时间都

宽窄巷子宽堂窄门设计

是在这个环境中度过，从懵懂到学习知识，再到建立自己的世界观。做教育建筑必须尊重教育，尊重学生，必要时应该压制建筑师自己的其他想法，更多关注使用主体的感受。他谈到在做幼儿园的时候，把自己想象成一个幼儿，从幼儿的视角去对整个项目做出认知和判断，比如室外要不要铺草地，郁郁葱葱的看起来多好呀，可是要考虑到小孩会不会摔跤，摔跤的时候，草会不会把小孩的手划到？再比如幼儿园要不要考虑安装空调？是不是适宜小孩子呢？做幼儿园项目的时候，必须设身处地的去关怀幼儿。

比如绿舟小学项目，在设计的时候，低年级的教室会有很大一块室内活动区，而高年级的室内活动区会缩小。这么做的原因是能让高年级的孩子更多地去参与户外活动，更多的与大自然接触，而低年级的孩子也同样能有空间去享受游戏享受快乐。这种原创性是源于设计师对各个层次孩子的心理的真诚关注，对建筑与教育的互动作用的深入思考。

而在苏坡特殊教育小学的原创项目中，我们团队被特教校长深深感动，因为在长时间的沟通交流中，感受到校长对孩子真挚深刻的感情，感受到他把对孩子的爱和教育作为自己的事业的责任感。这个项目中除了满足业主意志的动力，还有表达自己的专业诉求的动力，这两种动力的结合产生了一股

成都同辉国际特殊教育学校

更大的力量，这股力量促使他们高质量地完成此次特教项目，更是承担起更大的社会责任。

就建筑风格而言，比如CCTV“大裤衩”，从建筑专业的角度去赏析央视大楼，这座楼是相当厉害的，而且在那一片建筑群中风格独特，也非常适合那片城市的空间格局，是非常美的。由于老百姓对其建筑形态的曲解和戏谑，才有了这样一个俗称。但是建筑是不能用数学模式来打分的，建筑需要多样性，只要建筑是符合整个城市的空间格局、风貌和人文风格，社会也应该给予建筑师创作的空间和发挥的自由。让这种地标性的建筑成为一种文化，人们可以用最简单的形态和最少的言语来唤起对于它的记忆，一看到它就可以联想到其所在区域或者所在城市，通过建筑本身和环境、文化氛围等各方面的合力共同创造了一个经典。

我在读书的时候，家人曾送了一本《建筑百家谈》，对我影响颇深。什么时候能做到建筑百家谈，什么时候建筑才能真正繁荣。建筑也是一门艺术，应该百家争鸣，应该允许各种不同声音存在，允许各种形式的建筑存在，多给予建筑师空间和自由。

建筑的事情应该交给建筑领域的专家来决定，而不是那些即使在其他领域很厉害但是对建筑不在行的人来决定，这样才会有大量优秀的作品诞生，否则就会限制设计师的专业水平的展现和成长。

国家的建筑发展跟经济有关，日本出现了很多的大建筑师，这跟日本经历了很长的高速发展期有很大关系。中国现在也正处于高速发展阶段，相信同样也会出现很多的建筑大师，2012年王澍荣获世界建筑学最高奖项普利兹克奖，成为第一位获此殊荣的中国籍人士，这是个标志性事件。

建筑的文脉即建筑的文化脉络，是他的过去、现在和将来。千篇一律的风格无视城市的历史性与地域性，导致冷漠与乏味的城市环境，在传承原有城市的秩序和精神的过程中，应该积极探索城市设计和建筑设计新的语言模式和新的发展方向，不是简单的复古，而是经过提取、改造等创作手段来实现新的创作过程，是建筑文化与当代社会的有机结合。

对建筑想法的挖掘，必须从当地土壤中来，一定要适合当地的风格和空间。追求成都的地域性，必须适合成都，适合成都的气候，适合成都的人文，契合成都的行为，不一定局限在建筑形态的表象上。以成都市人民南路改造项目为例，对四川大学华西校区的改造中，仅仅对华西的校门做了改动，让人们的视野变得通透，能够看到校区里面的华西老建筑，这是对城市文脉的贡献。再比如宽窄巷子的宽堂窄门的设计中，充分考虑到那一块区域的文化脉络，利用材料构造的方式，呈现出现在大家所看到的特色鲜明、极具地域特色的一组景观建筑。

当前，世界范围内的专业化，使国内建筑设计领域探索专业化模式，成为一种趋势发展的必然需要。只有根据国际建筑设计行业“专业化分工、社会化合作”的特点，调整自身的多元化发展模式，适应市场的需求，才有生存的空间，使企业立于不败之地。

建筑类型与设计内容的专业化

文 / 李欣恺

专业化，应包含的两个层面。从专业领域层面来看，是指建筑类型的专业化；从专业精度层面来看，是指建筑设计中设计内容的专业化。现阶段，我们面临的是一个竞争激烈的市场，要想在这场浩浩荡荡的大浪淘沙中，做留下的那颗金子，专业化作为一种战略精神，是团队生存和发展的命脉之所在。

人员的专业化与职业化

由于建筑设计这个行业自身的固有特点，专业对口是不可或缺的从业基础，人员的专业化更是一个设计团队的基本要求。就市场领域而言，专业化程度是一个设计团队的核心竞争力，是在各个细分领域技术能力的具体体现，以及在解决问题时技术支撑的综合呈现。如果一个团队在这方面超出其他竞争对手，换言之就是专业化程度更高，那么毋庸置疑，这样的团队将会更有市场话语权，也更能在商务竞争中取得优势。就员工自身而言，专业化体现的是它是否具备专业知识去发现问题、解决问题。如果说专业化是一种技能领域的衡量，那么职业化便是思想领域的考量。在专业化与职业化的关系方面，我认为：毫无疑问，专业化是职业化的基础。职业化是一个员工对所从事工作的投入程度，体现的是一个人在具备了一定程度的专业技能时，是否愿意把全身心

保利皇冠酒店

都投入到工作当中、是否具有规范性的做事方式以及专业性地解决问题的态度，是一种职业素养的诠释。

对于一个寻求发展、寻求突破的团队而言，专业化与职业化都是立足市场的根本之所在，也是团队建设工作中的核心。而如何进行团队专业化与职业化的提升这一问题上，专业化的培训应该立足于项目，具体而言便是依托项目机会，以项目为导向，在总结经验教训的同时，也为相关理论以及相关理念的实践提供契机。后者对于初入职场、缺乏项目经验的年轻人显得尤为重要。从专业化的角度，不管是从院里的层面还是部门自己的层面，提供技能方面的培训都不是什么难事，毕竟有很多高水平的专家、技术骨干可以就新的发展方向、新的技术运用为培训提供很好的技术支撑。相较而言，职业化的培训就显得不是那么容易。职业化，究其根源是职业态度，解决的是人的思想问题。通常而言，团队的管理者一方面会从管理层面上出发通过管理方式去约束员工，另一面也会从自身出发以身作则地去影响员工，但大都缺乏完整的体系。在我看来，职业化的培训是一种长期潜移默化的过程，与企业的文化建设密不可分，可以从入职培训或是一些系统的教育培训入手，提升员工的企业文化认同感、企业荣誉感以及企业责任感，从而提升员工的职业化程度。专业化与职业化相辅相成，就像人走路时的两条腿，只有两方面共同发展，一个企业才会更具有生命力，更具有竞争力。

从既有的专业类型到新兴专业领域的探寻

在专业领域方面，A 3 建筑工作室现有的主要方向是酒店、写字楼以及商业建筑。目前团队已经在这些方面取得了一些成果，既无意又刻意，团队主要是通过一些项目的机会，积累一定的经验，及时对同类型的不同项目作对比，进行规律总结，提炼经验教训，最后由项目参与人员进行工作交流，从而提升整个团队对此类建筑的把握。我认为每个项目完成之后，都应该从中获得些规律性的总结，如果像猴子掰玉米一样，做一个扔一个，那么一个项目对于设计团队的自我提升的价值将会大打折扣。因此，A3 建筑工作室在项目结束后会进行项目总结会，让大家分享经验、交流心得，由项目参与人员进行分阶段的总结，分享方案阶段的得失、或是遇到的问题以及解决方法，施工图阶段的经验教训。经验教训的推广、设计心得的共享，在提升团队成员专业技能的同时也增强了团队的专业化水平。

现阶段，成都市场的竞争相当激烈，国内外知名设计团队都已进入成都市场。因此，只有当某一个团队在某一领域的专业能力、职业水平达到金字塔的尖端部分，才能在骤缩的市场需求下依然立于不败之地。鉴于目前的市场环境以及自身团队设置，团队现阶段的目标首先把既有项目做好、做精，然后再根据自身特点、结合发展方向，在项目类型承接上刻意做一些选择，进一步提升专业能力及职业水平。与以往短、频、快的市场时期相比，由于市场需求的减

世代锦江商务酒店

少，项目周期都相对延长了。因此，团队有了更多的时间与精力来打磨自己的每个作品，增加项目的投入度，珍惜每个项目的机会来提升专业技术水平，例如加强市场及业主需求分析，加入多方案比较的环节、对细节的推敲过程更为仔细，解决问题的深度、考虑问题精细度也在增加，图纸的表达也要求更加深入完善。在提升团队自身专业化的同时，高完成度的精品项目也会应运而生。高质量作品的呈现往往能体现团队的能力所在，吸引更多的关注，当口碑在口耳相传中建立时，业务渠道自然也就扩宽了。

就专业领域、项目类型的专业化而言，我们不仅需要确定一些特定的方向，还应探寻一些新兴的专业领域并为之做好专业知识储备。比如养老这个最近比较热门的领域，建设目前还没有全面铺开，我们可以通过一些个别的项目，有意识地去进行市场研究或是理论研究、进行外部资源的整合，扩宽项目的深度和广度。所谓机会总是留给有准备的人，一旦政策和投资机会放开，相比你的同行你已赢在了起跑线上。

在我看来，工作室的专业领域是小而美的代表，省院这样资源整合的大平台代表的是大而全，只有两者有机的结合，才能碰撞、迸发出最大的能量。而团队未来的战略发展，首先需要的是依托省院的整体平台。目前省院的设计链条服务、策划营销都相对完善，各个部门间的业务联动、专业领域的完善度都为每个工作室的发展提供了良好的土壤及养分，好好利用这样“大而全”的平台对发展工作室“小而美”的专业领域是至关重要的。其次，通过既有的项目成果去展示团队，扩大团队在某一特定专业领域的影响力，通过单个精品项目的延伸去扩宽市场，例如在建的“新华之星”文化创意办公基地以及中国西部文化产业园等文化产业项目，在了解业主需求和研究文化产业规律基础上，以空间特色、设计语言充分体现，同时在设计服务链各环节为业主提供完备的服务，取得很好的效果。最后，在积极维护现有资源的前提下，努力开拓探寻与社会问题、国家发展息息相关的新兴领域。国家的发展进入了一个经济结构转型的时期，需要寻找新的产业模式，如果参照新加坡或者日本模式，一种以人力、物力、信息、资金在有效的空间内整合的产业园形式将会大量呈现。新的产业园模式、社会关注热点的养老问题都将是团队未来3~5年的研究、探索目标。

前些年建筑产业的迅猛发展造成的产能过剩需要被消化，换言之便是优胜劣汰，直到市场的供需关系达到新的平衡、新的稳定。在大浪淘沙的市场大环境下，解决生存问题似乎是每个团队的首要任务。对自己的团队而言，现阶段是一个厚积薄发的储备阶段，同时也是一个对新兴领域的探寻过程。在力求把每个项目做深做精、做出口碑，对既有项目进行分析总结、提升专业化水平的同时，更要努力寻找新的专业化发展方向、专业化领域。正所谓大浪淘沙始见金，优秀的资源才能得以生存，我们有理由相信将踏实严谨与开拓创新相结合的A3建筑工作室会是那一枚闪闪发光的金子！

市场化与专业化的平衡

文 / 蒋静

A4 工作室成立之初的构想是朝专业化方向发展，主要方向是文化旅游，因为我们经过分析认为部门主创在此类项目的技术实力能够排在市场前列，但是经过一段时间的实践和摸索，团队发现决定部门专业化发展方向的因素还有很多，除了技术实力和个人喜好等主观因素之外，还需要很多客观条件，而其中最重要的因素是市场需求。

专业化道路是必然趋势

谈及专业化发展对建筑设计企业的意义，我从西方建筑设计走过的道路进行剖析，认为我们也将经历类似的发展历程。

目前我国正在进行经济转型升级，我国的城市化率也早已超过 50%，外在的社会环境决定了以往工厂化的设计生产将不可持续，建筑设计机构专业化发展是设计企业未来的发展趋势，无法做到专业化，企业可能将无法生存。西方早已走过了此阶段，西方国家的建筑设计专业化水平已经发展成熟，酒店设计、商业建筑设计、体育建筑设计、医疗建筑设计等擅长某一方面的设计事务所，在全球范围内已经非常成熟和知名，长时间的坚持和建成项目的累积让这些机构具有了核心竞争力并能在全球范围内获得机会。以离我们最近的日本举例，在 20 世纪 90 年代，经济泡沫破灭时期，80% ~ 90% 的建筑设计机构都消失了，能够生存下来的都是专业化程度很高或者创意能力很强的机构。我认为这些国家的案例实际上已经给我们提供了良好的借鉴，如果作为方案创作机构还未看到未来专业化的发展趋势并为之做好充分的准备，那它可能在未来的发展中被湮灭，被市场所淘汰。

没有纯粹主观的专业化

在 A4 工作室专业化道路发展历程的讲述中，我一再强调没有纯粹主观的专业化，一方面是因为不经过市场检验的主观设定的专业化发展方向可能并不足以支撑团队的生存和满足设计院产值要求；另一方面从设计院本身的特点来讲，有些部门在文旅建筑方面也具有专长，而分散式经营为主的经营模式会造成由一个部门主观确定的专业化方向可能与院的整体策略以及兄弟部门的发展模式相冲突，从而降低专业化发展对企业整体发展的推动作用和市场认知度。

同时，我认为从纯粹的专业技术层面来讲，主观的专业化能产生价值，但是需要较长时间来孵化。从长远看，这是一个正确的发展思路，但会面临很多问题，比如前期的投入、部门的考核指标等等。即使在院内做到了最好，在市场层面也会面临更专业的竞争对手，如果在竞争中不能体现出我们的优势，那么我们的专业化发展就不算成功。所以，我一直认为确定部门的专业化发展方向不能只看重主观的意愿，必须紧密结合市场，研究市场，从市场需求出发，只有这样研究得出的结论才能为部门未来专业化发展提供参考。

紧跟市场的专业化发展之路

回顾走过的三年专业化探索之路，也并非一帆风顺，有过困难，有过调整，最后确定了紧跟市场的专业化探索之路。在工作室成立初期，我们就发现

成都七中天府新区校区

贵阳金阳新区北站片区概念规划方案

自己主观构想的方向和市场需要的类型不一定完全吻合，但团队的生存，包括设计产值的提升，都需要市场项目，所以他们在专业化探索的道路上，一直在根据市场及时做出调整，在主观设定和市场需求间寻找一个结合和平衡。

结合探索过程，我认为，专业化发展必须具备两个条件，自身技术储备和市场需求，他们也是始终紧紧围绕这两点去发展的。

我认为，建筑方案竞争的核心是技术优劣竞争。他们主要从三个方面来增强自身的技术储备。一是找成熟的案例学习借鉴，因为在相关研究的方向，市场上一般会有做得更好的案例；二是狠抓设计深度，我一直认为专业化和全过程是不可分割的，从专业化程度最高的酒店设计行业来看，好的设计机构一般采取建筑方案、施工图、室内设计、景观设计一体化设计的策略，因为只有这样才能保证最终实施效果。所以建筑师不能单方面看问题，要找平衡点，打组合拳，增加附加值；三是需要设计师有思想深度，甲方找设计师做设计是因为他们认为设计师专业，如果设计师在与甲方的交流中很被动，甲方会怀疑设计师的水平。所以在团队建设中，我会要求团队的设计师在设计过程中一定要有自己的观点，要求设计师们平时加强各方面业务知识的学习，增加自己的知识储备。

为什么要紧跟市场需求？我认为这是由行业现状决定的。从市场方面看，现在建筑设计市场竞争越来越大，要求越来越高，以前开发商只在乎项目的创意美丑，现在开发商直言，单纯的建筑设计对项目成功的影响越来越小，因为开发商自身也面临残酷的市场竞争，房屋市场早已饱和。在这样的市场环境下，建筑设计师必须让自己更全面才可能适应市场的需求，因此我们要多研究成功项目的经验，多跟相关行业交流，了解项目开发的全过程，并且必须站在投资商的角度从投资到设计再到运营全方位为开发商提供解决策略参考，只有这样才能获得市场的主动权。

互为表里的职业化与专业化

谈到职业化和专业化，我认为这两者在国外也是统一的，但是在国内，目前还没完全统一，并且还有较长的路要走。可以说，中国整个社会的职业化程度都不高，职业化发展需要统一完善的制度支撑，也需要整个社会的进步。

专业化发展需要技术的进步和市场的检验，这两方面看似完全不相关，但其实相辅相成，我们可以理解职业化是“表”，专业化为“里”，职业化是给客户的外在感受，而专业化是客户深入了解后的内在体验。对一个成熟的机构来讲，两者缺一不可。举个例子，大家可能经常会有这样的感受，国外的建筑师看起来比中国的建筑师更专业，为什么呢？因为国外的成熟设计机构比我们的职业化程度更高，小到着装、名片、邮件，大到项目的商务和技术控制，每一个环节都有规矩，所以给人更专业的感受；而国内的大部分建筑师不看重这些细节，在商务和技术过程中也很随意，因此给人的感觉不够专业。这个案例也从侧面说明我们在职业化和专业化的道路上还有很长的路要走，但相信接下来的几年大家都会意识到这个问题，情况也会逐步好转。

具体到所在团队的专业化和职业化，我们也在通过各种渠道努力，一方面结合建筑设计的实践和积累，积极接触一些高端资源，学习先进的理念，比如参加建筑学会的培训、论坛或者行业内、企业内的交流，然后将实践与先进理念整合；另一方面，在具体工作分配中，根据项目特点，尽量按照设计师的兴趣进行分配，通过长时间的积累，进行人员结构的重组，发展方向的重新定位，最后真正把两者整合在一起，力争做到每个人的价值得到最大程度的体现。

通过一些项目经历的分享，让我们再一次窥见专业化力量与市场化力量间微妙的较量。同时也再次向我们表明专业化发展与市场机遇和市场选择的密不可分。在 A4 工作室的业绩中，旅游文化建筑的代表作品是丽江的古城东方，作为旅游文化名城，开发方的设计要求很高，在经历了北上广甚至国外的建筑设计师设计方案都未通过审核后，我院结合本土文化特色的方案一出炉就得到开发方和政府的一致认可，现已顺利建成。就在大家想沿着文旅专业化道路走下去时，却因为市场原因在教育建筑方面连续取得成绩，比如跟天立集团的战略合作，成都七中天府校区中标等，在市场力量的牵引下，他们的团队在专业化的道路上打开了另外一扇门。

专业化 +：建筑设计行业的战略选择

文 / 余健华

当前，社会的消费需求趋于个性化与品质化，从而引导产品生产的社会分工趋于细化。在市场经济迅速发展和全球一体化进程中，企业不仅要保证经济指标的完成，还要保证建筑产品质量，承担很多的技术研究开发工作。因此，作为现代服务业的工程咨询行业，其发展越来越趋于专业化，这也是社会发展的必然。

专业化与技术能力、管理能力相提并论

专业化发展战略是在一个专业或领域内具有的智力、技术、产品、质量、管理、文化的综合优势的体现，这一切都是建立在技术开发领先和核心技术的基础上，企业作为社会经济运行中的微观经济组织，如果没有一定的专业化特点则难以被社会所接受。走进 A5 工作室，所有的客套都省略掉，开门见山，直接进入主题。我一直认为：专业化不仅要做专，还要做全，最好还要有一个“平台”。各个专业化的资源团队应充分利用“平台”，相互整合，相互支撑，共同完成项目。关于技术方面，部门的主要项目类型是公共建筑，更多的是与部门匹配的项目，做得足够的精细。另一方面，部门一直致力于整合资源，与其他部门合作，去完成更大更难的项目。根据团队当前的规模和状况，项目采

宝德项目

取项目制的组织形式，达到各部门协作，因此，除了技术能力，项目管理能力也是我们希望的一种专业化。最近一段时间，省院就专业化提出了明确的要求，当大家把各自的专业化做好，就能通过省院平台，在项目中发挥各自的优势，达到共赢。

在部门发展的技术管理上，我们采取的方式不是领导说了算，而是以项目为核心，根据项目需求，每个人承担不同的角色并在项目中充分发挥作用。例如，每一个人都有机会成为项目经理，无论是刚刚毕业的新手，还是从业多年的人，只要你的能力能达到项目经理的要求，你就可以去负责这个项目的工作，监管整个项目的运营和整体的发展。这样的管理模式，对每一个人的职业能力要求更高，因为除了“设计”，我们应该能做更多的事。只要个人的能力和项目角色相匹配，就可以让个体去实现自我价值，担任项目经理、项目主创、项目建筑师等不同的角色，让每一个人不仅仅是设计师。

攀钢综合楼

现在很多时候，我们都还是建筑行业从业者，还不是真正的建筑师。建筑师是真正的大杂家，需要具备了多方面的能力，才能真正成为建筑师。建筑设计从业者在目前阶段还只能关注到某一方面的东西，还需要有一个全面发展的过程，而不只是会设计，基于这样的情况，部门就需要培养每一个人不仅要懂得设计，还要去学习管理的能力，或更多与本行业相关的，甚至与本行业无关的各种能力。在今后的发展中，部门不排除会扩大和拓展业务范围，在不同阶段，部门要做的一定是基于市场需求专注于适合于自己部门发展的东西，专业化更应如此。

专业化 + 专业化 + 专业化，才是真正的专业化

专业化模式的关键是企业不能为市场诸多机会所诱惑，坚持聚焦战略。专注于产品，专注于细分市场，强化创新，注重客户体验，持续地打磨，把产品

深圳信息职业技术学院

做到极致，在客户心智中占有领先地位，让竞争对手难以与你 PK。每一个行业都不仅是技术能力，更是团队合作的实现，让大家通过某种方式联手，一起去更好地完成，这是每个行业都要采取的形式，也是对每个人自身能力的储备。在当前的市场情况下，整合资源只是工作的一个方面，自身做专才是最为根本和尤其重要的如果真正做好一个项目，是需要有诸多因素的，包括与业主的配合，社会的认可，以及相关的各种条件，这是一个积累的过程，当量的积累达到一定程度时，才有可能出现转折点，就目前而言，我们部门还处于成长期，还达不到做专。目标市场定位要根据团队发展方向，确定团队核心产品，进行内部资源整合，选择核心竞争力的基础，是团队经营战略的核心内容。专业化与业主的密切配合有着非常重要的关系，我们更多的时候是帮助别人呈现别人想要的，如果能把自己希望能呈现的观点融合进去，那是更高层次的东西，但是更多的时候，都是以我们的专业技术帮助别人呈现。省院有那么多专业的团队，这是一个非常好的平台，如果各自寻找到自己的专业化定位是最好的，让更多的部门强强联手，专业化＋专业化＋专业化……，专业化＋才是真正的专业化，才能使专业化的组合尽可能全面的满足项目需求，使我们的设计与业主的诉求找好一个平衡点，坚守底线，明确从专业的角度实现业主需求初级阶段，是他要什么就给他什么；到了一定阶段，必须告诉业主，呈现出来是他想要的；再进一阶段，告诉他如何可以更好地呈现他想要的。

与专业化密不可分的团队核心文化

推行专业化发展战略，面对未来的市场需求，企业必须尽可能提高职工的学习层次，调整员工的知识结构，培养具有国际意识、市场服务意识、技术创新精神的高素质、复合型人才，从整体上提高职工队伍的知识技能水平。谈到团队的核心文化，我想说的是：我们的文化就是没有领导，在放松的状态里去做自己想做的设计，做“自己”的设计，“自己”的项目。先是职业化的素质，然后才是专业化的提升，如果一个人没有做到职业化，就不可能做到专业化，职业化是底线，专业化是提升，两者是递进的关系。一个专业化发展的团队，一定要不断地学习，现在的世界瞬息万变，整个思潮都在不断变化，这就要求我们守住自己技术的根基，去不断顺应社会，接触更多领域，才能挑战压力和适应变化。我们离真正的专业化还很远。专业化的成长需要一个空间和背景，就像 CCDI 的成长，正是当时的社会环境给了他们匹配的条件，才找到了适合自己的道路专业化是广义的小到某项技术，大到某类建筑，都可以做成专业化。技术人需要有平和的心态，相互尊重、相互合作，发挥主观能动性，在高标准中使个性自由成长。

所谓专业化发展，即专业化在为员工、业主增加价值的同时，也为企业创造价值，满足业主要求，使企业获得业主长期合作；满足员工要求，使企业减少员工流失率。企业要想生存和发展，必须实施专业化经营战略，提升核心竞争力，专业化经营的选择和实施是一项复杂的系统工程，涉及企业宏观环境分析、行业环境分析、竞争对手分析、企业劣势和优势分析等，从而确定企业目标、战略思想，以及各项策略、制度等。专业化模式是根据企业核心能力，选择专注于某一垂直市场或细分市场，通过专业化实现做精、做深、做强，从而赢得在细分市场的领先地位。

交流是一种学习，也是一种探索，在学习与探索之中不断提高。面对专业化的我们，可以做很多事，也有很多事要做，在这条路上，还有很多领域需要我们去开拓。

专业化、职业化背后的建筑哲学

文 / 曹波

大趋势下的专业化

专业化是市场的大趋势。所谓专业化，是指民用建筑形式分类的专业化，而非基本建设的专业化，具体而言可分为医疗建筑、养老建筑、教育建筑、居住建筑、酒店建筑、交通建筑、展览建筑等不同的建筑形式。就民用建筑专业化的层面来说，各个类型的建筑根据功用不同，对设计的要求、侧重点也不同，甚至为了与之功能向匹配，还会催生出许多特殊要求。因此，对于很多特殊的、不属于常见的主要形式的、专业性很强的专业化建筑设计而言，工艺设计才是主要专业，建筑设计在其中往往是一个配合专业。真正的专业化建筑设计，对流线组织、市场特定建筑技术、设备技术的设计都具有很高的要求，因此许多专业性的专业化公司就应运而生了，例如设计剧场的专业公司，相较于一般的民用建筑设计团队，就对剧场的光学、声学有着更深层次的了解。一个设计团队只有在真正了解这些专业化知识的时候，才能胜任设计师这一角色，真正为业主做好服务工作。

A6 工作室在方案创作时，并无特别方向，相较而言接触较多是养老建筑、医疗建筑、教育建筑以及居住建筑。设计分很多类型，就个人而言，自己更喜欢做的是工艺性、专业性相对较弱，自身变化性强的建筑设计。诚然，专业化的发展是大势所在，但不会是全部。换言之，便是只需有一部分设计团队对特殊的、区别一般的专业性极强的建筑做更细、更深的研究，各方面考虑更多、更充分，而另一部分团队依旧多点开花，进行特殊要求不那么苛刻的、其他功用的专业性建筑设计。而这一点，也与市场并不矛盾。这样，综合的建筑设计团队能与专业的技术团队配合，以顾问的角色给出适当的建议。这，也正是 A6 建筑工作室对自己作为建筑设计团队的自身定位，以及对未来的期许。

会生活的职业化

职业化是一种探寻过程。它包含有两方面的含义，一方面是效率化，指的是在有限的时间内高效地完成工作，是社会发展的大趋势所在。但是效率化并不代表速度化或者强度化，在我看来慢一点、缓一点、静一点，能放慢生活的脚步去思考、去感悟、去享受才是正确的生活、工作方式。职业化的另一方面是指建筑设计这个行业的固有特点所决定的、对设计师在技术层面上的要求，包括了工作态度、工作方式、工作技能以及在工作中的交流沟通。

从更深层次的层面上来看，职业化远远不止以上两个方面。对一个优秀的建筑设计师来说，设计不仅仅只停留在对建筑设计的驾驭，对社会、文化、历史、时尚、电影、哲学、文学也需要有一定的了解。毕竟，建筑应该是人文、生活以及环境的终极综合呈现。对于一个好的设计，功夫往往是在设计之外，刻意为之的设计难免会有矫揉造作之嫌，所以只有探寻、了解这些元素时，只有懂得去思考、感悟生活时，才能真正原原本本找到建筑设计的本真，即其应该有的形态。换句话说就是想要搞好设计，还必须得会吃会喝会玩会生活才行啊。

自我欣赏与市场认同

其实呢，做设计自我欣赏的成分还是很大的。很多自己认为好的东西没有能够实施，由于各种客观因素、市场导向以及利益交织，不被业主接收的也很多。在我的设计哲学里，设计师要懂得在设计中自得其乐，当然也不是说闭门造车，与此同时也要尽可能地适应市场，在自我欣赏与业主需求之间寻找到一个平衡点。

自己喜欢的设计不被业主采纳，是一个建筑设计师常常面对的困扰。在我看来，设计有很多的评价标准，设计师自己有自己的设计标准，业主有业主的考量标准，专业也有专业评判标准、社会还有社会的市场标准。而这些评价标准是没有对错、高低、好坏之分的，而审美更是一抹主观色彩浓重的认知。设计师受过许多训练，看过很多设计，在特定的背景和环境下培养了自己的偏好、形成了自己的审美观。但这种个人色彩并不能成为一种特定标准，也不能代替别人的选择。作为服务人员，应该做的是摆脱自己的爱好，从建筑本身出发、为业主做考虑，因为在业主的背后往往矗立的是市场认可。

在社会化这个大环境下，自我设计的风格和品味有的时候要服务于大众，但这并不代表做一些刻意迎合市场、迎合大众的设计。设计师还是应该在考虑整个社会和业主接收方向的同时，保留自己的设计理念。换句话说就是，自己的作品首先一定要能打动自己。在遇到一些分歧时，应考虑到业主的需求以及业主在这个设计中最看重的是什么，然后再把自己的想法和业主进行探讨。无论是销售、投资或者自用，对于建筑的需求，业主是最具有发言权的人了，设计师需要做的只是从建筑技术层面上给出建议，而非去取代。比如装修房子，我的理念就是舒服，而非单纯地为了好看。在做门时遂告诉工人，就拿原木做。但是原木上有很多拼缝以及树干结巴，于是工人就说，我给你找张好的树皮贴一下，这样比较好看。但这在我看来，虽然美观了，但不是事物的本质，不是原生态的呈现，更别说黏合树皮还要用到大量的胶剂。但如果现在不是给自己装修，而是给朋友装修，你就只能告诉朋友我的想法是这样，但采不采纳这种自然呈现的原生状态就是他的事了。

思想者的建筑哲学

建筑应该是结合环境人文背景、业主的需要，使之以一种最合适、最简

石室中学新校区

单、最自然、最本质的方式呈现出来，而不是刻意去追求什么形式。因而我比较倾向于，设计师需要尽量把自己的个人影响降到最低，好的设计是让一切顺理成章地找到一种理性的、富有逻辑性的、合理的生存方式，是一种不露痕迹的呈现。自己不太赞同那种一看就是贴了标签的，过分强调设计者个人风格的设计。现在市场上那么多奇奇怪怪的建筑，也许就是因为建筑师太想表现自己，从而扭曲了建筑本应该有的形式，反而显得没有特色，千城一面。建筑本应该是与环境、人文背景所适应的最自然的状态，最具生命的活力的呈现，现在却变成了整齐划一的刻意人为。设计最高的境界，是简单，是朴素，是回归本真，是花很小的动作，让它自然而然地生长出来，就像它本来就该在那儿一样。

设计师应该只是一个探寻者，而非创造者，他们的工作是努力地去寻找内在力量以及外在条件、限制，利用自身技术方面的专业知识，将这些因素合理地整合、有机地呈现出来，在设计中将个性和共性相结合，而非刻意生造。这才是设计师应该有的态度。如果从这个角度来看待专业化的路子，那么从事建筑技术（例如建筑的声学、光学、节能、设备）的专业团队、专业公司也是这些内在因素的重要组成成分。设计师需要做的只是探寻到、把握好这些因素，将其融入既定的环境、人文背景下，而非刻意为之地雕琢、或是用强大的个人

四川省精神残疾军人养老康复中心

喜好或是个人风格去影响它。换言之，这种无形的、不着痕迹文化力量才是一个建筑的灵魂。

受平日里经常思考的一些哲学问题的影响，喜欢想一些比较玄的问题，例如生命的本质，世界的本质是什么。而这些问题又潜移默化地影响了自己对世界、当然包括了对建筑的理解和认知。因而我更倾向的设计理念、建筑理念是一种原生态的、回归自然的本真，强调的是简单与朴素，以及建筑物本身，是一种去掉了伪装的率性。这样的理念在这个大环境下也许不能完全做到，但是我们设计师可以在设计中做到不要刻意去创造，而是去探寻，去感悟。

专业化背后的文化传承者

文 / 白今

地域建筑的依托面和抓手是传统建筑，我们做的不只是简单的工程，还有传承，如果我们这代人不传承，也许到下代人时，传统建筑的技艺就消失了。

由博而精的专业化路径

专业化发展是一个由博而精的发展过程。在西方发达国家，现今既有相对专业化的团队，也有大型的咨询设计公司。比较而言，专业化的分离可以让一个企业或者部门瞄准的目标更明确，指向更清晰，在当今设计企业竞争激烈的情况下，专业化发展让企业竞争力更强。但对于建筑师来说，过早开始专业化分工对建筑师的发展有一定制约。虽然术业有专攻能加强自身的竞争力，但是较早局限于狭窄的领域，不利于综合发展，专业化的路上也需要旁及其他。

以自身的经历来说，在设计院工作的前十几年，基本上各种项目都做过，每一个项目都是一个学习过程。回想起那段学习和设计经历，至今仍然记忆犹新，在电信的通讯楼设计前夕，建设方组织团队到处参观学习，那种学得新知并融入实践过程中的激动心情还溢于言表，那是一个有趣的过程。学生毕业进入设计院，职业选择就是建筑设计，在这个范围内，在能力上任何类型的建筑都可以做，同时也有培养综合分析能力的现实需求。

湖南相思湖项目

总的说来，在中国目前的建筑市场，专业化的发展对现在的企业发展是有利的，只有技术能力更强，市场竞争力才会越来越强。

A7 工作室的专业化发展道路

工作室的成立和专业化方向，一是院里有这样的发展需求，而且院里有这方面的业绩支撑，与其他部门形成相辅相成的关系，由此适时而生；二是自身经验积累和兴趣选择，原本想有几个人一起做点喜欢的事情，但团队一建立起来，就变得身不由己，需要维持一个大一点团队，还需与其他团队保持互动以便较好把握工程的全过程。

今年是工作室成立的第三年，在这三年的工程实践中，站在省院的平台上，有自身的优势，比如已建项目芙蓉古城，锦里等工程在业界的口碑为工作室的发展奠定了基础。同时，在传统建筑设计方面，团队在项目上也有选择，也曾放弃了不少项目。因为我们始终认为做出的作品应该最终成为省院的名片，不好的项目，反倒让人认为这个团队的设计不专业。尽量保持作品的高质量呈现，从而打造更专业的团队。

但严格来说专业化细分之后的优势还未达到，所做项目类型还是很杂，建筑改造、小区配套环境、仿古建筑、有传统形式倾向的建筑都在做，工作室目前仍然还处于求生存寻发展阶段，还处于专业化发展的探索阶段。团队也正在积极思考，希望能找到一些突破口在地域建筑领域取得更高的成绩，走向更高的位置。

如果要问在专业化路上遇到的困境，最主要是与掌握大量传统建筑施工技术的工匠的竞争。深入传统建筑这么几年，发现大部分的传统建筑项目都不在建筑设计院手中，而在工匠手中，他们更容易拿到项目。这些工匠在掌握仿古建筑施工技术的同时，自己也做设计，而且因为他们有施工完成的作品，更受甲方认可。而现在做传统建筑的设计单位中很少有设计师能把各类传统建筑的构造了解得很透彻，因为传统建筑每个地方的构造都有独特性。我们曾花了很多时间追踪研究，发现川北和川南的传统建筑在很多构造细节上，即使同一类建筑差异还是很大，工匠的临场发挥很重要。正因如此，工匠在传统建筑的营造上有很大的优势。

关于团队的职业化与专业化，我认为两者间是动态的平衡关系，不能片面强调专业化或职业化。在条件允许的情况下，可以眼界放开些，在主攻方向之外，根据个人兴趣和市场需求尝试其他类型的建筑。比如在湖南，我们做过一个小办公楼，在树林中，沿地势而做，融入自然环境，非常有创意，那是一个特色鲜明的精品，只是因为甲方资金原因最后未能实施呈现。从市场方面来分析，仿古建筑的设计市场也有起伏，这两年接触到的一些较大的旅游地产项目，谈到最后开发商还是撤了，因为此类项目很难收回投资。所以受环境和现实因素的影响，很多建筑师需要解决现实的生活问题，导致中国建筑师在创作类型上没有太多自主性思考和选择。所以，现在的职业化与专业化道路还有很长的路要走，任重而道远。

未来，如果想把传统建筑做得非常到位，必须俯下身子向工匠学习，让工匠所掌握的构造技术慢慢掌握到设计师手中来，让设计师们像施工工匠那样熟悉木结构背后的原理，从而提升竞争力。对于做地域建筑的人来说，要做出精品，这是一道必须跨越的槛。

世界建筑的趋同性呼唤“新地方主义”

现代的城市空间和建筑文化在国际化的同时，世界建筑出现了趋同性。无论是斯德哥尔摩、伦敦、首尔、东京，还是纽约、北京、台北，许多城市都失去了个性，建筑都是十分相似的方盒子、玻璃盒子。当大家停下脚步，回首反思时，发现城市空间与城市建筑的趋同与无个性化，已经成为现代城市的一个重要问题。

其实，历史上的建筑师，大多是自由职业者，不限制于某一方面的设计。比如，称得上历史上最伟大建筑师之一，被称为最富有想象力的西班牙建筑师高迪，他的建筑不限制于类型，其堪称经典的最精彩之作是有名的圣家族大教堂，修建了100年还未建成，已经成为著名旅游景点。现存的建筑也以夸张著称，充分彰显了建筑师工作的创造性，部分建筑已经作为人类的历史文化遗产。我认为，夸张是建筑师的本性，希望尝试不同的创意，不断地挑战，把自己对世界的认识通过建筑表现出来。同时，在专业化的范围内，也有建筑师发挥和想象的空间，但是相对来说，会受到限制。

2014年在武汉的开会，与孟建民大师有过一次交谈。孟大师也感慨，“以前市场太好了，做什么项目都可以挣钱，现在习主席强调要做‘留得住乡愁’的建筑，其实就是考虑建筑的地域化，是时候该好好思考、实践的时候了”。说到具体的地域化，比如大家都熟知的王澍，他在地域建筑中获得很多奖项，但严格讲来，王大师的建筑作品从设计的类型，功能的复杂性来讲不一定是最多最难的，但他把中国地方材料的使用和表达发挥到了较高水平，地域特色的表达就是需要提炼“很乡土、很地方”的元素，王澍正是做到了这点。

地域文化建筑设计师的传承责任感

关于地域建筑，应该是以传统建筑为根基，来延展地域建筑及环境的表现。传统建筑一般都有较明显的地域特色，属于地域建筑的范畴，地域建筑也可表达为新中式或乡土主义。

中国古代人很有智慧，在传统建筑中留下了许多宝贵的作品和经验，值得花大力气学习研究借鉴。但遗憾的是，在新中国成立后的60年间，懂传统建筑工艺的工匠越来越少，建造工艺渐渐失传。20世纪80年代后期以来，大家开始反思，开始寻找并研究传统建筑及工艺。直到现在，国内的传统建筑研究很多，论文数量非常大，大学也有传统文化和建筑的研究方向，从理论层面来说，做的还是不错。但是如何把现今工匠手中掌握的知识与纯理论的研究结合起来落地是迫切需要研究的课题。地域建筑还处于中国现代建筑的探索阶段，还未形成共识的准则，比如想说某个作品是四川地域建筑的代表，很难讲出确切的依据，可能只是把川西符号提炼体现较多而已。

现在大家都意识到传统建筑及工艺在逐渐消失，出于商业需要的仿古建筑设计是现实需要的，但对现存古建筑的研究也是必须的。地域建筑的依托面和抓手是传统建筑，我们做的不只是简单的工程，还有传承，如果我们这代人不传承，也许到下代人时，传统建筑的技艺就消失了。传统建筑包含了两个层次，有双重性质。建筑的载体是物质形态的历史文化遗产，其中内含的施工工艺，又是非物质文化遗产。作为地域建筑的设计师，这两个层次的文化遗产我们都有责任传承，需要加大研究力度，形成课题。其实能做传统建筑工艺的工匠到现在已经出现了大断层，我们需要抓紧时间从健在的工匠那里学习传承技艺，同时需要从现存的传统建筑中研究反推当时的施工工艺。

张锦秋院士一直有一个观点，就是中国建筑需要从传统走向未来，因此，无论是行业转型发展的自身需求，还是国家近年来希望通过建筑设计弘扬民族文化的大力引导，地域建筑在未来是一片有着广阔前景的创作蓝海。根据自身多年的从业经验，预感在当下中国新型城镇化转型发展的背景下，地域建筑创作是未来行业发展的主流趋势之一。所以，立足未来的宏观趋势，无论是当下的市场环境不成熟，还是与传统工匠技艺对接的种种困境，都是可以在专业化道路的一步步探索中慢慢克服。

乡建 + 规划：基于市场研判的专业化方向

文 / 涂海峰

下一阶段，企业的转型步伐需要进一步加快。深化主业、拓展业务与探索新模式同步进行，以投资主体身份参与市场竞争，了解竞争对手差距，确定细分市场竞争优势，加强与政府合作，以作品奠定品牌优势。

市场下行，对于勘察设计行业而言，政府项目的稳定性与影响力优势更加明显。而与政府合作，需要专业与服务的同步跟进，积极参与前期标准编制、技术咨询等服务，为后期拿项目做好准备。而与政府建立关系的过程中，要增强服务意识正确认识自身扮演角色，为政府提供优质服务，让服务成为企业的口碑。做好服务的同时企业还需要加强自身内功建设，目前企业的人力资源、资质、技术力量还需进一步加强。从人力资源上说，要进一步培育和引进专业性高级人才，强化人才培训，让更多成熟骨干技术力量和经营人才加强项目经营、前期运作；在资质上，传统的建筑综合资质较强，需要新兴业务板块资质尽快跟进。

乡村规划作为省院未来发展的一个方向，从区域发展及市场趋势研判，未来政府将会加大投资并向中小城镇倾斜，因此新农村建设应该成为未来省院业务拓展的方向之一，要从前期规划以及设计咨询等多个方面加强参与度，做出项目业绩，并结合政府需求配合宣传，最终在人才培养、项目报优等多个方面形成省院品牌。目前我院在新津、浦江、龙泉等地已有相应合作，在项目实施过程中要有意识地形成点 – 线 – 面式的区域合作发展思路。

另一个方向是文旅。在地产市场萎缩后，大量资本需要寻找新的投资方

彭州市濛阳镇电光村新农村规划

彭州市濛阳镇电光村新农村规划

向，旅游规划业务在未来市场会很大，主要是结合国家大交通战略和景区资源再开发来进行业务发展，比如我们正在开展的九寨、稻城等地的项目。

省院目前组织架构下边的各个生产单位较为独立、自由度高，每个部门可以充分发挥自身积极性，但每个部门因为相对独立只能利用自身资源也使得各个部门综合实力相对薄弱，对于全院的大型项目不好整合全院资源。这就造成了省院虽然有众多资源，但是都分散在各个生产部门，统筹不够。因此应该优

色达县洛若镇镇区规划项目

化院的统筹机制，在能力建设、利益分配等机制上下功夫，在应对重大项目时，可以打破目前的条块分割，将全院资源集中起来，实行集团化作战，相互合作共同服务甲方。这样就可以发挥省院的综合大院优势，整体打造项目。

A8 建筑工作室作为一个新成立的部门，未来业务方向将主要集中在前端的规划、城市设计、村镇规划等，也包括前期策划包装、乡村建筑设计等，形成相对完整的设计。同时，A8 目前技术力量较为薄弱，将加强与市政、旅

武侯区华西坝片区小街区街巷综合整治项目

游、景观等板块的合作，实现项目在空间上的落地。希望通过以规划统筹，加强政府部门的技术咨询参谋作用，把乡建业务在短时间内形成品牌优势，实现差异化发展。

岩土工程探索突破

人才与创新：企业发展的双引擎

文 / 黄荣

21 世纪是知识经济占主导地位的时代，人们创新能力和应用知识的能力，已成为一个企业综合实力和核心竞争力的关键因素，科技创新和人才储备已经成为企业发展的重要基础与标志，决定着企业的发展前景。

有增有减

随着建筑设计行业竞争的不断深化，企业都面临着严峻考验。在这种情况下，企业如何站稳脚跟，是业内共同关注的大问题。这一点，作为管理者有着深刻的体会。目前业内市场竞争环境严峻，各种类型建筑设计企业会根据自身的资源优势，判断自身战略发展侧重点，借势发展，培养适合专业领域的人才和技术优势，形成自己的核心竞争力，赢得市场份额。川建勘院要想创造年年递增的产值，就必须上下齐心，在保证稳定的基础上，力求团队具有更强的战斗力。从项目报告的数据显示，川建勘院的产值在逐年增加，2013 年收入产值达到了 3.9 亿元，截至 2014 年 6 月 17 日已经完成产值 2.3 亿元，产值增加的部分是主要是来自于土方施工。土方施工是技术含量和利润都比较低的项目。虽然产值在增加，工作量很大，效益却不多。

而作为技术重点的地灾设计项目和岩土工程设计项目不仅没有增加，还有所下降，这也是源于特殊的社会原因，“5・12地震”的灾后重建工作逐步完成，地灾项目减少也符合社会规律。市场永远没有好与坏，关键是企业怎样去把握市场，顺应市场规律，创造一支适合自身发展企业核心团队，走个性化的发展道路。因此，川建勘院必须要开拓技术含量比较高的项目，才能立于不败之地。目前，川建勘院八公司在复合地基方面采用新技术，可以为甲方节约大约百分之三十的资金，但是在基础施工方面，要增加四十天左右的工期。他们在项目运作前期，将此技术的各种利弊得失，与甲方详细沟通，根据实际情况进行分析，权衡利弊后，达成一致性实施意见。复合地基新技术已经于江油涪江新园和万科金色乐府项目运用施工。

此外，川建勘院还积极拓展业务范围。2013年增办了摄影测量与遥感及地理信息系统工程资质，得以开展农村土地承包经营权确权登记颁证业务。最近，川建勘院在内江签了一个二千四百万的合同。在地铁建设项目方面，川建勘院也有很好的业绩，今年5月承接了地铁四号线二期工程三标段施工监测。

和而不同

略感欣慰的是，近年来川建勘院做了很多有代表性和获得省优的项目。

位于人民南路与东御街交汇处“百扬大厦”，由成都百扬实业有限公司建设，由于这座建筑塔楼荷载较大，塔楼基底下分布砂层、强风化泥岩等相对软弱夹层不能满足设计要求，必须对塔楼地段地基进行处理，川建勘院在设计施工过程中，外框筏板地基处理方案采用人工挖孔置换桩复合地基进行加固，桩端持力层为中风化泥岩，这个项目成果为后续城市建设积累了宝贵的经验。

四川航空广场位于成都市人民东路与顺城大街交汇处，由于场地四周环境

花样年喜年广场

条件复杂，基坑深度大，地质条件复杂，基坑周边建筑物及构筑物非常多，电缆沟、雨污水管、化粪池等市政设施非常密集，基坑支护设计难度极大，在充分了解周边环境条件及利用现地质资料的条件下，川建勘院采用内支撑与锚拉桩相结合的支护方式，成功解决了设计过程遇见的诸多问题。

航空广场的建设，也是川建勘院的重要项目之一，由于这个项目东临顺城大街，南临人民东路，西临物资大厦，北临凯宾酒店，加之人民东路下穿隧道及顺城大街天座商城影响，基坑支护设计难度极大，主楼地上 48F，地下 6F，基坑开挖深度达 30m，为成都目前在建及已完基坑中最深基坑之一。

成都国际商城项目，是成都中强实业有限公司的房地产开发项目，在项目施工中，本基坑支护采用人工挖孔灌注锚拉桩支护结构，降水采用井点降水 + 明排水措施，此项目荣获 2012 年四川省工程勘察设计“四优”一等奖。

川建勘院的获奖项目还有很多，在很多项目的设计施工中，有着各种复杂的难题，经过川建勘院的精心部署，多方论证，都被一一得到解决，并顺利完成设计施工。

以简御繁

在当前形势下，受经济、文化、环境等因素的影响，企业职工思想观念呈多元化状态，人才的稳定与人才的有效使用才能使企业稳定，人才是现代企业制胜的先决条件，如果人才逐步流失，就会造成企业很大的损失。作为企业管理者，必须意识到人才对企业发展的重要，运用现代人才使用观念，正确认识人才流动与人才使用问题，并注重从企业内部培养人才、稳定人才、吸引人才、使用人才，为其营造良好的工作环境。川建勘院在通过特定的途径引进优秀人才的同时，还运用一定的办法和措施稳定人才，减少员工的流失、人才的走动，让人才为企业发挥他自己应有的价值。他们采取两种途径：一是调整注册人员的待遇管理办法，鼓励员工参加考试；二是从外部引进，通过各种渠道，争取吸纳专业人才走进川勘院的团队，形成各尽其职、各守其位的管理局面。

由于川建勘院接手的项目利润相对比较低，所以，安全和稳定是非常重要的，不能出现任何安全事故，一旦发生事故，那会造成很大的损失。近年来，我的工作重心很大一部分是如何保证项目质量和防患安全事故的发生，为了实现这一目标，我们从其他单位引进高级工程师和正高级工程师各一名，从公司抽调了主任工程师，担任常务副总工，又从社会上招聘注册安全工程师，加强质安办的技术力量。这些人才的主要工作就是负责质量管理，加大对质量安全的保障，从管理上杜绝事故的出现。

强弱之道

现代企业的发展越来越依赖于科技创新和人才素质，专业技术水平直接影响到企业的技术创新和科技成果转化，面对招投标越来越正规的社会大局面，川建勘院如何在这样的环境中立于不败之地，人才的储备就显得尤为重要。市场竞争的实质就是人才的竞争，引进高级技能人才作为企业发展的三大支柱之一，已经成为川建勘院的重要工作。目前，注册岩土工程师 14 名，一级注册建造师 6 名，一旦进入项目运作过程中，就会出现捉襟见肘的局面。基坑施工时，要求一级注册建造师压证施工，如果有多个项目同时开工，就会出现顾此失彼的局面。勘察大师只有刘晓东一人，正高也只有 5 人，其他技术岗位上也需要强有力的技术支撑，很多安全和质量的工作，必须专业技术人员亲临现场，才能使管理到位，如果技术力量跟不上，就容易出现很大的隐患。对于勘察设计单位，技术创新是川建勘院核心竞争优势的关键因素，技术人才是技术创新的主要力量，因此，尽快补充技术人员是川建勘院必须的途径。

拥有高级技能人才，更需要有开拓创新的科学管理理念。建勘院虽然取得了一些成绩，但是在如何做大做强方面，还缺少开拓精神，缺乏核心竞争力，未来的工作重点是在保证稳定发展的同时，延伸项目方向。在省院的支持下，今年获得幕墙施工的资质和机电安装资质，如何开发利用这两个资质，还需要认真梳理。

温故，方能知新。知新，是为了更好地前行。只有让人才创新与企业战略“同频共振”，才能让企业在行业竞争中立于不败之地。

工程管理厚积薄发

时代永远需要开拓精神

文 / 廖阔

工程总承包事业部一个有着年龄梯度的团队，带着 EPC 总承包的梦想，一群 70、80、90 后们，聚在了一起。我们既有 70 后求真务实的作风，有 80 后成熟果断的性格，还有着 90 后创新独立的个性。我们还是一个有温度，接地气儿的团队。我们传统，崇尚“仁、信、礼、孝、廉”，秉着赤子之心，团队健康成长；我们也很潮，定期的“主题沙龙”，“部门内训”，“环湖微马”，“农场体验”，每次活动都嗨翻全场。

部门的工程业务可谓说是具备高压、高强、高要求的“三高”特性，相比于院里设计师的文艺与潇洒，我们部门的同事常常都是西装革履的形象。在商务与工地之间转换，常常是安全帽和西装皮鞋的时尚穿搭。我常常说工程总承包部门就是一个统筹协调的部门，我们协调着产业链上各个环节、各个部门，也协调着工作与生活。在工作中追求效益与品质并进，在生活中平衡工作与家庭。

省院是四川省内最早开展工程总承包业务的设计企业之一，“5·12”汶川大地震后就以工程总承包业务模式参与灾后重建。此后，企业设立工程总承包事业部，致力于设计企业从单纯的勘察、设计服务，向勘察、设计、采购及施工一体化工程总承包业务延伸，以满足政策、市场、客户、竞争对手及自我发

四川国际网球中心综合楼工程设计、采购、施工、试运行工程

展所带来的新的要求。

工程总承包事业部自成立以来，就接受着巨大的考验。一个新成立的团队，一种新的业务模式，人才和市场都需要一个培育期。但形势的变换又不容许我们慢慢走，在不断探索与总结中，团队愈战愈勇。在长期的市场历练中，SADI 工程总承包团队已经完成 20 余项总包业务，包括都江堰龙门山镇灾后重建、双流航空港物流基地、双流国际网球中心综合楼（四川省总包管理铜钥匙奖）、树德中学风貌改造（四川省总包管理银钥匙奖）、春熙路特色街区立面整治、高新区天府软件园 F 区景观提升、成华区胜天新苑保障性住房（省优二等奖）、川信大厦节能改造专项总包（四川省总包管理铜钥匙奖）、水井坊历史文化街区综合整治、新建 646 号厂区配套停车楼项目、四川省档案学校实训大楼（四川省总包管理银钥匙奖）、天府新金融谷项目等一批优秀的总承包项目，获得了行业、甲方以及社会的广泛好评。

工程总承包事业部依托 SADI 强大的技术和人力资源，组建决策支持、风险控制、资源管理、标准化和信息化管理、知识管理及服务支持、培训等六大业务支持板块，以支撑 EPC 项目集成管理能力建设和项目经理制建设。具体到业务实践中，SADI 结合新的行业发展趋势，密切关注并深刻理解工程总承

成都树德中学宁夏街校区风貌改造 EPC 项目

包市场发展趋势，集成并提升产业链高端技术核心竞争力，并凭借强有力的国际国内资源整合能力和工程总承包管理能力，不断加强与工程总承包业务相关的技术研发，逐渐形成设计企业参与工程总承包项目的核心优势。

川信大厦既有建筑节能改造设计、采购、施工一体化总承包工程

天府新区金融古项目

成飞集团新建 646 号厂区配套停车楼勘察、设计、施工一体化总承包项目

同时，在历年完成的众多总包项目中，我们也从积累的项目实践经验中总结思考，提炼出四个词来描述 SADI 的工程总承包业务：

整合。通过整合内部咨询、设计、勘察、检测、造价、监理、工程管理等资源，组建成立了“工程总承包事业部”，自 2008 年首次承接 EPC 总承包项目以来，参与的项目类别涵盖住宅、办公、工业厂房、风貌改造、城市供暖、既有建筑绿色化改造、景观提升等项目领域，并逐步建立起与业务承接能力匹配的工程总承包功能和项目管理体系。近年来先后四个工程总承包项目获得勘察设计领域“工程总承包项目省级银、铜奖”，取得可喜业绩。

延伸。通过联合合作、自主申报资质等方式培育和完善建筑市场中介体系，例如：策划、规划、招标代理、可研编制、检验检测等，积极探索工程总承包一体化集成服务能力建设，打通产业链上下游延伸环节。

集成。通过建设“建筑信息化模型全产业链协同工作平台”（省级科技创新项目，建设中）启动产业链转型升级集成研究与示范，推动工程总承包业务集约化、精细化、专业化能力提升，加快企业信息化集成管理能力建设。

创新。以技术创新为龙头，推进工程实施阶段的管理创新，如：以 BIM 技术为核心研发工程总承包项目“三维可视技术应用平台”（院级科技创新项目，建设中），以建筑工业化技术研发保证项目施工进度及成本控制，进而加强总包协调和整合能力建设，打造施工模拟、项目管理、工程检测应用平台。

市场的营造有赖于行业与企业的共同努力，在四川地区，我们联同中建西南建筑设计研究院、成都市建筑设计研究院一起，力促工程总承包业务的规范与发展。目前，就全国而言，四川地区工程总承包业务的市场环境可以说是相当好的。

当前，工程总承包是市场的热点，可谓一片红火。任何的收获都不是偶然，我们所取得的成绩，从大环境看是时代所向，但如果没有院里数十年的积累，没有团队全力的拼搏，何来今天。

未来，我们的路还很长。我始终强调，新形势下任何的发展都需要整合与协调，工程总承包更是如此。目前我们在工程管理人员、商务谈判人员以及配套制度等方面都还需加强。市场环境的变化要求我院需要不断创新，要提供一个良好的创新环境，形成创新奖励机制。同时院还应该大力加强联动，进一步创新以适应新的需要。

上善若水：企业文化与企业管理之道

文 / 蒋亚玲

领导是凭借影响力引导和带领下属实现共同愿景，领导之道在于“方寸”之间把握好“分寸”，拿捏好尺度。所以说，领导是一门艺术，方向选择得准，对人和事尺度把握得好，才能引领他人，进而才能影响他人。

企业文化于无形中渗透贯穿在企业的整个脉络，潜移默化地引导着员工的品行、行为，影响着企业的方方面面。作为项目管理公司，管理要有水的灵性，水作为自然界一种物质，具有滋润万物的仁爱，水具有宽广的胸怀，毫无所求，为万物所必需，无私奉献，水具有“水滴石穿”的坚韧性，海纳百川充分体现了水具有川谷之于江河的“包容性”，水具有随机应变的“创新性”，水具有宁静致远、不急功近利的“平常性”，水具有冰清玉洁的“高尚性”，水具有不虚张声势和矫揉造作“率真性”，水具有善利万物而不去争名争利的“淡泊性”，以及水能高能低适应和谦卑的特性。水的诸多品性对于企业来说，是引导企业成功和企业管理者及员工自身修炼提升的启示，只有这些特性理念影响到每一个员工，令他们内化于心，才能运用在工作和为人处事中。

对于项目管理公司来说，注重企业文化的建设，是企业个性文化的根本体现，它贯穿于企业发展战略、生产经营管理之中，是企业生存发展的灵魂，构成了企业核心竞争力的重要组成部分。为而不争，是项目管理公司企业文化的根本立足点，在企业经营过程中，总会遇到各种各样的问题，随机应变就显得非常重要了，曾经取得的成功并不能昭示未来，市场总是千变万化的，一样的

华置广场项目

问题在不同的时期解决办法也许会完全不同，一定要因势利导，因地制宜。他们不仅学习上善若水的企业文化，项目管理公司更注重诚信文化、感恩文化、孝悌文化、团队文化，人本文化。在招聘员工时，特别注重员工在孝顺父母、兄友弟恭、诚实守信、感恩包容等方面的德行，他们认为，一个人如果不懂得感恩，不懂得孝道，不懂得兄弟友爱，就很难去忠诚于职业的操守。只有遵循经济规律、伦理道德、人文观念，把人的需求与企业发展有机结合起来，注重“人本主义”，从而增强企业的使命感与责任感，最终才能达到企业管理的最高境界。在与员工的相处过程中，真诚沟通是处理问题的基本原则之一，做到诚意、诚恳、诚实，一切问题都可以迎刃而解。作为企业的带头人，说话要讲方式，对员工要有爱心，谦和有礼，这样不仅显示出企业管理者的风度，更能维持和谐良好的人际关系，而且能帮助员工产生一种动力，激发他们向上的激情，才能受到别人的尊重和认可。

企业不单是做规模，更重要的是做精做强，做到标准化、规范化、专业化。决策失误会给团队带来很大的损失。当自己企业处于不利地位，或者危险之时，不妨先退让一步，这样做，不但能避其锋芒，脱离困境，而且还可以另辟蹊径，重新占据主动地位。

什么是管理呢？通俗地说，管理就是管的过程要讲道理，讲道理强调以理服人，让人心服口服，而不是强制或高压政策。以理服人其实是从人性出发回归人性，体现对人的一种尊重。从这一点上讲：管理就是敬重。没有尊重的管理，是缺乏人心凝聚力的。就很难实现执行力。执行力是企业管理成败的关键，只要企业有好的管理模式、管理制度，充分调动全体员工的积极性，管理执行力就一定会得到最大的发挥。企业要实现“办一流企业、出一流产品、创一流效益”的经营宗旨，解决管理中存在的问题，就必须在员工中打造一流的企业执行力。一个执行力强的企业，必然有一支高素质的忠诚的员工队伍，而具有这样员工队伍的企业，必定是充满希望的企业。要提高企业的执行力，不仅要提高企业从上到下的每一个人的执行力，而且要提高每一个部门基层管理者的整体执行力，只有这样，才会形成企业的系统执行力，从而形成企业的执行力，竞争力。管理的奥妙不在管，而在理。同样制度的奥妙同样不在制，而在于度。度就是八分原则，两分弹性。用合适的人，干合适的事，发挥个人的长板和优势，提高企业的执行力，首先要从管理上得以体现，用管理的方法来形成企业的整体风格和氛围，最后使整个企业和人员都具备这种能力。要想发挥领导力，作为领导者就要在专家和典范上下功夫，从人格修炼、品质修炼、境界修炼、自我超越入手，想方设法修炼自己、塑造自己，让自己具有领导和导师的属性，才是领导者需要一生思考并不断研修的课题。要加强企业执行力的建设，就要在组织设置、人员配备及操作流程上有效的结合企业现状，将企业整合成为一个安全、有效、可控的整体，并在制度上减少管理漏洞，在目标上设定标准，在落实上有效监督，执行力差是企业的最大内耗，不仅会消耗企业的大量人力、物力、财力，还会错过机会，影响企业的战略规划和发展。

第七章

筑·技术

对于知识密集型的建筑设计行业而言，设计的品质，来源于技术与质量的把控。我们现在处于一个技术、质量的过渡期，一方面是科技的进步带来技术的快速更迭，另一方面市场的迅速变化和社会的进一步发展又对企业提出更高的技术要求，双向压力驱使企业质量管理体系进一步升级换代。

60余年的省院历史，是技术不断沉淀、质量不断提升的过程。作为有着几代设计师传承的国有大院，技术和质量始终是我们坚持的生命线，也是我们的骄傲。因此，我们必须坚守！扎实做好技术和质量的管理和发展工作，一刻也不得松懈。

转型带来挑战

企业转型提出新挑战

文 / 张理　王瑞　赵仕兴

随着工程勘察设计行业国际化程度的加深，面对经济增速的趋缓以及行业竞争的加剧，为了避免同质化竞争带来的业务下滑、收费水平下降，业务模式转型升级已经成为建筑设计企业谋求进一步发展的必然选择，这为质量管理带来了新的挑战。2015 年，根据院长工作报告要求，院成立质量提升工作领导小组，专项负责谋划、组织、监督质量提升工作。

20 世纪八九十年代省院的设计质量是比较好的，和其他一些优秀设计院并无差别，但受市场等方面影响，我们都感受到现在省院的设计质量在不断下降。我们都知道产品的质量是设计企业的生命，如果再下滑下去，说的危言耸听些，将会危及企业的生存和发展。从另一个方面讲，作为一家省级国有大型设计企业，设计师应担负起相应的社会责任，以我们的专业技术能力设计出更为优质的产品，减少建设和使用过程中因为设计原因造成的修改、返工等情况发生，提高建筑的使用周期和价值，创造出更多、更好的百年历史建筑，为社会做出应有的贡献。

同时，市场的迅速变化，让我们意识到质量管理体系需要升级换代。无论是专业化和特色化，或者是工程总包业务发展，都会面临从原来单一的建筑设计环节转向涉及产业链上下游和设计、采购、施工等多个环节，所以其质量管理体系必然要充分考虑各环节间的衔接、交叉，这就需要对整个项目的质量管理工作流程等作出更新和调整。

基于以上两点，院成立了这个小组来进一步加强省院的质量工作，更加夯实企业质量基础。

对于设计品质，质量是其最为主要、核心的内容。做个横向对比，我们的设计质量不仅与行业先进企业有差距，甚至在服务方面与一些小型民营设计企业也有差距，而与他们相比，我们的技术水平、人力资源配置等都要更有优势，但最终呈现结果却不尽如人意，这值得我们反思。我们的质量方针“质量为本、铸就经典”定位很高，现在的质量现状还达不到这个要求。因此这次质量提升工作，短期目标就是守住我们的质量底线，逐步提升设计质量，缩小与行业先进的差距。而长期目标当然是省内一流的质量水准，以质量方针为目标，加强技术积累和研发创新，保持技术竞争优势。现在那些行业先进企业经营工作做得好、品牌知名度高，并非是他们的经营人员能力有多强，最为核心的还是他们有质量、技术优势。作为一家省级国有大型设计院，我们如果不依靠技术优势而是靠价格战来赢得设计合同，长此以往必然会陷入恶性循环，发展越来越差。

质量管理体系建设需要大量的专业人才，企业此时主要考虑市场拓展和完成生产任务，质量管理体系的建设往往会滞后。这会对工程勘察设计质量造成不利影响，也会削弱新技术的吸引力和推广力度。我们的质量小组成员有包括院长的院高层领导，有负责行政、技术管理的中层领导，也有直接负责生产的一线员工，几乎覆盖了各个专业、层级，可以说参与面很广，他们分别从各个层级、角度共同促进这项工作的开展落实。

质量管理提升的目标对象当然是全院全员，希望院里每一个员工都为促进质量提升工作贡献力量。而我们认为其中最为重要的是院中高层领导，他们是第一目标对象。只有中高层领导对这项工作保持足够的重视，让各个团队形成共识，才能让各项制度有效施行，保证效果。

对于知识密集型的建筑设计行业而言，质量管理需要解决从行业标准、产业链上下游共识到企业内部三个层面的有效衔接，因此在质量管理提升工作的整体安排上，我们将整个工作分为三个步骤：一是前期调研阶段，通过问卷调查、访谈、研讨会、外部调研等方式，全面了解企业技术质量现状，收集整理相关制度执行情况、存在问题、改进措施建议，以及外部企业值得学习借鉴质量管理的一些好的办法和措施；二是方案论证及制定阶段，分阶段发布院技术质量提升实施方案。同时明确2015年度及此后工作目标，梳理出本年度需解决重点问题，抓重点、关键节点控制，研究制定相应措施逐一解决；三是贯彻执行阶段，明确责任主体，落实制度举措，及时跟踪检查反馈，为“十三五”期间企业技术质量管理工作积累经验。每个步骤环环相扣，并配以人员、经费、制度等相应的保障措施，确保出成果、显成效。

通过对内部问卷调查、访谈以及外部调研等多种方式收集来的资料、数据的整理分析，我们认为接下来的工作开展需要做好下面五个节点的把控工作：一、加强质量文化建设；二、质量好坏应与奖金收入挂钩；三、完善基础条件；四、加强过程控制，强调落地性；五、统一技术标准。

综合来看，我们现在处于一个技术、质量的过渡期，院内的质量、技术氛围较为薄弱，有些人不愿做技术老总，部分设计人员对质量、技术没有追求，只想着画图挣钱，这对一个设计企业的长远健康发展是很危险的。

未来工作中，我们要进一步营造企业良好的质量和技术氛围，强化制度执行，优化信息化和标准化“两化”互动，用追求品质孜孜不倦的态度感染团队中的每一个人，继承60余年省院设计人所秉持“质量为本、铸就经典、追求卓越”的优良传统，真正用质量、技术夯实百年名院的基础。

质量调研实录

用质量铸经典，以服务提品质

“质量为本、铸就经典”是企业创立63年来坚持的质量方针，面对经济新常态，2015年度《院长工作报告》提出将“强化技术能力建设，加强质量安全管理，全线提升产品服务品质”作为年度四项重点工作之一，并在职工代表大会上引起了代表们的热议和支持。

良好的产品和服务品质是企业生产经营持续、健康、稳步发展的根本和保障，是满足客户需求、保持良好客户关系的基础，是对企业内部质量管理的全新要求。面对经济新常态以及行业收费市场化等日益激烈的市场竞争环境，提升产品和服务品质是掌握企业下一步市场竞争主动权的关键。

良好的职业道德、过硬的专业技术实力、规范有效的制度机制都是保障质量的必备条件，针对这些要素，如何改善和提升产品与服务品质需要全体省院同仁的共同参与和努力。

由院质量提升工作领导小组组织的本次调研希望从四个综合院入手，更加深入了解企业技术质量现状，员工质量意识和服务意识情况，员工对企业质量管理制度了解程度以及企业质量存在的主要问题、原因、改进措施等，从而为企业制定质量提升工作方案提供依据，同时加强一线员工对质量提升工作的参与感和认知度。

本次调研的方式主要为问卷调查，方法为随机抽样调查，问卷分布基本符合受调单位员工比例。数据全部来自设计 1~4 院员工通过网络问卷方式提交，共回收问卷 213 份，有效问卷 213 份，回收问卷有效率 100%。问卷数据使用网络问卷自带统计软件及 SPSS 软件进行汇总，分析方法主要为描述统计，包括频率分析、交叉分析及筛选分析等，分析受访对象对一些基本问题的认识感知情况及措施建议。

质量现状分析

（1）横向比较：设计质量总体与竞争对手持平，并无突出质量优势。

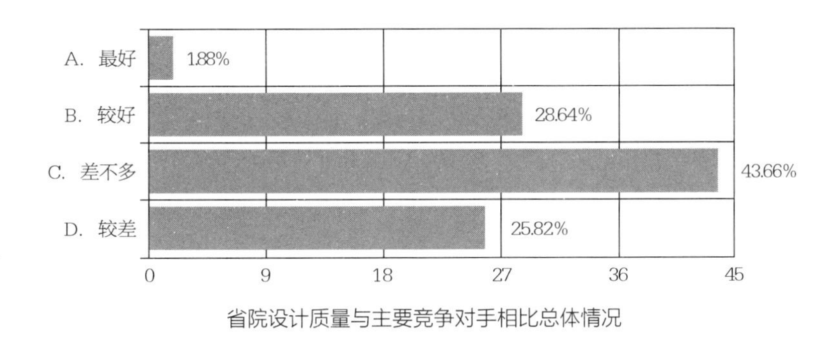

省院设计质量与主要竞争对手相比总体情况

调查中我们发现，接近一半（43.66%）的员工认为我们的设计质量与其他主要竞争对手并无多大差别，同时认为较好与较差的人员比例几乎对等。经过筛选分析，不同阶段职称、不同工作年限同事所选取结果也与整体结果相近，表明不论职称高级、初级，工作年限长短，职务高低，大家对院整体质量状况认识还是较为一致。作为省级大院，我们应该更加重视质量问题，展现出省级国有大院的质量优势。

（2）纵向比较：设计质量表面感觉稳中有升，深入分析稳中有降。

对于近年来院的质量情况，从第一个图中可以看出，43.66% 认为没提升，41.32% 认为在不断提升，仅有 15.02% 的同事认为质量在下降，整体而言我院质量状况保持稳中有升的状态。但经过深入分析，研究发现选择不断提升的同事更多为入职 3 年及以下的新员工，4 年以上相对更久的老员工则更多认为省院的设计质量没提升或是在下降。因此，如果延长时间跨度来比较，省院的设计质量其实是稳中有降的。

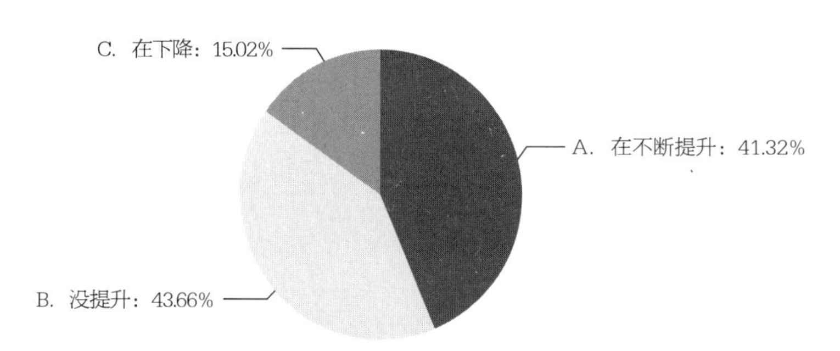

近年来院生产规模逐年上升，设计质量提升情况

质量提升情况与工作年限交叉分析表

1. 您入院工作年限是？（必填，单选）				
	6. 近年来院生产规模逐年上升，设计质量提升情况？（必填，单选）			
	A. 在不断提升	B. 没提升	C. 在下降	小计
A. 3 年及以内	48（58.54%）	28（34.15%）	6（7.32%）	82（38.5%）
B. 4~10 年	29（36.25%）	40（50%）	11（13.75%）	80（37.56%）
C. 11~20 年	4（14.29%）	14（50%）	10（35.71%）	28（13.15%）
D. 20 年以上	7（30.43%）	11（47.83%）	5（21.74%）	23（10.8%）
小计	88（41.32%）	93（43.66%）	32（15.02%）	213（100%）

（3）员工认为各级领导普遍重视设计质量

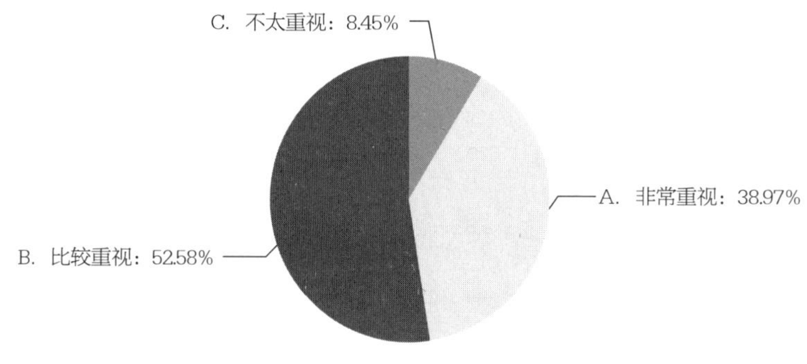

领导对设计质量重视情况

从领导重视度来看，超过 90% 的员工都认为各级领导比较或非常重视设

计质量问题，仅有8.45%认为领导不够重视。因此接下来开展质量提升工作过程中，应该更多注重制度、措施落实情况。

（4）图纸质量与个人奖金收入关联度不高

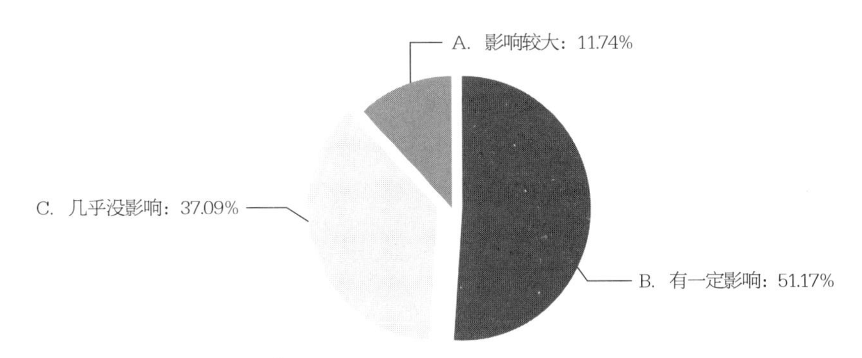

图纸质量好坏对个人奖金收入的影响程度

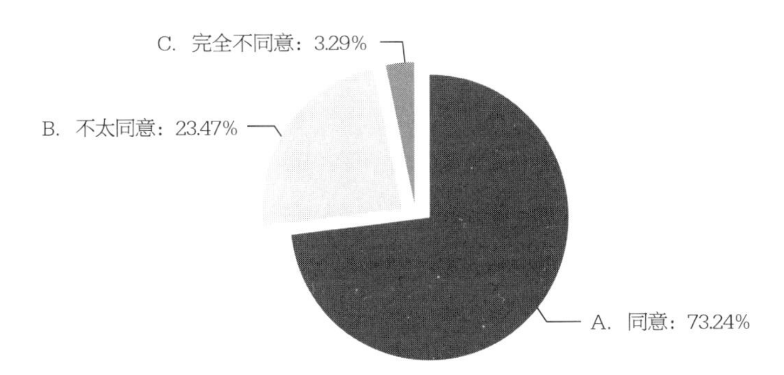

是否同意图纸或服务的质量与个人的收入具有正向关联

1. 您入院工作年限是？（必填，单选）				
	8. 设计人员的图纸质量好坏对个人奖金收入的影响程度？（必填，单选）			
	A. 影响较大	B. 有一定影响	C. 几乎没影响	小计
A. 3年及以内	13（15.85%）	57（69.51%）	12（14.63%）	82（38.5%）
B. 4~10年	9（11.25%）	37（46.25%）	34（42.5%）	80（37.56%）
C. 11~20年	1（3.57%）	11（39.29%）	16（57.14%）	28（13.15%）
D. 20年以上	2（8.7%）	4（17.39%）	17（73.91%）	23（10.8%）
小计	25（11.74%）	109（51.17%）	79（37.09%）	213（100%）

从图中可看出，仅有 11.74% 受访员工认为图纸质量与个人奖金收入的影响较大，而接近 90% 的受访员工认为有一定影响或几乎没影响，说明现阶段图纸质量与员工奖金收入关联度不高，员工也就很有可能为了追求更高的画图效率而忽视图纸可能存在的问题，图纸质量把控从第一关就开始有失控的风险。深入分析来看，10 年以下工作年限的受访员工更多认为质量与收入有一定影响，而工作 10 年以上的员工则更多认为几乎无影响，造成这种现象的原因值得我们进一步调研。整体而言，目前设计图纸的质量与个人奖金收入关联度不大。结合员工“是否同意图纸或服务的质量与个人的收入具有正向关联”的统计结果分析，70% 以上员工其实是同意图纸或服务质量与个人收入正向关联的，因此建议今后在机制设计方面应该加强图纸质量与个人奖金收入相关度，从主客观多个方面提升员工质量意识。

（5）企业质量管理规定、奖惩办法较完善，但执行力不强

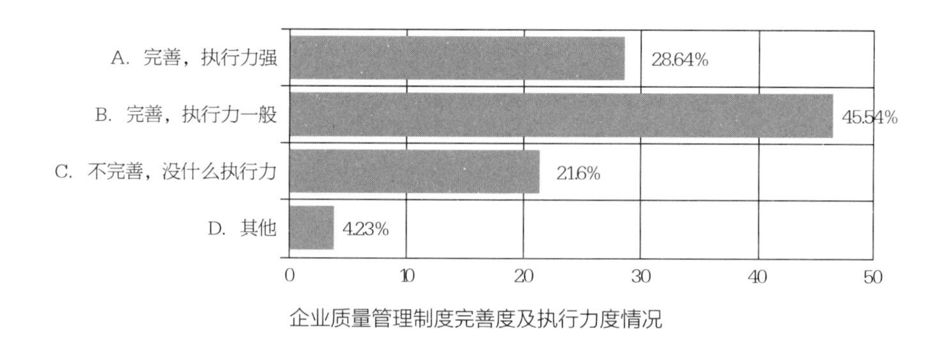

企业质量管理制度完善度及执行力度情况

调研发现，70% 以上的受访员工认为省院的质量管理规定、奖惩办法等制度建设较为完善，但也有约 67% 的受访员工认为制度的执行力度一般或不足，只有不到 30% 认为制度完善、执行力强。因此，在继续完善制度建设的同时，企业应该更加重视制度的执行情况，将制度有效落实才能更好促进设计质量提升。

（6）现阶段协同平台对质量提升作用不大

统计数据表明，受访员工普遍认为现阶段协同平台对质量提升并无太大作用，仅有约 5% 认为作用较大，对全院工程的统一整理、审查以及对专业间协调、流程规范有好处，85% 以上认为协同平台作用较小或基本无作用，选择“其他”选项的也有许多提出协同平台流程繁琐、增加工作量。因此下一步应

该着力提高协同平台的易操作性和完善相关功能，发挥其优势和长处，而非流于形式，走过场。

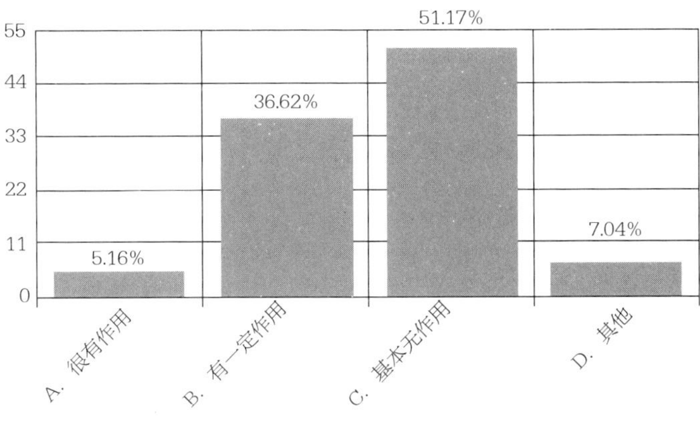

现阶段协同平台对设计质量提升作用

（7）内部、外部配合满意度仍需继续加强

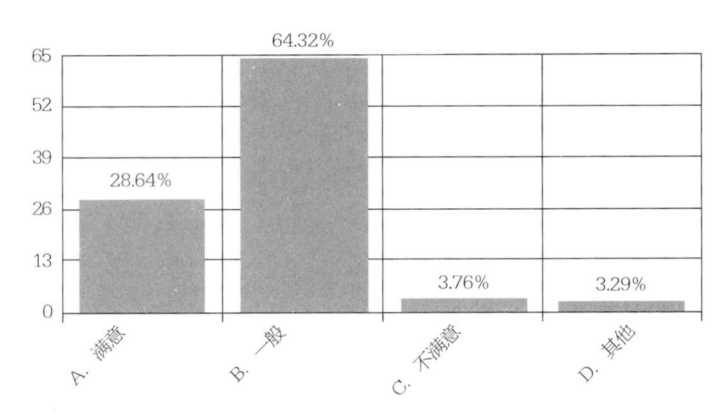

外部配合单位对我院满意度

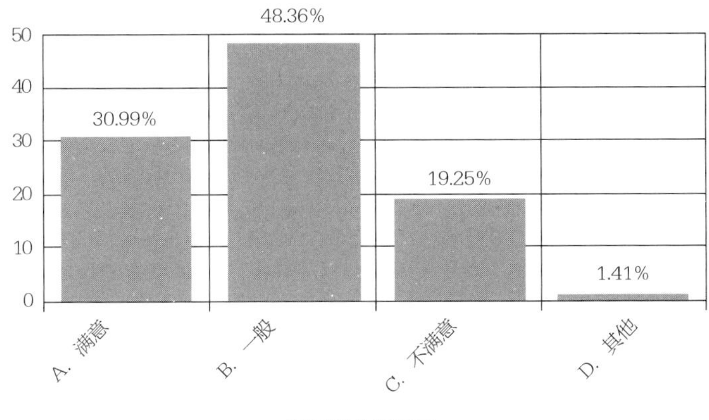

内部配合满意度

受访员工认为外部单位（含甲方、施工方、顾问公司、政府）对我院的满意度达到满意的有 28.64%，一般的有 64.32%，不满意和其他所占比例很小；内部配合（含部门间、专业间、专业内部）的满意度达到满意的占 30.99%，一般占 48.36%，而不满意的比例也有 19.25%。不管是内部配合还是外部配合，满意度为“一般”的比例都是最高的，因此这部分存在提升的空间。

质量管理制度认知分析

（1）院质量管理体系、相关制度和质量目标宣贯工作需加强

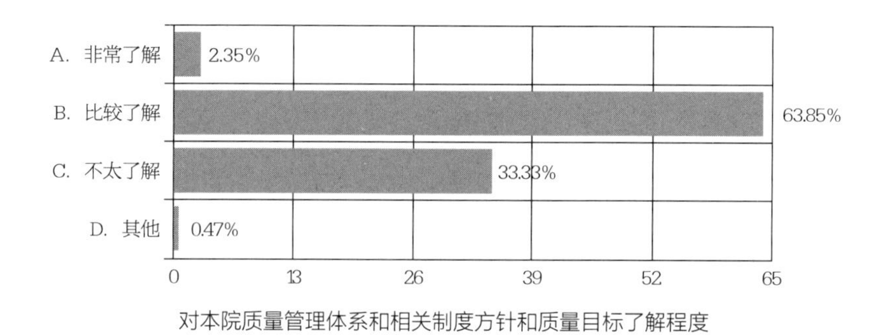

对本院质量管理体系和相关制度方针和质量目标了解程度

调研数据显示，仅有 2.35% 员工对院质量管理体系、相关制度和质量目标非常了解，63.85% 的员工为一般了解，33.33% 的员工不太了解，可以看出大部分员工对院的质量体系及相关制度、目标的了解程度还不够，需要加大这方面的宣贯工作。

（2）质量文化氛围特点感受不一，仍需加强正向引导

从表中可看出，前三个选项频率相差无几，答案分布较为均匀。“A. 没有感受到明显的质量文化氛围”占 30.99%，“B. 管理层通过多种沟通方式增强员工对质量理念的理解与认同”占 30.05%，“C. 通过开展质量教育、质量激励等多种形式的活动强化员工的质量意识”占 29.58%，而“D. 追求质量和顾客满意，已经成为员工的自觉行为”仅占 8.45%，说明自觉质量意识还不高，需要从多个方面提升员工质量文化氛围和自觉性。

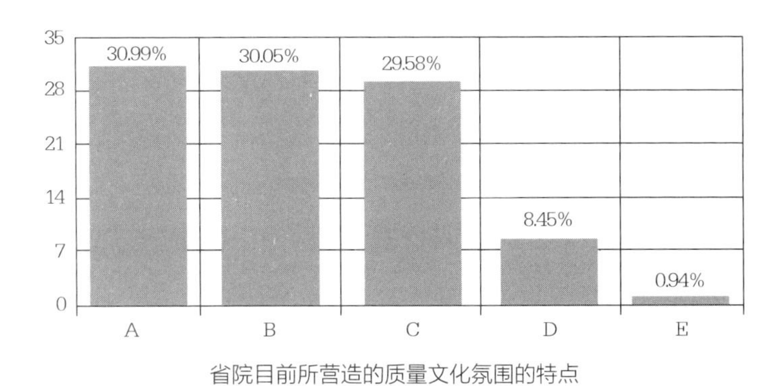

省院目前所营造的质量文化氛围的特点

（3）质量管理体系运行效果整体有效，但不同工作年限员工对其评价差异巨大

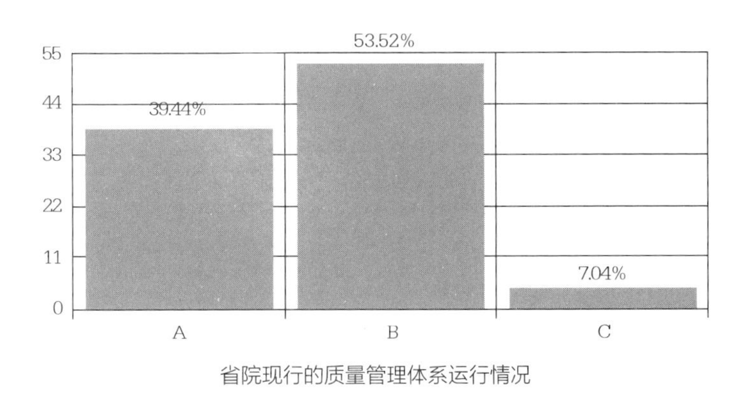

省院现行的质量管理体系运行情况

1. 您入院工作年限是?（必填，单选）				
	15. 省院现行的质量管理体系运行情况:（必填，单选）			
	A. 质量管理体系基本流于形式，没有有效运行	B. 质量管理体系能够有效运行，并持续改进	C. 将质量管理体系与其他管理体系整合为一体化管理体系，并有效运行	小计
A. 3 年及以内	16（19.51%）	60（73.17%）	6（7.32%）	82（38.5%）
B. 4~10 年	39（48.75%）	35（43.75%）	6（7.5%）	80（37.56%）
C. 11~20 年	15（53.57%）	11（39.29%）	2（7.14%）	28（13.15%）
D. 20 年以上	14（60.87%）	8（34.78%）	1（4.35%）	23（10.8%）
小计	84（39.44%）	114（53.52%）	15（7.04%）	213（100%）

对于质量管理体系的认知，超过半数的员工认为“省院质量管理体系能够有效运行，并持续改进”，同时也有接近40%的同事认为“质量管理体系基本流于形式，没有有效运行”。深入分析发现，入职三年内员工更多认为“省院质量管理体系能够有效运行，并持续改进”，占据此年龄段内职工选项的73.17%，而四年以上员工更多认为“质量管理体系基本流于形式，没有有效运行”，占据此选项的80.95%。不同工作年限的员工对院质量管理体系运行效果的评价差异很大。

（4）质量管理制度了解度不够，宣贯力度仍需加强

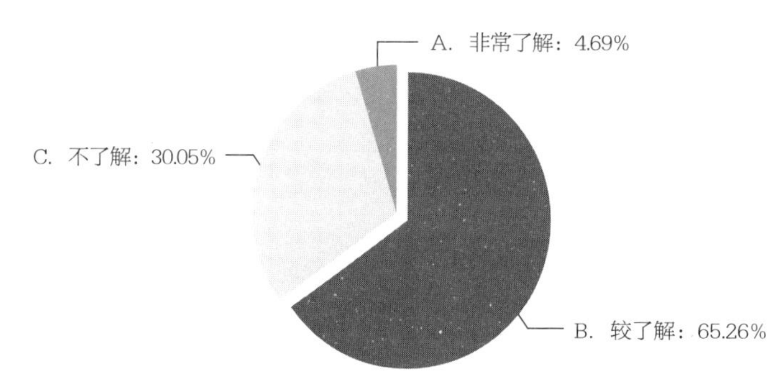

《院工程设计质量检查及奖罚管理办法》了解度

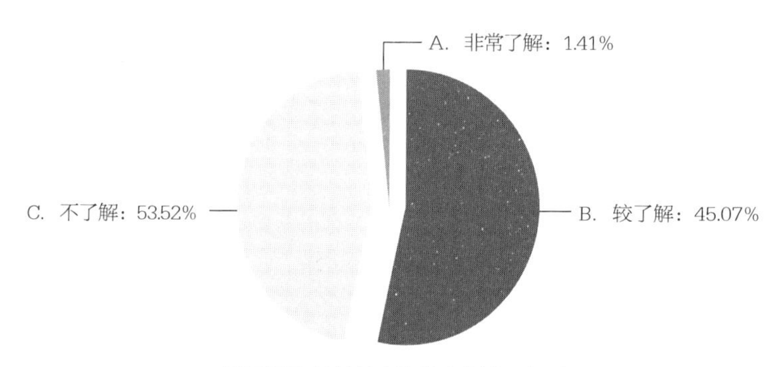

院质量事故的处理和追究制度了解度

从以上2个统计图可看出，《院工程设计质量检查及奖罚管理办法》非常了解仅占4.69%，较了解占65.26%，不了解占30.05%；院质量事故的处理和追究制度非常了解仅占1.41%，较了解占45.07%，不了解占53.52%。从调查结果看，大部分员工对这两项制度了解不多或是不了解，因此首先要加强宣贯，保证制度的被知晓度，然后才能保证制度执行的力度和效度。

（5）对质量管理制度相关规定基本达成共识，但仍需进一步完善细节

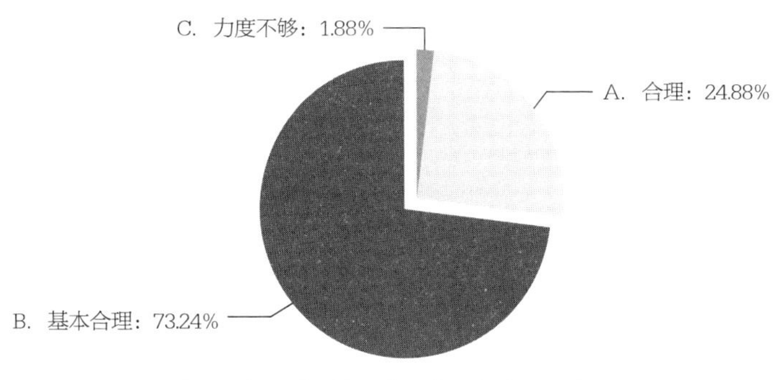

违反强条及质量管理体系处罚规定是否合理

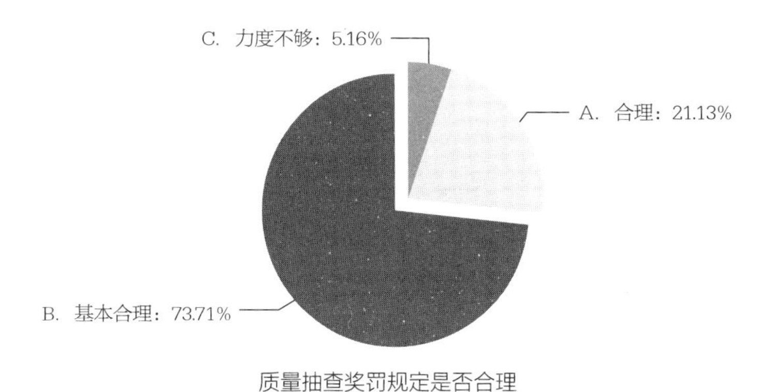

质量抽查奖罚规定是否合理

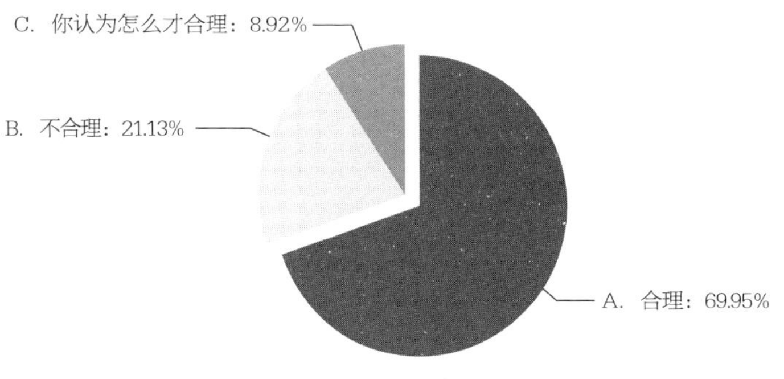

违规罚金分摊比例是否合理

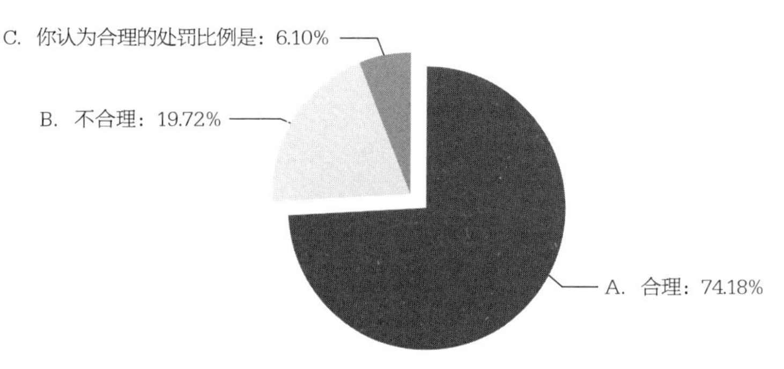

院质量事故的处理和追究制度了解度

从“违反强制性条文时，根据违规条数处予罚金，1000元/条”、“项目贯彻ISO质量管理体系情况，以不合格项数予以处罚，罚金1000元/项”、“罚金由被罚的责任部门上交。一般情况下建议责任部门再按以下比例分配：设计所长10%，设计所分管责任人20%，设计总负责人20%，直接责任人50%（可能是设总、专业负责人、设计人、校核、审核、审定等）”、“由于质量事故造成索赔，其索赔金额按院、所的分成比例由院、所分别负担，另对其责任人处以索赔款的5%~20%的罚款”以及质量抽查的奖罚金额等质量管理具体措施、条款的合理性调查结果来看，大部分受访员工都选择基本合理或合理，这就表明大家首先基本都对“违反规定造成质量问题应该处罚，做得好应该奖励”这一基本原则统一了共识。而大家大都选择基本合理或是提出自认为合理的比例，主要是对具体比例或是责任人不明确产生意见，如大家提出了直接责任人应该细化、明确，也应明确专业负责人、设计人、校核、审核、审定的比例，以及质量事故责任人罚款比例等。

设计质量存在问题分析

（1）图纸质量及设计深度为当前院设计质量存在的主要问题

数据显示：78.4% 受访员工认为图纸质量问题是当前省院设计质量最为突出的问题，包括制图标准不统一、图面质量较差以及错漏碰缺现象较多等；48.36% 的受访员工认为设计深度也是省院质量问题中较突出的一个；设计创新不够，经济性考虑不周问题排在第三，占 38.03%；强制性条文的执行情况排在第四，占 14.55%。从中可看出，图纸质量问题是当前省院设计质量存在的主要问题，提升设计质量，建议首先严格把控图纸质量，统一标准，减少错漏碰缺等问题产生；同时进一步规范设计深度，加强设计创新，并考虑设计的经济性问题。

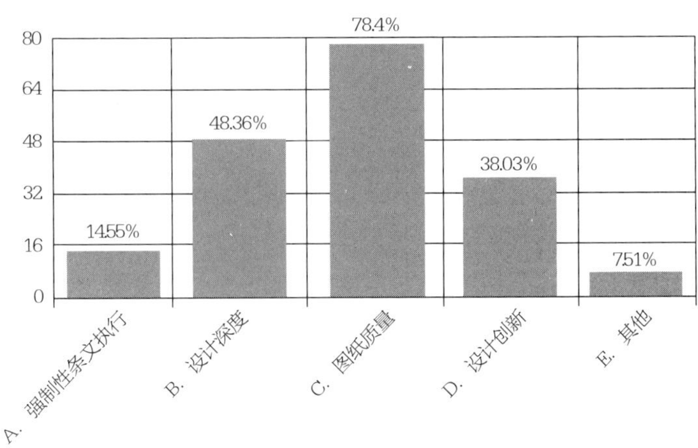

院设计质量存在的主要问题

（2）工期不合理、设计人员年轻化、内部设计各阶段管理和把控不到位是产生质量问题的主要原因

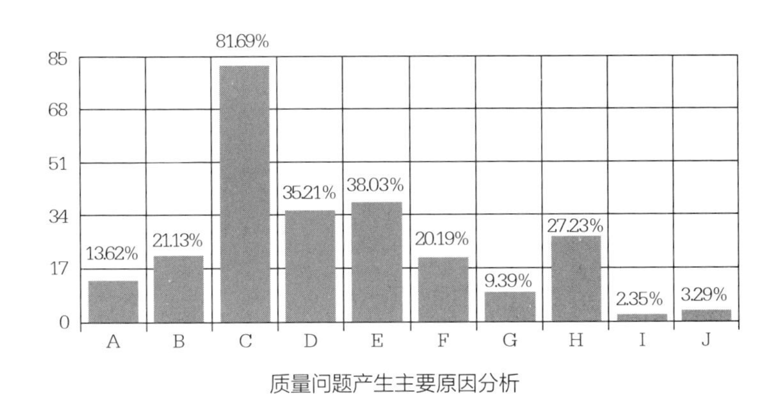

质量问题产生主要原因分析

统计结果显示：高达 81.69% 的受访员工认为“工期不合理”这一因素是造成设计质量问题的主要原因，而排在第二的选项“员工普遍较年轻，管理及技术水平有限”和排在第三的选项“内部重要节点控制环节失控”分别仅占

1. 您入院工作年限是？（必填，单选）											
	24. 您认为上述主要问题产生的主要原因是什么？（可多选）（必填，多选，至少选择 1 项，最多选择 3 项）										
	A. 员工质量意识淡薄	B. 员工责任心不强	C. 工期不合理	D. 内部重要节点控制环节失控	E. 员工普遍较年轻，管理及技术水平有限	F. 校审不严	G. 质量奖惩措施没有有效落地执行	H. 甲方不合理要求（如要求违反规范强条等）	I. 现场服务不到位	J. 其他	小计
A. 3 年及以内	8（9.76%）	7（8.54%）	56（68.29%）	29（35.37%）	33（40.24%）	19（23.17%）	3（3.66%）	24（29.27%）	2（2.44%）	5（6.1%）	82（38.5%）
B. 4~10 年	13（16.25%）	17（21.25%）	74（92.5%）	30（37.5%）	24（30%）	13（16.25%）	10（12.5%）	21（26.25%）	3（3.75%）	0（0%）	80（37.56%）
C. 11~20 年	4（14.29%）	10（35.71%）	25（89.29%）	9（32.14%）	12（42.86%）	7（25%）	5（17.86%）	8（28.57%）	0（0%）	1（3.57%）	28（13.15%）
D. 20 年以上	4（17.39%）	11（47.83%）	19（82.61%）	7（30.43%）	12（52.17%）	4（17.39%）	2（8.7%）	5（21.74%）	0（0%）	1（4.35%）	23（10.8%）
小计	29（13.62%）	45（21.13%）	174（81.69%）	75（35.21%）	81（38.03%）	43（20.19%）	20（9.39%）	58（27.23%）	5（2.35%）	7（3.29%）	213（100%）

38.03%、35.21%，远低于排在第一的选项。其他如“甲方不合理要求”、“员工责任心不强、质量意识淡薄”、“校审不严”、“质量奖惩措施没有有效落地执行”等选项被选择比率相对较低。

经过进一步分析，将此题与员工入职年限、职称情况等进行交叉分析发现，所有受调员工不管入职年限长短、职称、职务如何，“工期不合理”均是他们选取最多的选项，而排在后续的几个主要选项的顺序也大体保持一致。将各个选项的大致方向总结起来，可以发现工期不合理、设计人员年轻化以及内部设计各阶段管理和把控不到位是造成设计质量问题的三个主要因素。

因此在工期方面，初步建议一方面市场人员与甲方沟通时尽量为设计人员争取合理周期，同时内部设计管理人员也应思考在工期紧张情况下如何充分调动各项资源、合理配置人员，以管理促效率，保证工期的同时确保质量；设计人员年轻化专业技术经验缺乏方面，初步建议首要加强培训和指导，同时加强实际工程联系，正如胡斌总在青年沙龙中所讲，青年设计师应加强个人责任心培养，同时勿太计较个人得失，多做些“打杂”活，这样才能更多积累经验，提升自我；在内部质量管控方面，建议狠抓制度建设和落实，明确各方责任和义务，以制度规范管理，实现质量管理的长远发展。

建议措施分析

（1）加强各专业协作、统一技术措施是质量控制的重要手段

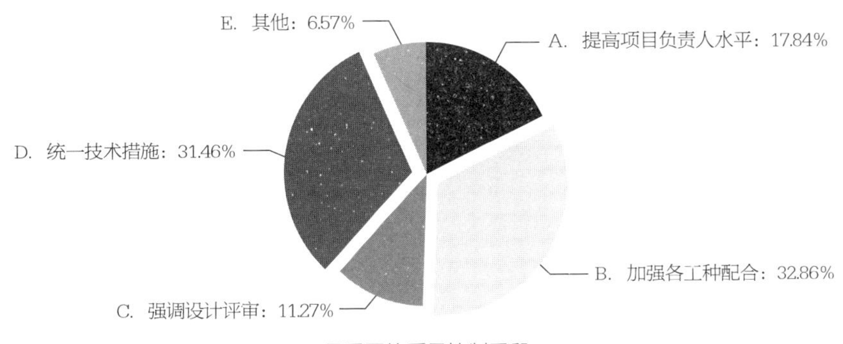

最重要的质量控制手段

统计结果显示：在各个质量控制手段选项中，“加强各工种配合”和“统一技术措施”是最多的两个选项，分别占比 32.86%、31.46%。而“提高项目负责人水平”和“强调设计评审”两项比率相对较低。综合起来，加强专业间协作配合、统一技术措施是最重要的质量控制手段，而如何让这两个手段落地实施则仍需进一步调研。其他一些受访员工也提到，应该提高各岗位的责任心，提高员工对规章制度、技术措施的执行力，让员工自发、主动去控制质量。

（2）提升设计质量，各项管理措施需齐头并进、有效落实

统计结果显示：“C.建立健全质量规范、标准体系，并严格执行”、“B.及时制订、修订与市场接轨的产品、技术标准，并指导企业应用”、“E.明确各类质量专业人员任职资格标准，促进质量专业人员成长”是受访者选取的为提高管理水平，提升设计质量的最重要三项举措，分别占比 54.46%、

46.48%、41.31%。而其他诸如“A.建立质量方面行之有效的奖罚制度”、“F.建立信息化的质量技术公共服务平台，提供质量技术咨询和指导”、“G.组织标杆学习和交流活动，分享优秀企业的经验”等举措被选频率也相对较高，与被选最高三个措施的比率相差不是很大。因而在接下来的工作方案中，建议围绕以上主要举措开展实施，抓好制度落地性和执行力，促进设计质量有效提升。

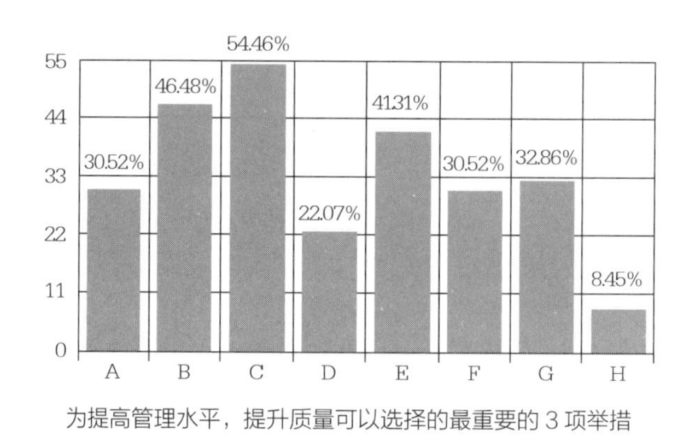

为提高管理水平，提升质量可以选择的最重要的3项举措

（3）协同平台改进建议：稳定性、兼容性、便利性、协同性

结合受访者在问卷最后提出的协同平台改进意见，可大体整理为如下几个方面：

一是提高协同平台对相关软件的兼容性。不少受访员工提到目前协同平台兼容性较差，对部分软件不兼容。

二是提高协同平台运行的稳定性。许多受访员工提到目前利用协同平台出图时经常会出现各种错误，造成图纸内容缺失或是条形码缺失，系统不稳定，延长了出图时间。

三是提高协同平台使用的便利性。很多受访员工提到目前协同对图纸质量提高帮助不大，如对设计修改的记录模块较松散，对后期服务记录板块很薄弱，而这些都是容易出质量问题的环节。且由于协同功能较为复杂，不仅没有减少工作量，反而增加工作量。因此大家也提出了许多改进措施，以便于操作。如：预设常用问题输入；建议整合电子版规范、图集等基本工具；实现联网，解决设计人员远程登录问题；提供未处理提资的提示功能，避免因忙碌工作而遗忘；简化操作流程，加入能在CAD界面运行的快捷键，最好能以工具条的形式加入 CAD 中，方便使用；将提资接受区和我的文件整合在一个窗口中，以便查看；协同急需增加自动化出图、晒图及送达、电子资料自动归档方面的功能；建立使用建议及意见反馈窗口，对反映比较多的问题要给予明确的改进措施及改进时间；校审意见需要手动录入，不方便；一键导出电子版文件分类打包，规范命名，PDF、DWG、PLT 同时分类打包进一个压缩包文件，对外发电子版命名规范，提升企业形象。

四是提高协同设计平台的协同性。大家认为各个专业的协调性仍需加强，方便协同作业，同时加强各个环节质量控制，严格控制各工程配合深度，最终实现内部质量流程管理的升华。

协同平台改进其他建议：建议普及直接在协同完成设计工作，而不仅仅是作为提资、出图的工具。同时将其作为专业间提资、获取项目资源、信息的最重要、权威的渠道；不然只在协同中提完资料，下来后又不停修改，造成最后各专业都不统一。希望协同能整合全院乃至全行业范围内优秀设计作品资源，以便学习借鉴。

（4）院技术质量提升工作其他建议分析

受访员工在最后一题中提出了许多对院技术质量提升工作的建议，整理归纳起来，大致有五个方面：学习培训、制度建设、管理把控、技术措施、质量文化建设。以下是各个方面的具体建议：

学习培训方面：主要是加强对新员工等具体设计及制图人员的培训，包括规范学习、质量培训，对设计中出现的问题进行归纳讲解；多参加行业、学会论坛会议，了解先进技术方向；召开专业讨论会，对某一技术问题、某一新规范的理解，应该注重在讨论，而不是单一的宣讲；多开展优秀设计图纸共享与交流；对设计中比较重要又无统一设计方法的内容希望能够多组织专题讲座，例如设计中经常遇到的消防车荷载取值问题，抗浮设计问题，独基加防水板设计等均无统一认识，设计中各种方式层出不穷，造成错误及返工。

制度建设方面：一是质量管理需要有相应的人力资源制度来配合，在薪酬体系方面需要有更明确的导向；二是制定一套行之有效的奖惩方案，并严格按规章制度执行，不光是要制定详细的质量惩罚措施，也要有明确的可执行的奖励措施，大家才有积极性；三是加强新员工业务培训，制定明确、有激励性的老带新制度，让新人有目标、能系统而全面的成长，也让经验丰富的老员工有一定补偿、愿意尽责地带新人。

管理把控方面：如加强对技术负责人的管理，同时提高技术负责人的技术控制能力及管理权限；建立总院的质量技术公共服务平台，提供质量技术咨询和指导；加强岗位责任，明确责任和义务，在员工年度绩效考核中，个人设计质量（图纸的品质完成情况）要有评价标准，奖金更多与质量挂钩；以体制化和系统化来管理质量问题，细化责任和奖惩；建议项目设计过程中的质量监管工作也必须纳入质量管理的重要步骤（因为过程没把控好，仓促出图的现象较多），同时对每个专业第一工总的职能职责范围及监管意识再进行系统梳理和制度化；专业培训和业务学习要加强效果反馈，建议在培训后增加考试，组织小组业务竞技，建立一定奖惩制度，及时总结交流；建议尽量避免出假图，假图多了可能对年轻员工画图质量有影响。

技术措施方面：统一技术措施，尽快统一全院各专业间的图纸制图标准和图层管理标准，协同中引入各专业实时参照功能，简化配合流程，降低错漏碰缺，提高设计质量和生产效率；针对不同的工程类型制定可量化的质量管控体系；质量抽查中，除去强条，要有设计合理性和经济性的考评；对市场中出现的新技术及新做法要研究并推广。

现在最大的质量问题就是各专业的错漏碰缺，设计人员普遍对本专业技术都比较精通，再加上校核、审核、审定及专业负责人多道关卡，本专业图纸问题一般比较少。但是 2 个专业分别可以打 100 分的图纸，放在一起可能就只能打 0 分，因为牛头不对马嘴。跨行如隔山，跨专业问题最大也最难解决，希望院领导趁现在设计市场任务还没不是特别饱满的时候，加强各专业质量配合的管理，管理层着重减少甲方原因改动，基层人员着重减少非甲方原因随意性改动等造成的后期工作量增加和协同配合问题。

质量文化建设方面：只是制定几个质量管理办法、奖惩办法，不能叫质量文化。质量文化是员工能自发、主动的进行质量控制。领导、员工重视企业的前途，员工对企业有信心，才会主动去控制质量。提高管理水平，在于提高员工对企业的认同感、对工作的责任心，提高员工对规章制度、技术措施的执行力，让员工自发、主动去控制质量。被动的质量控制只是被发现错误后被罚款而已；统一各专业的制图标准，包括各专业的图例、说明格式等，可以让别人一看到我们的图纸就知道是省院的图纸，但是现在往往大家可以一眼看出西南院的图纸，对我们的图纸就没有特别的印象，希望能尽早统一做法，做出我们图纸上的品牌效应。

综合对调研问卷所有数据的统计分析，不难发现现阶段省院员工主要以入职十年以内的工程师、助理工程师为主，他们对省院目前质量现状的看法以及对存在质量问题的认识也就成了多数派意见。更多倾听他们的声音、了解他们的状况，并主要从他们入手开展质量提升工作，将成为下阶段工作的重点。同时对于入职年限更长的老同事而言，他们拥有更为丰富的实际工程经验，也将成为全院质量提升工作建议及措施的重要来源。

质量大家谈

骨干设计师视角

副院长　徐卫

既然选择了省院，省院的员工就应该要具备相应的责任心和素质，保证省院产品的设计质量，同时更要考虑责任问题，完善相关制度，以制度约束保障省院设计品质稳步提升。之前我们都是自上而下推进各项制度的制定和实施，发现效果不是非常理想，那么我们也许应该换个思路：采取自下而上的方式，看看大家认为提升企业设计质量需要哪些制度、奖惩措施，然后再由院配合施行。

设计四院　唐元旭

设计质量的问题更多还是责任心问题，而不是能力问题，能力差可以多学习，多积累，慢慢自然也就提起来了。相比过去二十来年，现在员工责任心在不断下降，如今员工奖金与图纸质量影响不大更加剧了责任心的缺失。

设计三院　赵仕兴

省院现有质量管理方面制度更多为监督性质的制度，我们应加强引导性制度的建设，加强对员工的主动引导，充分调动他们的积极性和主动性，使其自发重视质量问题，加强自我责任心，那样效果会更好。同时改变现有分配方式，保证员工不管做什么工程，只要认认真真做了收入就有保障，那么员工的责任心是会提高的。

设计三院　张樑

针对新入职员工，采用导师制是目前最有效的办法，结合生产任务，在工作中对员工进行培训，他们才能快速进步。要避免导师制流于形式，首先要解决导师与学生匹配性问题，导师必须是参加生产任务的人员，并且他们要做同样的工作，这样才有交流和指导；其次院应该建立相应的制度，让导师能拥有诱惑力的薪酬，使其愿意花更多时间教学生；最后要对导师进行严格考核、考评，保证效果。

在审图方面，建立互换校审机制，不同部门的图纸交由其他部门同事校审，每个部门选取优秀设计人员作为校审人员为其他部门校审图纸，并由院层面进行评比机制。

设计一院　银浩

制度制定与执行的目的在于提高员工质量提升的积极性，这样他们才有动力去主动提升设计质量，现在做好做坏结果一样对做得好的人员的积极性打击很大。这就需要我们进一步调研弄清年轻人积极性的关键点，并制定针对性措施。

设计四院　熊林

在现有体制下，我认为不应将收入与质量问题合在一起讨论，加强质量管理，塑造良好的质量文化氛围非常必要，要让员工愿意去做。从管理者的角度来讲，要看到员工做出的成绩并在合适时机给予物质与精神奖励，提高其积极性。

设计四院　彭涛

在现有大环境下，我觉得制度建设及推进是解决设计质量问题的有效措施，细化岗位监管，加强奖金与质量的关联度的合理性，推进制度的细化落地，这样才能建立起长效机制。

设计四院机电所　姚坤

工期紧张的问题可能一时半会还想不到有效方式解决，那么在审校方面我们可否形成一个弹性的执行机制，在工期非常紧张的时候，可以将审校范围缩小，守住质量底线即可，保证不出质量事故；而在工期相对宽松的时候，则加强审校，促进优品、精品的产生。

设计一院机电所　杨志锋

在调研报告中大家都大都认为工期不合理是造成设计质量问题的主要原因，工期不合理确实存在，但我认为并非整体工期都不合理，更多时候是局部工期不合理，归结起来其实是设计过程管理不到位的问题。

设计四院建筑所　向传林

建议将导师制内容更加丰富，采用学分制形式，不同员工根据职称情况进行分级，较高层级员工可向较低层级员工教授讲解，赚取学分，同时又可将获得的学分用于向更高级员工进行学习，最终学分剩余的同事则可以获得院专项资金补贴。

设计二院　蒋志强

近年来，设计质量方面存在两个比较突出的问题：一是各专业间对接不到位，专业间配合存在较大问题，表现在图纸上就是错漏碰缺等问题较为普遍；二是可能由于工期紧张的原因，综合校对有时候出现时间紧、走形式的情况。

设计三院　郭艳

我们常常会发现设总的能力强、管控到位，甲方反映的质量问题就少。伴随着工程项目量的增加，院近年来设总团队也在不断扩大，但综合管控能力是否都能达到设总的要求，我们缺少一套考核、培训机制。建议院研究设总的胜任能力模型，并根据实际情况，加强对设总团队的培训管理。

设计二院　赵红蕾

省院缺少客户满意度反馈机制，不同阶段获取客户满意度的标准、获取渠道以及方式方法等，与此同时，员工的绩效工资与图纸的质量、客户满意度没有关联，两个问题存在一个关联，对内部管理都提出了非常具体的要求。

设计二院　李茂

质量提升的关键是过程中如何控制，落地和执行力是最重要的，一系列的表格、制度、标准等如果没有落地，可以蒙混过关，逐渐养了懒人；或者对于员工来说造成了相当的工作负担，从内心就拒绝去接受，那么我们今天讨论再多的措施、举措都是没有意义的。

建议：制图－设计－校核－审核－审定－设总，每个流程应该进行后置环节评价，根据后置环节的评价来确定前一个环节的图纸工作绩效，量化绩效，量化收入。

设计二院结构所　蒋正涛

针对部分项目工期紧张的问题，建议项目商务方面的负责人和甲方沟通时能够管理好客户心理预期，应尽可能就工期和改图进行充分沟通，必要时设总应该参与在工程进度方面的沟通。此外，标准化也是我们提升质量工作的良好途径，但是一定是以提升工作效率为前提，否则一线设计人员接受度不高，标准化无法很好的落实。

设计二院建筑所　罗杰

图纸修改的工作标准缺失，而这项工作往往是甲方最着急、需要我们高效精准响应的，因为往往是工程现场紧急需要的一些问题点，这一点对客户满意度来说打击是致命的。

设计三院机电所　蔡仁辉

协同系统目前对设计质量的提升工作没有促进作用，如：系统出问题、易出错、程序机械、不灵活、增加工作量、流于形式等。信息化本身是提升设计效率和质量的有效工具，目前来看我们还远没有达到这样的管理状态。

设计三院　钟于涛

培训工作应该分年龄层次进行，提高针对性。比如新版国家消防规范的培训，院总组织培训，实际上能够完全听懂的第一时间都是工程经验丰富的老员工。

传统的业务培训应该建立“培训＋考试＋奖惩”的机制，考试建议各专业拉通考，每次看前 10 或前 20 人员分布，不断提升培训效果。

另外，除了质量和考核奖惩挂钩之外，通过质量简报、大屏幕公示等方式进行质量体系、制度的宣传工作也是非常重要的补充。

青年设计师视角

青年设计师作为全院最基层、数量最多也最普通的一个群体，不管是方案

青年建筑沙龙

创作还是施工图设计，所有项目都有他们参与其中，因此每个项目的设计服务品质与他们有着最为密切的关系。2015 年院长工作报告提出全面提升院工程设计质量的要求，为更好落实此项工作，在五四青年节之际，院团委举办此次 SADI 青年沙龙，以“设计服务品质与青年设计师”为主题，邀请部分青年设计师参与其中，共同探讨设计质量与青年设计师的关系，分享好的经验、提出自己的思考和想法，共同促进院设计服务品质的提升。以下将此次沙龙中的发言进行整理，供大家交流、探讨。

综合管理部　蒋勇杰

审视整个设计行业的发展，在过去的几年，由于政府和开发商对设计产品服务的需求量比较大，设计服务市场的供给和需求呈现供不应求的情况。这种市场形势对我们设计企业而言无疑是好的，因为需求在不断增加，市场容量也随之扩大，在需求大于供给的情形下，即使某些设计产品存在质量问题，甲方依然接受，且设计费用照付，那么企业营收就不会受到很大的影响。但从去年以来设计行业市场发生了明显变化，依然从设计产品供需关系分析，现在的市场形势是需求量在不断减少，而与之相对应的市场供给却由于前几年的拉抬惯性而不能立刻调整。在市场需求出现萎缩的情况下市场供给依然在增加，这就导致了整个设计行业出现供大于求的情况，此时开发商处于买方市场，他们有更多的选择权。他们对供应商的价格、服务、质量开始重新评估，甚至通过重复的比较压价来确定选择哪家的设计产品，这时我们不得不更多的关注设计服务品质问题，以在激烈的市场竞争中占据优势。

刚才对设计行业市场供需关系变化的分析，让我们对现在所处的位置有了更清醒的认识，当我们处在新的市场形势下，如何调整已有的战略来适应不断变化的市场是我们需要重点思考的问题。就成都的经济发展速度而言，如果用经济学 72 定律来计算成都人均 GDP 翻一番需要的时间，大约是 7.2 年。根据西方经济学的研究，在一个地区人均 GDP 翻一番的情况下，企业 70% 以上的产品就需要进行更新换代，而建筑设计行业的现实是我们的设计手段、设计产品依然在老的模式下进行，完全忽视了市场对区域提出的市场需求。我们应该从近期优步对近乎垄断的出租车行业的冲击中反思自我，新形势下，我们也面临同样严峻的考验。面对这种趋势，2013、2014 年，省院在战略上开始作布局，陆陆续续建立了一些新的中心和事业部，在新技术发展、新业务模式方面也开展了相应的工作。这些新的趋势和技术的出现，对青年设计师提出了更高的期望。

我们说设计服务品质，事实上设计服务品质本身就涉及了产品、技术以及服务等内容，对设计行业而言技术是至关重要的一块，这些技术中就包括了绿色建筑、BIM、建筑工业化等，作为省院未来的青年设计师如果都不去接受、不去学习这些新兴的技术，我们还能对谁报以更大的希望呢。

今年是院质量年，今天的沙龙是希望从质量搭建以及部门业务上提出一些方向让青年设计师们去努力，也是为青年设计师如何去参与提供一种引导。青年时节，当览天下，勤于思，乐见不同，青年人有很多出彩的地方，构建战略方向，提升产品质量，未来的工作开展过程中希望更多地看到我们年轻人冲在前面，突破一些极限的声音，最终真正实现“丰富职业人生，共筑企业平台”。

技术发展部　胡斌

设计品质涉及技术、服务以及品质，这些内容都与青年设计师密切联系，青年设计师们只有不断完善自我才能促进设计服务品质的不断提升。

第一，青年设计师首先要有责任心，设计师最重的工作内容是绘图，图纸质量是设计师责任心的直接体现。如某一项目需要几个人共同完成，但每个人只负责自己部分的图纸，分别发给打图公司整理完成最终的图纸，不去确认完整图纸是否正确，这样的合作是现在青年设计师责任心欠缺的表现。责任心可以直接影响产品的品质，青年设计师是设计院的未来，青年设计师增强责任心，设计产品品质才能得到提高。

第二，不要太计较个人方面的得失。设计工作有很多不计产值的内容，比如后期的修改，对于无法用产值衡量的一些工作，不要因为太计较得失而错过经历，因为这些经历可以积累经验，也能带来技术上的成长，这些成长反过来会带给你更多项目的参与机会。小事不可小视，日常的积累会成为你成长路上的基石，真正锻炼人的正是那些被看作琐碎的事情，在这些看似琐碎的工作中更能展现一个人其他方面的才能。同时，设计院转型期，对青年设计师提出了更高的要求，青年设计师不管在理念上面，还是行动方面，都应该贯彻向外延展的理念。

设计四院　彭涛

青年设计师设计经验普遍较欠缺，如果责任感再不强，那就很容易出现质量事故。若以现在较为常见的 EPC 项目为例，如因设计问题造成费用增加，那也只有自己买单，这对设计机构来讲风险是非常大的。现在市场环境不是很好的情况下，青年设计师不应只看产值，而应多从项目中学习经验，提升个人能力，能力提升了，收入自然也就更有保障。

现在部分设计师认为协同平台的设计流程整体把控是走过场，没有实际意义，但我认为现在做得可能不是很好，但不代表没用，这是质量把控的重要方式，应该加强。同时应该加强项目负责人对下边团队的管理，增强责任感和把控能力，保证所负责的项目质量有保证。

技术发展部　章耘

我是学建筑经济的，因此就从“钱”的角度来谈谈。现在许多项目的投资方是民营企业和私营企业，因此由于技术咨询方的错误或设计深度不够而造成的返工、变更等增加，他们花出去的钱没有换回实际需要的东西，就会产生追责问题。设计环节对建筑的资金投入构成决定高达 70%~80%，所以设计单位是很重要的责任方。如果造成损失追责，根据我们的设计费来赔，我们的设计收费基本在 1% 左右，可是经济赔偿却是按照 100%，这是我们所承受不起的。

经济赔偿之所以发生，很重要的一方面是由于设计人员对设计合同的不了解，尤其是合同中对设计方面起约束作用的条款，比如责任条款，纠纷、处罚、赔偿等内容的不关注。作为一家专业的技术咨询企业，我们要提供专业技术服务，更要注重设计品质，由于责任心不够，表达的深度不够，交底过后的图纸出现很多的漏洞和不足，设计师没有发现，却被非专业技术人员提出来。

设计产品的质量是我们每个人付出的心血和脑力思考，是专业之间的完美配合体现。广大设计师在潜意识里要警钟长鸣，多付出心血、精力提高自己的技术水平和产品的质量，尽量避免工程赔偿发生。

A2 建筑工作室　高锐

目前我们 A2 建筑工作室 18 个人，除了柴主任、李珊总监和我，其他人员全部 30 岁以下，团队年轻化非常明显。结合今天的主题及我所在工作室的情况，我谈几点关于青年设计师的看法。首先对青年设计师是肯定的，他们拥有许多优点：一是年轻、有活力，每次熬夜加班“打硬仗”的时候都是他们在奋战；二是思想活跃，如 2011 年的时候我们大家筹备《观筑》杂志，我们几个年轻人提出各自想法，百花齐放，最终把每个栏目的定位整理出来，很有意义；三是学习能力、接触新事物能力强，许多年轻设计师都用新的技术来丰富方案创作效果；四是青年设计师易激励，荣誉感强，他们受到激励的时候，不仅把自己的事情做好，还会主动把同事的事情往前推动。当然他们也有一些不足，如设计经验较为欠缺，包括施工图等各方面的知识面宽度、深度均不足；社会经验不足，主要表现在与甲方对接时经验不足，交流不顺，有时导致项目的往复较多；生活、工作时间节奏把握不是很好。

青年设计师有许多优点，也有一些不足，但是落到设计服务品质，我认为个人能力是基础，态度是关键，只要更加积极主动一些，多想，多做，肯定是能做好相应工作的。对于如何提高青年设计师的能力和素质，我有如下几点建议：一是挤出时间来学习，利用网站等多种资源提升个人审美能力，加强跨界学习，及时关注新技术的发展方向，施工图与方案并重；二是设立学术带头人制度，提高学术氛围；三是加强年轻中坚骨干青年设计师的培养，着力打造一批明星建筑师，增强企业影响力；四是加强对青年设计师的鼓励，多设立一些奖项或是青年学术带头人等，开展一些有意识的考察、学术座谈、交流等活动，促进设计师全面发展；五是强化专业细分，培养青年专家。

建筑规划一所　陈启

我2014年到都江堰规划局挂职副局长锻炼了一年，现在院绿建中心从事绿建相关工作。设计服务品质与青年设计师肯定有很大关系，作为青年设计师，要不断加强对自身技术能力的有效管理，不管是方案还是施工图方面，都要不断学习、增强积累。同时应更多从各种渠道了解、收集、整理信息，拓宽自身知识面，这才是学习最为关键的点。

川勘八公司　黄香春

我现在主要做岩土设计方面的工作，谈到今天的主题，我就想起去年遇到的一个实际的抗水项目，在设计的时候我们由于没有找相关部门认真收集周边水文资料，只是根据以往经验进行设计，最终在施工中发现旁边水位已经超过设计水位，只有进行补救修改，这件事给我的触动很大。现在我主要做新技术的研究及应用工作，院内现在的新技术还是比较多，但只有约20%应用于实际项目，新技术大部分没被采纳，一是技术上不是很成熟，应用实例不多，另一个是行政上的原因，一些领导、专家对这些技术还不是很认同，较为抵触，因此推广使用较为困难。

近两年我们做的新技术的设计方案不下20次，但真正被采纳的只有3次，且都不是在成都市区。而很多常规工艺很成熟，大家都能做，因此在市场竞争中最终都沦为经济上的价格战。以前边缘学科并不被看好，而现在边缘学科是研究发展方向，因此我将结构和地质结合起来，做相应研究。虽然很多创新技术很少被应用，有时不免感觉有些郁闷，但刚才听了蒋部长的分析，我们现在更多是为企业做好技术积累，还是很值得，因此以后也将继续做好新技术的研究应用。

设计一院　刘锦涛

2002年左右房地产刚起步的时候，那时甲方需要快速扩大市场份额，因此其对我们的设计质量并不是很关注，只要画了图，我们就能拿到相应的设计费，我们的效益也非常好。但是现在明显感受到设计市场环境的变化，甲方对我们的要求更加严格，对设计质量更加重视，如果我们不能将技术、设计质量提上去，我们的设计作品不能适应市场，那么我们就将逐渐被市场所淘汰。作为青年设计师，我们有责任也应担当起企业的设计服务品质提升工作，共同提升省院的设计品牌。

项目管理公司　毛敏

在提升设计服务品质的努力上，首先我们可以借鉴设计监理的概念，成立自己的监理团队，对自己的图纸进行审查，转换角色站在业主的立场审视设计图纸的品质，通过优化尽量满足甲方要求，这样既能节省寻找外部监理的巨额费用，更能体现专业性。

其次，提升设计服务品质要关注专业能力的提升，青年设计师由于工作时间短，可能存在专业能力欠缺和经验不足的情况，但我们要积极通过探索新技术等其他方面的工作来弥补这一短板。

再次，实现设计服务品质提升需要广大青年设计师服务意识的觉悟。对企业而言，除制定相关制度、绩效考核标准及奖惩办法来刺激人的主观能动性，还要在管理上做提升，激发广大青年设计师发挥更大的积极性。对个人而言，青年设计师应该有一种觉悟——我们不只是被动的服从者，更是意见的主动贡献者。

最后，沟通对服务品质的提升也是至关重要，当我们的服务周期长达数十年时，只提供技术是远远不够的，服务意识、沟通意识必须呈现出来。在项目过程中如果没有沟通，不管我们做多少工作和努力，甲方都无法看到，我们也就不可能获得认可。

党委副书记　何智群

青年人是企业的未来。工程设计项目是设计院的生存之道，也是设计师实现个人价值的重要载体，而做项目最重要的就是把握好设计的质量和服务品质。见微知著，设计中的质量问题往往出现在某些细节方面，细节疏忽的积累会造成质的转变。

今年是企业的质量年，质量把控是企业年度工作的重中之重，我们也成立了质量提升工作领导小组来专门抓这项工作，通过培训、完善质量体系、加强制度建设等系列实质性措施来有效落实，从而提高我们的服务意识和管理能力。

做好项目，首先责任心非常重要，工作态度对最终的设计成果影响很大；其次是团队配合，做工程项目设计并非依靠一人之力，而是团队合作才能完成，做好配合，才能减少各专业或是专业内部的错漏碰缺；第三是要学会用正确的方法做事，正如“烧开水”的故事，要多动脑子，正确理解项目的各方需求，整合资源实现目标；同时青年设计师要增强项目意识、质量意识、服务意识，从细节上保障质量。希望全体青年同志增强责任感和使命感，坚持理想和信念，勇往直前，在工作中把控好每个项目的设计服务品质，共创省院的设计品牌。

第八章

筑·营销

这是一个全民营销的时代，我们营销的不只是产品，也不只是服务，还包括我们自己。

在《营销革命 3.0》中曾说到：营销的 1.0 时代，是我们有什么、买什么的时代；2.0 时代是客户需要什么，我们卖什么的时代；而 3.0 时代，要求我们必须发掘客户需求，真诚热爱客户，与客户相互成就，共同成长。

战略定位与方案提升

深化业务联动　淬炼平台价值

——企业营销体系构建暨市场经营效能提升方案

文 / 李纯

2015 年 1 月 3 日，院召开了企业营销体系构建的专题讨论会。会议上，李纯院长根据各位领导的发言以及院层面多年的总结共识，并结合行业兄弟企业发展经验的总体思路，提出营销体系构建，以供讨论：

一、总体思路

在现有市场经营工作模式的基础上，从院级层面整合资源，强化市场拓展、重要客户管理和产品研究工作，构建具有省院特色的"整体营销 + 分级维护"营销模式，形成"点—线—面"三位一体的企业营销体系。

"整体营销 + 分级维护"主要是指在原有生产单位各自经营为主的营销模式（即项目管理体系）基础上，企业总部平台综合运用技术、市场、渠道、品牌、高层对接等要素加强在重要客户管理、产品研究、城市营销等方面工作，支撑资源团队维护好现有客户资源，同时进一步做好企业市场拓展工作。

"点—线—面"营销体系的概念是指：点（项目管理和重要客户管理），线（产品专业化研究）和面（区域，以城市为单位的市场拓展）。如下图：

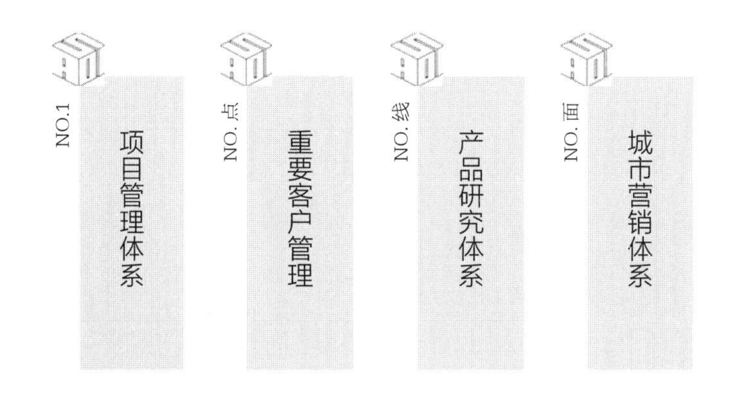

二、“点—线—面”营销体系的目标及工作内容

（一）营销体系目标

1. 以企业战略目标为导向，基于工程建设全过程服务链，做精产品、做优营销；

2. 以市场经营部为基础，构建营销体系，打造营销团队，提供营销支持；

3. 强化四川省建筑设计研究院品牌，并在营销体系中一以贯之。

（二）项目管理体系关键点，重在业务联动和组合营销

1. 业务联动现状及目标

目前，省院已经初步发展成为工程建设全过程提供服务的综合性工程设计咨询企业，产品基本围绕工程建设这个核心内容，因此可以充分利用同一种营销渠道。

企业下属的机构数量 20 余个，都直接面对市场，都是企业的营销渠道，如何才能充分发挥他们的作用以尽可能销售省院的系列产品？这是业务联动的实施关键，也是企业集团化建设的市场经营部的重点研究方向。

2. 业务联动之原则

“四互”原则。“四互”是指强调业务联动时做到“互利、互信、互助、互动”，即利益上的互惠互利，感情上的互相信任，业务上的互相帮助，信息上的互相交流。

“内部利益协调”原则。指在业务联动时，合作的某一方要能够牺牲一部分利益，以赢得全局利益，然后内部在进行利益的补偿。提倡各单位在合作过程中，杜绝短视行为，要把集团的整体利益放在首位。

"核心产品先为导"原则。工程设计是集团的主业，且又处于工程建设的上游，比其他产业更具有领导产品组合之条件，因此必须强调主业对其他产业的带动作用，必须从设计着手推行业务联动。

3. 产品组合营销建议

多渠道、多途径宣传省院事业平台、团结协作精神，这也是顺应集团化建设所必须的文化内容。

从物质上及精神上对主动合作方予以一定的奖励，将在《业务联动管理办法》中讨论。

集团化过程中，加强新增业务ISO质量管理的全面覆盖、信息公开，使下属主要成员单位的产品质量能够得到有效保证。

定期组织集团成员单位之间或某几个成员单位之间，高层领导及中层领导的聚会沙龙，提供相互沟通交流的平台。

抓住为数不多的市场机会，组织服务链合作试点，进行某一具体项目上下游之间的协作实施，并在项目进展过程中，进行跟踪观察、记录，项目结束后组织合作方进行总结，以总结经验和教训。

进行企业集团的广告、公关策划；做好信息收集、加工和传递工作；策划产品组合方案。

（三）重要客户管理关键点：提升合作层次、丰富合作模式、强化客户管理制度及执行

1. 含义及目标

重要客户，指的是能对企业盈利或发展做出重大贡献并具有战略意义的客户，或者为企业带来大部分营销额的一小部分客户。重点客户关系握着企业的命脉。

着眼于企业战略发展目标，利用企业整体行为，维护重要客户长期关系，有效支撑企业持续增长、创新发展等战略意图实现。

2. 重要客户的管理

对重点客户的管理，应有两个认识：一是对重点客户的管理是一种投资，应将更多的资源投资到数量相对较少，但却能带来极大受益的客户身上；二是对重点客户的管理可以使我们的营销过程更有效，同时为双方带来更多的价值。

在重点客户的管理的过程中，有如下几个关键需要把握：

对重点客户的管理由高层直接领导；

关注重点客户的信息收集，分析其发展前景、今后的建设需求，注重合作层次的提升，合作模式的创新；

用最好的人力、物力资源为重点客户服务，关注客户的满意度；

通过制度，加强与重点客户的联系，建立双方由上到下的“拉链式”人际关系，建立信任；

注意竞争对手的动向，积极应对他们的进攻；分析我们产品的价值与价格，保持合适的价格，并努力提高产品的价值。

3. 重要客户管理中的其他问题

省院产品线具有上下承接关系，因此某一个成员公司的重点客户往往也可以成为整个企业集团的重点客户，因此建立客户资源信息共享机制和平台能够提高经营效率。

关注政企合作、大企业、房地产公司，他们将会是通过重点客户管理产生最大效益的对象。

（四）产品线：探索企业专业化发展，通过产品研究提升竞争力和作价能力

1. 目标

（1）推动院对产品类型的基础研究和应用研究；针对某一系列产品进行深入研究，尝试构建产品专业化体系，提升产品市场竞争力，对市场营销提供支撑；

（2）形成一批院在细分市场的专业化品牌，并做好品牌推广工作；

（3）起步阶段产品研究重点在探索制度机制建设，探索从考核、费用等角度形成产品研究的利益共同体，形成以“权力和利益”为核心的运行机制，发挥产品研究的示范效应。

2. 举措

（1）推动院产品类型的基础研究及制度设计。

根据院生产单位在不同产品领域的实力，编制出全院生产单位产品类型的基础研究计划，融入年度考核指标中的研究指标项。

选取1~2个重点产品类型作为应用研究示范，通过研究计划发布、研究中期汇报和年终考核的分阶段控制，示范带动全院生产单位对产品类型的基础研究和应用研究工作，为专业化体系的构建作准备。

（2）以深入推进院级产品研究示范为基础，构建前期咨询服务能力。

沿着旅游规划的线索，从宏观到微观，逐步梳理出产业分析、城市文态规划、历史街区活化、地域建筑设计和酒店设计等方面的产品体系；

继续深化对养老住宅产品和养老产业的研究；

研究成果具备项目前期咨询服务营销功能。将研究成果向院内各生产单位进行展示，寻求将研究成果运用与项目前期咨询的合作机会，一方面尝试将省院的业务范围向前延伸，一方面也检验研究成果，不断修正与完善，为院专业化体系的建设奠定基础；

（五）城市营销体系：以城市为单位、探索多种城市营销方式的实现

1. 背景及目标

西部地区的城镇化依然落后，未来 5~10 年，规划、设计、勘察、市政、节能环保等方面，市场潜力巨大。川渝地区的新型城镇化建设，百万人口特大型城市建设为企业在二三线城市打造示范工程，发展市政、新能源等新业务提供了机会。

城市营销要以企业区域市场战略布局为依托，探索出：城市战略合作、挂职、分院、办事处、与当地设计机构合作以及并购等多种方式，依托企业的品牌、技术、管理等输出，形成二三线城市市场拓展。

2. 模式目标

（1）SADI 在服务过程中，逐步转型成为“全过程服务＋资本＋特色产品”的平台型公司。

（2）院地双方在合作过程中，因地制宜，在城市建设、产业发展等方面做出示范，实现共赢。

（3）SADI 在“十三五”战略期全面融入四川全域城市发展，融入城市生态圈，共同提升全省城乡建设品质。

3. 模式内容

SADI 在新一轮四川省新型城镇化，立足发展规划，建立产业视角，逐步形成基于全过程服务能力的覆盖“咨询—规划—设计—实施—投资—特色产品”城市发展集成服务能力。

咨询	规划	设计	实施	投资	特色产品
·康养咨询 ·文旅咨询 ·产业园区咨询 ·开发咨询 ·工程咨询	·概念规划 ·总体规划 ·控制性规划 ·详细规划 ·专项规划 ·城市设计 ·旧城改造	·建筑 ·结构 ·机电 ·市政 ·景观 ·人防 ·装饰 ·钢结构 ·幕墙 ·照明	·EPC ·项目管理 ·代开发	·基金对接 ·PPP 机制	·乡村建设 ·精品酒店

咨询：包含战略合作伙伴城市的“十三五”城市转型发展战略、新城规划、旧城改造等规划咨询；旅游文化、绿色建筑、生态城市、海绵城市、地下综合管廊和智慧城市建设等专项领域咨询。

规划与城市设计：基于城市总体规划和专项，进一步构建战略合作伙伴城市的城市设计、城市更新、城市运营管理方面的研究、设计、管理机制，打造示范项目，共同推动战略合作伙伴未来城市建设和管理水平达到一个新高度。

设计：整合院级设计资源，以建筑设计牵头，统筹结构、机电、市政、景观、人防、装饰、钢结构、幕墙、照明等专业技术力量，为战略合作伙伴提供全方位、高质量的设计服务。

实施：在中心城区、特色小镇（街道）、新农村及产业园区等建设中积极开展建筑设计咨询、工程勘察和项目管理的合作，积极推进项目总承包，利用省院平台型企业的优势，对接资源共同促进战略合作伙伴城市的城市建设项目推进。

投资：以 PPP 项目、基金项目和政府示范项目为纽带，积极发挥平台优势，在全省合作城市展开城市建设项目评估与合作促成，积极落实全国城市工作会议和住建部建筑业改革文件精神上做出示范，取得成效。

特色产品开发：针对战略合作中的文旅或乡建项目，通过系统评估，有选择地挑选部分项目，与小城投、成都文旅等政府平台公司一起合作开发。输出精品酒店等高性价比产品。

培训及品牌合作：通过建立顾问机制、团队机制、沟通机制和工作联系机制，在上述三项工作开展过程中，定期开展合作例会、项目总结交流会、举办联合培训班、主题讲座、组建联合工作团队、联合项目小组等，不断提升战略合作伙伴城市的城市管理团队和省院城市事业部工作团队的设计和管理水平；在城市品牌传播方面，紧扣战略合作伙伴城市的城市建设任务，结合或营造区域发展重大契机，联合策划举办重大城市品牌传播活动，共同推动战略合作伙伴城市科教文卫 / 社会公益、精准扶贫等事业的开展。

4. 保障措施

（1）SADI 城市事业部管理办法

院在生产经营责任制基础上，制定事业部管理暂行办法，办法涵盖内容包括：事业部组织架构、关键岗位职责、工作考核方式和奖惩机制，赋予城市事业部更为灵活的经营机制和生产组织机制。

（2）制定 SADI 城市事业部项目管理手册

建立 SADI 城市事业部项目管理核心价值观和原则，事业部例会制度，事业部干系人管理手册及表格，事业部项目公关一览表，已签订合同项目进度管理表，已签订合同收款管理一览表，风险管理表等。通过一系列的工作表单，逐步实现事业部项目管理手册，并将日常工作管理的 OA 化，加强事业部信息化管理，弥补事业部为虚拟组织的沟通协调短板。

（3）SADI 城市事业部服务模式宣传资料及战略合作协议范本

完成企业院地合作专项介绍资料，适时完成企业院地合作成果宣传片，在原地合作方面针对合作的紧密程度，制定战略合作协议和常年顾问协议两种文件沟通范本。

（4）将城市事业部文化融入新时期企业文化

定期举行事业部项目交流、工作交流沙龙，及时分享城市事业部服务模式下的经验和教训，丰富城市事业部项目管理手册。院每年将城市事业部工作纳入年度生产经营专项会议，纳入人才招聘、考核、晋升体系，纳入院职代会奖励体系，纳入党委、工会、团委活动体系，使之成为新时期企业文化的组成部分。

思维转变与体系构建

从产品到客户，再造人文精神
——省院营销工作的过去、现在和未来

文 / 张理

随着国家经济增速放缓，设计市场竞争环境加剧，“营销”对企业的发展和壮大起着越来越重要的作用。有着六十多年历史积淀的省院，在营销方面有着怎么的过去、现在，将来又会走向何方？

营销工作有着传统和惯性，我们已经意识到“营销”的重要性，做出了探索和尝试，将继续统一认识、完善体系、做好服务，从只知执笔画图到多维度综合发展，让省院的营销工作发展成为企业发展的源动力。

设计院属于技术服务性行业，其产品具有特殊性，与很多可以看到可以摸到的“有形产品”不同，设计院的产品可以说是由有形产品和无形产品组成。有形产品主要指图纸等设计文件，高质量的设计文件是产品的“灵魂”。而无形产品，主要是我们的服务，这个服务伴随与业主接洽到工程竣工验收以及更后期的服务，也是现在的客户尤其看重的“卖点”。从营销开始到设计、改图，或者与老客户关系的维护，与新客户关系的拓展，每一阶段，营销踏出的每一步，本质都是提供让客户满意的服务。

作为有 60 多年历史积淀的企业，省院的营销模式及营销理念肯定也经历了一系列变化。改革开放前是计划经济年代，那时的经营部叫计划室，院属纯事业单位，不收设计费，设计任务由上级主管部门直接下达或建设单位直接委

托，然后由计划室分配给各个科室，根本没有营销的概念。值得一提的是那时的设计人员，爱岗敬业、任劳任怨，所以社会地位比较高，深受当地领导的尊重和建筑单位的爱戴，以至于行业市场化发展到今天，我们的一些同事都还抱有那种养尊处优的良好感觉，认为设计行业高高在上，去现场甲方不派车，不安排饭都很不爽，这都是急需转变的传统观念。

设计行业是最早进行市场化改革的行业。1982 年以后，根据省委省政府的要求，我们开始试行事业单位企业化管理，国家逐步明确收费标准，开始实施收费，即自主经营，自负盈亏。当时，院里计划室改成生产计划室，1988 年又改成生产经营处，也就是今天市场经营部的前身，省院也逐步开始了市场营销工作。但真正营销时代应该是 1984 年开始的，1984 年院先后在上海、珠海、海口、北海这些改革开放的前沿城市设立了分院，我们现在的院所领导当时风华正茂，怀揣理想，大多数都去了沿海创业，由于那时全国大大小小的设计院都在那边有分院，设计任务供不应求，设计市场竞争异常激烈，所以去沿海窗口除了学习先进的设计技术和理念外，更多是让我们第一次了解到市场的概念，营销和客户的重要性，这些经历对我们以后的工作产生了深远的影响。

我是 1991 年回的成都，1992 年经过省委省政府同意，我院开始实行（现仍在实行）技术经济承包责任制，极大地解放了生产力，设计人员的积极性空前高涨，加之开始有了经营政策，一度形成了全员营销的局面，院市场化规模和营销意识大大提高。20 世纪 90 年代，省院继蜀都大厦之后，陆续完成了新世纪广场、民兴大厦、川信大厦、成都房地产交易中心、天府广场摩尔百盛大厦等标志性建筑，这些项目从某种程度上说都是采用沿海较先进的经营理念，在激烈的市场竞争背景下完成的，使省院取得了长足的进步。

90 年代是设计市场大发展的十年，进入 2000 年后，伴随西部大开发政策的深入和川渝地区的经济社会发展，私营企业雨后春笋一般发展起来，使设计甲级企业由几家逐步增长到几十家，建筑设计市场可以说从 80 年代前的 3 家（西南院、四川省院、成都市院）垄断走到垄断竞争市场，并逐步走向完全竞争的市场环境。

2008 年，汶川地震以后，全国各地的设计企业伴随着各省援建队伍进入成都市场并留下分支机构。截至 2014 年，成都市场的设计单位超过 600 家，可以说全国以及全世界大的、知名的建筑设计院几乎都在成都有分院或分支机构。改革开放以来设计市场的发展正好用一句民间谚语来诠释：三十年河东（东部沿海），三十年河西（西部成都）。

总的来说，经过30多年的发展，设计市场的竞争格局已经发生巨大改变，这个变化也正是我们今天讨论的大背景。

我曾仔细阅读过《营销革命3.0》一书，作者的观点很具前瞻性，启发的东西很多，其中有句话让我感触颇深："商业社会瞬息万变，企业的竞争对手和顾客数量都在增多，变得比以往更加聪明。如果你不够敏感，无法准确预测这些变化，企业经营就会逐渐落伍，最终被无情淘汰"。我们的设计行业何尝不是这样！竞争对手越来越多、越来越强，客户的技术和管理水平越来越高、要求越来越苛刻，如果我们还在故步自封，感觉良好，还在按传统的、固有的模式生产经营，我们一定会落伍，甚至被无情淘汰。所以我们目前最应该注意的是"变"，随着市场的变化，做出积极的应变，一定要变得比以往、比对手、比客户更"聪明"，这个"聪明"的含义是通过改变，不断提高自己的技术水平、图纸质量和服务质量；通过改变，比对手更具竞争优势；通过改变，能给客户带来更专业、更周全、更满意、更超值的服务。

说回营销，多年来，院一直实行技术经济承包责任制，大部分营销都集中在所长的这一层级，负责经营的所长整天忙里忙外，非常辛苦。市场经营部的经营职责主要是合同管理和配合招投标，是一种传统、被动式的营销管理模式，这可能是大部分国有设计院的现状。2014年随着国家经济增速放缓，政府及房地产投资呈现下滑的趋势，尤其是下半年更为明显，持续增长的市场环境已一去不复返，设计行业的严冬可能即将来临，这应该不再是危言耸听，我相信大家或多或少感受到了这个变化。在市场环境发生着深刻的变化，如果我们的营销思路和增长方式再不转变，就一定会落伍。所以营销体系改变的就是我们目前最应该注意的。

近年来，院层面也意识到营销的重要性，成立了产品事业部，客户服务中心，营销中心，但是总体来讲进展还跟不上发展的需要，所以我认为营销思路的转变及营销体系的建立和完善是最为紧迫的。

在营销思路的转变上，我们也积极向行业内走在前面的企业学习。前几年北京院的工作室制度及成效为国有院的改进营销工作提供了有益的经验，省院从2011年开始实行工作室，从整个十二五战略规划发展期来看，工作室的成立和发展为企业营销工作做了不少的贡献。但这种营销模式仍然是在院所两级承包经营的体制机制下做的探索。

这几年民营企业的营销开始了尝试和转变，他们将营销这门管理学科与设计企业很好地融合起来，打破了过去传统的营销模式，开创了营销新时代，很好地诠释了设计产品的有形与无形。比如，CCDI悉地国际就是我们学习的榜样。

我们的《观筑》杂志与CCDI的高勇副总经理等优秀同行也有约稿。CCDI的营销核心是把以项目为基础，点对点的传统营销转向了一种“点线面”于一体的体系化营销，包括区域、产品、客户和项目四个维度，其营销团队的规模也是一般的设计企业不敢想象的，用赵总的话来说，现在全国有200多只小蜜蜂在为CCDI的营销体系辛勤工作。

近年来省院通过设计为主，两头延伸以及集团化平台战略，使院的人员规模及生产经营规模有了较大的发展，营销工作也做出了探索，就省院未来营销工作的开展，我简要谈谈自己的看法。

首先是营销观念的转变：过去那种传统的点对点的营销模式已完全不能适应目前竞争日益激烈和复杂多变的市场环境。这要求全院要自上而下通过学习、培训、讨论等统一思想、统一认识，尤其是我们的领导要带头学习、转变观念。因为系统营销体系一定会打破传统的营销组织构架以及利益分配，重新整合资源、构建体系。这首先要克服本位主义思想以及传统的观念，树立全院一盘棋的全局意识，只有这样，我们的营销工作才可能顺利有效实施。

第二，要做好营销顶层设计并尽快建立并完善营销体系。这是个系统工程，我们想建立的营销体系是以专业化为基础，覆盖点、线、面的立体体系。不管是营销中心的建立，还是产品事业部、客户服务中心的逐步完善，这些部门的职责、团队以及政策等都需要结合院的实际，精心计划，精心设计，扎实稳步向前推进。

第三，自始至终要做好我们现有客户的服务，尤其是大客户的服务管理工作，这是我们营销的基础，切忌捡了芝麻丢了西瓜，使营销工作顾此失彼。比如花了很多时间、很多精力去拓展我们的新客户，却怠慢了我们的已有老客户和大客户；集中人力、物力去二、三线城市以及省外开拓市场，却未能很好地守住和开拓成都本土市场。这也是我为什么非常赞同CCDI今年提出的“从猎人向农夫转变”的营销战略，这告诉我们：无论营销怎么发展，首先要保住我们已有的客户，即耕耘好自己的一亩地三分地。

这其中，我们也谈到大客户的问题。大客户是在行业有一定实力和影响力，同时对我院也比较认同，能带来相对稳定、相对大的合同的客户。大客户通常管理规范，要求标准高且严格，我们必须创新发现他们需求，配备最好的大客户经理、最适合、最优秀的设计团队及其他优势资源，用严谨的服务流程和科学规范的管理，全方位、全过程地为客户提供个性化、甚至超值的服务。大客户的服务做好了，自然就会有好的口碑，因为行业圈子很窄，其他客户可能慕名而来。但如果没有做好，负面影响也特别大，就可能失去很多客户。院里去年成立了要客服务中心，目的就是加强大客户的服务和管理，为院探索一条专业化、标准化的客户服务流程，使院的服务水平和客户满意度上一个新的台阶。

在《营销革命 3.0》中曾谈道：营销 1.0 时代，以产品为中心，重质量，轻营销，这是计划经济时代，是我们有什么，买什么的时代；营销 2.0 时代，以客户为中心，不仅重质量，更要重服务，这是市场经济初期，我们的现状，是客户需要什么，我们卖什么的时代；营销 3.0 时代，以人文精神为中心，不仅重质量，重服务，更看重共同的价值观和品牌的共同塑造，这是市场经济发展到今天的必然，这要求我们必须创新发现客户需求，真诚热爱我们的客户，与客户相互成就、共同成长。尽管营销 3.0 时代的很多观点有些过于理想和超前，但本书作者科特勒教授站在一个新一代消费者的视角提出了营销的新方向、新方法，这也是我院今后营销工作的目标和方向。最后强调一下，营销工作不仅仅是院长、所长、营销人员的事情，应该是关系到我们全院每个同仁的事情，只要大家齐心协力，把各自的工作做实、做好、做精，院的营销工作明天会更好！

用服务质量和态度支撑客户满意度和忠诚度的有效提升

文 / 蒋静

随着现代营销战略由产品导向转变为客户导向，客户需求及其满意度逐渐成为营销战略成功的关键所在。各个行业都试图通过卓有成效的方式，及时准确地了解和满足客户需求，进而实现企业目标。

勘察设计企业作为技术服务型企业的重要组成部分，同样具有服务型企业的重要特征，产品生产的过程需要设计人员不断与客户进行沟通交流，将客户的理念、要求等贯穿其中，最终满足客户需求，实现产品价值。在此过程中，产品就不仅仅是最终的几张图纸，更为重要的是将客户需求融入产品创作的过程，因此可以说设计团队也是产品不可分割的一部分了。

基于多年的设计管理及一线营销工作经验，我认为，在生产经营中做好技术服务工作，不但要有好的服务质量，还要有好的服务态度，同时还应提升设计团队人员自身综合素养，从而才能切实提高客户的满意度和忠诚度。

勤练内功、抓好技术，是客户服务质量和水平的基础。建筑设计是知识密集型劳动，对知识、技能要求高，产品自身特色、特长，决定了能为客户提供多少价值，因此需要不断提升技术实力，方能在不断加剧的市场竞争中占得一席之地。企业营销最为核心的还是技术实力的营销，把好技术关，勤加修炼内功，掌握优秀的方案能力、创新能力，以技术实力提升对客户的服务质量，这是保持合作的基础，也是客户最为看重的，是客户选择跟谁合作的重要参考。为此，A4 团队确定了技术产品发展方向，着力打造教育、文化旅游建筑产品品牌，并取得了积极成效。如在丽江古城东方文化旅游项目中，前面多家国内外综合实力靠前的知名设计机构花了多年时间做了多个方案仍然未能通过，省院团队在接到任务后，由于此前积累了大量文化旅游类项目的建筑设计经验，第一轮方案就很快被当地古建管理部门认可，并最终获得了项目的设计权。往后再有相关项目，客户也都会邀请省院团队参与其中。

摆正态度，全过程服务是提升客户满意度的关键。建筑设计工作是一项与客户持续沟通并将客户需求最终呈现在设计图纸上的过程，不管什么项目的设计都并非一蹴而就，其间必然有许多的反复和沟通，因此其间的服务态度就显得很重要。特别是如今设计市场趋于饱和的情况下，市场竞争更加激烈，在技术实力相差不多的时候，拼的就是服务。不管设计产品再怎么好，后期也会出现一些问题，如果后期服务做不好，那么不管产品多好、设计能力再强，最终也会被客户炒鱿鱼，后期服务对于拿下客户、留住客户至关重要。因此在设计过程中要多站在客户的角度思考问题，找准客户真实需求，以良好的服务态度为客户提供专业服务，更好地帮助客户解决问题，从而提升客户满意度。

加强责任意识、提高综合素养，是实现客户忠诚的保障。客户忠诚并非凭空而来，而是在服务过程中一系列客户满意因素的非必然结果，客户忠诚度提升的前提必然是满意度的增加，只有这样，客户才会对我们的技术服务形成偏好，并长期保持合作关系，重复购买。沿着这样的思路，提升客户忠诚度，就需要在与客户合作中为客户提供增值、超值服务，做好客户的智囊。因此在和客户接触的过程中，服务人员表现出的综合素养也很重要，这不仅包括扎实的专业技能、挖掘并识别客户真实需求的能力，还包括在工作、生活中为人处世的个人修养、人格魅力。一个富有责任感、善于沟通交流的人和一个缺乏责任、服务态度差的人分别对接客户的结果可想而知。

作为技术服务型企业，由于对设计成果的未知性，因此取得客户的信任就成为与客户接洽初期的关键性问题。无疑在以往项目中表现出的技术实力和客户对于服务态度的好评将有助于帮助客户建立对自身的信任，同时在接洽、交流过程中表现出的良好个人素养将更加为信任度加分，这一切又在不断的循环往复中成为不断提升客户满意度和忠诚度的不二法门。

探索技术服务型企业营销价值新增长极

文 / 李欣恺

随着市场经济日趋成熟，营销是不同于销售并高于销售的独立环节，需要企业将营销环节前置，营销先行，用营销统领整个运营过程。在营销这个没有硝烟的战场上，行业无论大小，企业无论强弱，招数无论正奇，都共同展示于商业舞台上，构成市场竞争的群雄齐聚。这是企业角力的现场直播，战略与实战，一招一式现于眼前。营销以市场为导向、以需求为中心。省院是技术服务型企业，服务是一种无形的产品，是维系品牌与顾客关系的纽带。许多事实表明，不论是以提供服务产品为主的企业，如肯德基、麦当劳，还是以提供实物产品为主的企业，如海尔、联想等，都在注入服务创新的内容，利用与竞争对手不同的差异化服务，为顾客提供超值产品。

营销理念：与客户双赢合作、相互信任、才能长久

营销中有一种PRAM模式，也叫双赢销售模式，它主要包括四个步骤：计划、关系、协议、持续，这四个步骤是彼此依赖的。只有成功完成上一个步骤，才能为顺利执行下一步骤提供保障。作为技术服务型企业，营销的三大支柱就是技术能力、整体服务能力、市场营销能力。尤其省院企业类型的特殊性，过程就是产品，所有的产品都是唯一性的，有些类似私人定制型的产品制作。如何做好客户服务是市场营销关键环节，通过客户需求和企业价值的动态均衡考虑，在持续提升客户价值，以建立企业持续经营优势，确保团队稳定、健康和快速发展。与客户打交道这么多年，我始终认为，和客户应该做朋友、但前提是——服务好客户。因为客户和企业能够长期合作的前提是双赢，建立双赢合作关系，才能与客户建立良好的人际关系，赢得客户的信任，让客户发自内心的愿意与企业建立长期合作，相互信任，才能长久。我们通过某种渠道和交往与客户建立合作关系，是因为我们的产品质量、品牌等因素吸引了客户，那么合作关系确定以后，要想长久，双方就要考虑双赢，怎样才能做到双赢？途径只有一个：做好服务。企业价值实现的前提是实现客户需求，你能为客户创造价值，客户就能为你提供机会，不同需求的客户，我们要用不同的服务策略，使企业资源得到最大化的利用，留住最有价值客户，培育最具增长性客户，这样客户与企业之间就形成了一种恒动关系，只有以客户需求为导向，企业才有可能获得持续经营优势。

营销战略：提升客户满意度、加强沟通、换位思考

何谓换位思考？简单来说就是站在别人角度去思考，将心比心，己所不欲，勿施于人。换位思考是营销人最大的天赋，换位思考是天才营销人的核心基因，营销的本质就是一个需求交换的过程，只有真正换位思考，才能把握清楚客户真正的需求。换位思考的前提，是有效的沟通。营销思维的核心就是一种由外而内换位思考问题的思维方式，我觉得营销与销售的一个重要区别就是，销售是把现有的产品推销出去，而营销是一个以客户需求为导向指导企业运营的一整套过程。营销工作的核心是沟通，而沟通的最佳境界是共识。如何才能与客户建立共识呢，只有换位思考，你才能真正深入客户的世界，站在对方的角度思考，要言而有信，有责任心，为对方着想，心态是第一位的，其次才是沟通艺术，只有摆正了心态，在合理性的基础上，着眼于长远，客户关系不能太功利，要有共同的价值观，对事物的认识要有共识，才能建立市场营销的合作关系。

营销策略：强化员工培训、优势组合、品牌提升

企业要想可持续发展，必须加强营销人才的培养，强化内部服务员工的培训，优势互补。省院是技术服务型企业，必须在思想、战略、经营行为及服务内涵上与目标市场需求一致，从而赢得市场、赢得生机和发展。如果要做好这项工作，就必须加强营销人员的培养。每一家企业都必须在营销理念、营销方式、营销策略、营销手段上进行相应的变革与创新，以适应信息时代的要求、才能获得持续的生存和发展。人才观念创新：从注重培养专业人才转向培养有创造性的复合型人才。无论是工业经济时代还是知识经济时代，人才都是企业最活跃、最重要的资源，只是不同经济时代具有不同的时代特征，在对人才的需要上也有差异。知识经济时代，所有的工作都要知识化，要求人们不仅要具有较高的某一方面的专业知识水平，同时还要具有多方面、多样化的知识，从管理层上，达到人才与人才联盟，企业与企业联盟。

营销格局：增强企业与员工的互动、聚焦营销资源

目前，省院组建了区域营销中心，这项工作非常好，能够促进营销专业团队的建立，打造平台，改变省院传统的营销模式。客户是企业生存之本，也是帮助企业生产经营的重要源泉，如果有客户与你的企业多年合作，就算是出现同类产品强劲的竞争，客户依旧选择你的企业，你就是赢家。由于省院的企业性质决定了企业的生产经营是分散、碎片化的生产链，这就要求在市场营销的工作中，打造企业品牌就显得尤为重要。什么是品牌？有“品”，才有“牌”。品牌是长期建立的过程，更是企业信誉与营销人员人格魅力的集合，做事要把眼光放得长远，不能只看眼前利益，有些项目，从当下来看，可能仅仅是一单小项目，但是把小事做好，才能做大事。口碑在口耳相传中才能建立，企业信誉和品牌在点点滴滴的坚守中获得，通过项目，把客户关系建立到位，客户不分大小，只有扎扎实实地干好每一个项目，才会赢得未来更广阔的市场。

省院应在员工职业价值观上下功夫，让每一个员工树立朴素踏实的职业操守，能安于做好当下，找到适合自己生存的方式，成为对社会有用的人，而不一定是金字塔尖式的人物，建筑设计是一项可以实现成就感的工作，将自己的设计理念和想法付诸建筑作品之中。长久以来，我们一直关注客户对我们的满意度，也更应该关注员工对企业的满意度，在现实生活中，当薪金报酬等没有大的变化的前提下，员工更注重工作环境、场所对自己态度、心情的影响，更在乎自己的价值在现实生活中的体现。只有员工对企业满意了，他才会更有效、更积极地发挥才智，创造个人价值和企业价值的共赢。在省院的各项考评中，应在保留纪律考评的基础上，补充沟通服务考评，培养每一名员工与客户的沟通能力，有针对性地应对市场变化，激发员工的工作积极性和创造性，使企业在市场竞争中得到生存和发展，重视员工对工作的满意程度是企业得以发展的强大推动力。通过员工工作满意度的提高，来减少员工的负面效应，增进工作绩效，提高员工生产积极性，使企业效益得到提高。

设计师是产品管理的一部分，产品管理促进设计师的全面发展

文 / 李阳春

目前在国家大形势下，各类养老项目风起云涌，业主方有观望的、有试水的、有真刀真枪投入开干的。市场看似热火朝天，但大量的投资人还是非常谨慎，摸着石头过河是大多数项目的现状。省院在泰康人寿西南片区首个旗舰养老项目、乐山老年病医院医养结合项目双双中标，我很兴奋，但在兴奋之余，我也感受到近年来从养老产品研发小组到养老产品事业部，省院养老产品开发团队付出的辛勤劳动及未来良好的前景。

从 2011 年企业“十二五”战略规划制定后，业务战略里新增了养老产品板块，院先后成立了养老产品研发小组、养老产品事业部。工作开始以后，首先我们通过反复的学习，逐步形成了一个相对完成的研发体系，用四川方言来说就是“举起了旗旗”，这两年这个框架一直在完善。那么在有了这个体系以后，我们理顺内部体系、整合了外部力量，进行不断的研究和实践，而大部分这种研究是争取通过项目做实的，比如说，在养老院产品方面，现在成都市社会福利院指导方案由我院完成，四川省和成都市几项老年建筑的规范也是我们在牵头。

所以也逐渐产生了行业的影响力。我们作为唯一一家设计机构成为各级行业协会的副会长单位，也多次代表四川省参加全国、四川省的老博会等。在养老产业界中有了一定的名气，但我个人更看重技术服务能力、市场占有率。

那么如何去实现我所说的全面技术服务能力和市场占有率？我认为有两个方面：一是内部内定期的产品研发重要节点控制，做好研发成果的管理以及内

部技术提升；二是外部的关键工程，尽可能地争取到更多不同类型的设计实践机会，所以你看到我们做了大量的小项目，有很多都在方案阶段就无果了，但是从中我们积累不同类型产品的设计经验，比如：养老院、适老化改造、旅游度假型养老产品、医疗主题老年公寓等。

我们知道在项目启动后，面临的困难还是很多，很有可能会影响团队人员的积极性。但是技术类的产品很重要的一个特点就是无形，那么你这类产品的营销就必须去面对这个问题。上述问题是不能避免的，但我始终认为技术人员是产品的一部分，很多时候面对有意向投资商的要求，经验丰富的设计师产生很大作用。还是那句话，我们不是什么项目都会去深入做，不仅要有意向，同时和我们的研究方向也是一致的，我们会去争取生产团队的投入。

而对于营销层面和技术层面会“打架”这个问题，我是这样认为的：任何项目都会存在前端、后端不匹配的问题，信息、压力等传递是重要原因。具体到养老产品来讲，我理解营销和技术人员是分工协作提供整体服务，在不同阶段，不同人员扮演的角色都是我们产品的一部分。你从分工的角度去理解这个问题，那么如果有项目了事实上剩下的问题核心的两个环节的沟通。

业务渠道的拓展是首要目的，也是事业部的一种核心工作。但是我们现阶段更看重的是如何在游刃有余的产业中发挥专业优势，也就是你能够融入一个产业链，了解他们的生态圈，理解不同环节的需求，然后用本专业的角度去理解他们、支持他们、相互实现，毕竟养老产业是多产业的融合，我们一定不能就建筑谈建筑，而应该是融合各种产业需求的产品创新，这就需要对对方从事的产业有深入的了解。这也是符合企业理想建筑的合作伙伴的品牌理念。

在 2015 年 10 月份四川老博会期间，我做了“尊享生活、设计明天”的主题演讲，期间发布了一些与成都市养老市场的调研数据引起了与会嘉宾的广泛关注，我们做了设计之外的很多工作，为的是将我们的工作在往前延伸，这种延伸超过了我们以往可能任何一项设计的深度和工作量。因为我们产品面对的用户群是庞大的、复杂的。核心目标时了解需求，我们也将需求调研的结果拿回来反馈我们的产品设计、标准、规范设计等方面。调研是一个开始，更重要的是调研之后的工作，需要大量的时间去梳理、去应用。

不过现在的情况比几年前好多了，我们不仅有了体系，也有了项目实践的机会，更有了一种方式方法去开展我们的工作，整个“十二五”期间的探索相信会在“十三五”期间持续的发酵，也是符合企业“智慧建筑、服务社会”的理念。

目前院成立养老产品事业部，事实上并不符合企业管理上真正意义上的生产型事业部，战略层面的用意占更多。我认为核心是有义务让全部或部分的生产团队具备养老产品的设计能力，争取让企业在养老产品方面具备全过程服务能力，比如说最近有个福利院项目，建筑装饰所也开始参与到项目的设计中来，全过程服务能力增强，我认为这是业务战略必须去实现的，也符合企业战略关于“全面技术解决方案”的发展规划。至于事业部的未来，或许也将随着养老产品业务的不断发展而发展，也有可能在结束使命后逐步做小。

前段时间在湖南参加一个行业会议，一名与会代表提到这样一个观点：“设计师只有全面发展才能重获尊重”。我认为该代表的观点是符合微笑曲线的，从设计的阶段来说，我们一定不能仅仅只做设计，还需要往咨询、科研、投资分析，后期的选材、现场服务等方面努力。事业部正是旨在加强两端，提升产品附加值。所以，还是希望大家多多支持、参与养老产品事业部的工作，让我们共同为养老产品在省院的发展、作出努力！以事业部方式，实现产品研究、执行业务发展战略的探索贡献力量！

基于客户需求的营销战略

文 / 罗杰

对建筑设计这样的服务行业而言，市场竞争的焦点已经从产品竞争转向品牌竞争、服务竞争和客户竞争，省院作为国有设计企业，要想在激烈的市场竞争中立于不败之地，就必须不断地改变营销观念，研究市场营销策略，创新服务理念，以便在激烈竞争中占据主动，实现快速发展。根据 STP 理论，我们应采取的战略决策和服务行为是什么样的？通过对STP理论（市场细分、目标客户的选择、市场定位）的分析，给技术服务型企业实施服务带来的启示有以下几个方面：

1. 应该选择哪个细分市场

我国很多设计企业在提供服务时，往往出现投入巨大，却得不到应有的收益回报，提供服务的质量没有获得应有的提高，甚至反而出现下降的趋势。主要的原因在于设计企业没有重视服务与专业化设计的真正结合。

最好的办法是：首先将资源投放到少数几个细分市场上，然后随着这些细分市场地位的巩固，再逐渐将范围扩展到其他门类。

实施服务，一定要看清整个市场的变化，尤其是为客户提供技术服务的设计企业，由于产品、技术条件更新速度快，面临的市场更是以惊人的速度在发展和变化，如果还是采取粗放的管理模式，决策往往落后于市场的发展。究其原因，就是没有对市场和客户作出正确的分析，设计企业实施服务的对象是业主，服务的内容取决于客户的需求，服务实施的情况、服务质量好坏等来源于客户的评价，因此，在某种程度上说是客户决定了企业的命运。如果要在最大限度上为客户提供优质、高技和满意的服务，最好的方法就是进行市场细分，选定目标客户、定位目标市场，这就是 STP 理论。

2. 是否需要一个不同的组织向目标客户提供服务

有效的市场营销可以让我们紧跟建筑市场的发展不断扩大自身的业务和市场。市场营销策划的目标就是寻找建立有效的销售市场和客户，主要涉及市场分析、市场调研、目标市场规划、寻找营销机会、客户资源分析、制定营销计划和持续巩固拓展成果等多个方面。不同的细分市场要求我们提供服务的团队组织形式和服务方式也有所不同。而且在不论是方案、工程还专项设计都需要专业的、有经验的服务队伍以及品牌。

八年前签约省院，好多师兄告诉我，你们省院做住宅很厉害的。施工图力量也比较强。数年前，和转投某房企的同事喝茶聊天，问其负责的综合体项目为何设计不到省院来做，他回答，老板觉得这个工程不适合省院，老板想要找老外来设计，因为他们的方案比省院更好。最近，一个甲方和我聊到，你们一院的医疗建筑很不错啊，你们景观所很厉害啊，你们二院最近好像做了很多综合体，你们几个工作室的方案还是很厉害的。你们人防、幕墙这些也是齐全的，这个项目之所以和你们合作，就是看中了你们可以搞一条龙服务。

3. 不同的细分市场是否需要不同的服务

每个细分市场的客户都需要感觉自己能得到最满意的服务，所以需要我们提供的服务不可能完全相同，我们所要做的，就是使客户感觉从我们提供的服务中获得最大收益。

由于设计门槛低，设计单位众多，各设计单位又没有自己明确的市场定位，造成设计产品没有特色，客户认知度低，只好采用不断降低设计费来保住自己的市场份额，造成低价竞争的恶性循环。“省院住宅很强”的那个时代，设计行业还停留在靠直觉的经营上，没有系统全面地分析过设计市场的需求特征及其变化趋势；也没有对竞争对手的动态情报进行分析评价，更没有一个鲜明的形象定位。施工图力量比较强是那个时代国营大型设计院的共同印象。但形象定位对于咨询设计企业是至关重要的，由于服务产品的无形性，企业面临的最大问题不是技术和质量，而是如何使客户相信自己的技术和质量，设计院的营销就是要有效地向顾客传递这种信息，从而提升其满意度。

4. 建立全专业全覆盖的技术优势

对不同客户，我们能够提供不同的服务支持。不同细分市场所需的服务内容不同，在每个细分市场中与客户亲密互动能力越强，占领细分市场的能力才越强。

粗放的市场定位必然对服务的满意程度带来影响，一位在设计江湖飘荡多年的朋友给我讲过一个他本人的笑话，在国营大院上班的时候，经常甲方给他方案下的结论是说你们就是方案太中规中矩没有想象力，在境外建筑师事务所做的方案甲方很满意，但是又担心落地实施的问题。他笑道，人还是那个人，在不同的地方，就被贴上了不同的标签。

而细化到每个部门的具体优势，着力不同细分市场，业主往往会对同一种服务做出不同判断。因此，对单个部门来说，一个有效的营销对策就是进行补缺市场营销，针对顾客需要，为其提供有价值和特色的专门化的产品和服务。以此形成竞争优势，并逐步扩大顾客资源，最终形成综合的优势。

抱诚守真：构建以客户关系为核心的经营管理体系

文 / 邱翔

过去十余年，得益于房地产开发量的迅猛增长，建筑业获得了前所未有的飞速发展，作为产业其中一环的建筑设计企业也迎来了发展的黄金时期。2013年以来，随着国家宏观调控政策导向调整以及市场自身周期的变化发展，地产投资热度减退，增速趋缓。在蛋糕总量逐渐缩小的情况下，设计企业之间为了拿到更多项目，拓展或保持原有规模，市场竞争也愈发激烈。在此背景下，设计企业如何在竞争中脱颖而出，赢得市场？除了靠过硬的专业技术实力外，为客户提供良好的服务也更加重要。

作为SADI下属最大规模的生产部门，设计三院长期以来与万科、中海、香港和记黄埔、台湾乡林集团等大甲方企业建立并保持了良好合作关系，双方合作完成了众多知名项目，得到了他们的中肯好评。我作为三院主要负责客户关系管理的副院长，长期与客户打交道，积累了丰富的客户关系管理实践经验，也有一些关于客户关系管理的体会和思考。

从几年前开始担任副所长后，我就开始思考应该如何更为系统、有效地做好三院的客户营销工作，不仅要开拓新客户，为更多甲方服务，更要保持好与老客户的合作关系，提高客户忠诚度。三院的客户是非常多元的，既有像万科、中海这样在成都市场属于第一梯队的地产开发商，有政府背景的平台公司，也有一些行业外跨界合作的客户，每类客户各有各的需求，需要准确理解其需求并合理配置资源，使其需求得到有效满足。

关于对客户的理解，从不同的角度有不同的划分，如可以分为直接客户与间接客户、现实客户与潜在客户等。直接客户好理解，如和我们签合同的开发商、政府机构；间接客户则是指建筑产品最终交付后的使用者，他们是建筑生命周期中与建筑产品关系最为密切、使用时间最长久的。现实客户是指当下与我们发生业务关系往来的客户，而潜在客户则是那些现在为何我们发生业务联系，但未来很可能因为市场原因而会与我们建立业务关系的客户，如部分酒店未来可能会转型改造为养老公寓，策划公司可能会为我们带来业务等。伴随着市场转型，这些潜在客户都需要我们提前预判关注。

说到对客户关系的理解，我认为可以将客户关系比喻为“恋爱关系”，这样可能更加形象、易懂。我们跟客户就像是谈恋爱的双方，总是从不认识到认识，通过双方不断交流、了解，逐渐建立信任，最终基于双方的互信及相互吸引，在众多追求者中脱颖而出，荣获对方青睐而建立关系走到一起，此后即是双方的磨合、甜蜜时期。恋爱关系的维持既要对对方精心呵护，也要摆明自身底线，不能触碰，这样才能形成健康、稳定的交往关系。我们的产品是技术服务，技术信任是客户选择合作的最重要因素，因此需要创造良好的客户体验。在这方面，我认为省院可以多向著名火锅品牌海底捞学习，努力为客户提供极致服务，主动追随市场，用激情、创造力为客户提供产品以外的增值、超值服务。

那么在“恋爱关系”管理过程中，我认为有一些重要因素是不可忽视的。客户关系管理有五个维度：一是获取客户，二是选择客户，三是客户保持，四是客户差异化管理，五是客户价值拓展。获取客户和选择客户更多意义在于“多”，即客户量的增加，这就需要从各种渠道收集大量信息，尽可能搜寻客户信息，获取最大化的客户数量，并从中选取合作客户；而客户保持、客户差异化管理和客户价值拓展则体现在“久”，即通过多种方式对客户进行差异化管理，满足不同客户的需求，从而与客户保持长时期的良好合作关系，实现客户价值拓展的最大化。以上几点在客户关系管理中都是不可忽视的因素，非常重要，接下来我想重点谈谈后半部分的内容。

大家都知道，与客户关系水平最高的阶段是对企业利润贡献率最大的时期，就跟恋爱一样，两个人关系最好的时候，彼此得到的快乐也最多。稳定期的长度可以反映一个企业的盈利能力，因而客户保持的终极目标就是要将客户关系持续保持在稳定期，为此企业要尽可能延长客户生命周期，并为之制定相应的有效产品策略。三院在长期的发展中也是更加依赖老客户，要与他们保持良好的合作关系，尽可能延长客户生命周期，就要多创造一些机会与他们沟通交流，尽量挖掘他们的需求，并为其提供良好的解决方案。例如在省院举办的医疗产品主题沙龙、养老服务高端论坛等活动中，我都会邀请相应的客户来参与，持续与客户保持活跃，随时发现他们的需求。通过这些活动不仅增加了客户相关专业知识，客户也因此加深了对我们了解和信任，实现一举多得。

在我看来，在一个正常的市场环境下，客户满意是客户忠诚的必要条件，但客户满意并不必然导致客户忠诚。客户满意更多是强调客户对于服务结果的感知和评价，而客户忠诚则是双方在长期合作过程中客户表现出的意愿和行为，往往客户忠诚是多次客户满意的结果。所以在合作中没有永远忠诚的客户，只有准确把握客户需求，并以自身的专业服务让客户持续满意，进而引领客户需求，才能尽量延长客户生命周期，拓展客户价值。

如何提高客户忠诚度，每个人在实践中摸索的方法不尽相同，但不管采用何种方法，出发点和落脚点都要立足于客户，用最恰当的方式为客户服好务。总结起来，我认为有如下几点可供参考：

一是“打铁还需自身硬”，加强专业技术学习和积累。只有加强内部管理，练好内功，才能在激烈的市场竞争中得到客户的青睐，与之保持良好合作关系，没有扎实的专业技术实力作支撑，再好的营销手段、再好的私交关系也无济于事。不断提升服务质量和效率，为客户实现增值、超值服务，保证客户价值的提升，是三院一直以来的追求。比如在一些项目的施工图设计中，虽然项目方案并非我们完成，但是我们不会只为完成工作而工作，我们会在接到任务后重新回到方案阶段进行梳理并提出优化调整建议，提出施工图设计的建议供客户参考，避免后期施工中因设计的不合理导致客户更多成本的追加。

二是转变角色，站在客户角度考虑问题。“站在客户的角度思考问题”这句话人人都会提，但真正落到实处往往还有很长一段距离。多从客户立场出发考虑问题，以客户标准来考量我们的工作，加强对客户需求的关注，才能厘清客户真实意图，精准掌握客户需求，从而为客户提供满意周到的服务，提高客户的满意度和忠诚度。

三是整合优势资源，做好客户技术智囊。每个团队本身并非全能，因此需要借助并整合其他优势资源，形成更为强大的联合体，共同为客户服务，做好客户的技术智囊。在这方面，三院会根据院内相关规定积极参与内部项目联动，整合院内其他团队资源共同为客户服务，同时也会充分利用积累的外部资源，将此分享给客户，从技术层面为客户提供一些前期咨询，帮助解决某些客户遇到的实际问题。

四是针对客户类型进行差异化管理，有效稳定客户。前面提到三院的客户较为多元化，针对不同客户的需求的差异性，三院注重从内部管理保证不同客户需求得到有效解决。在三院内部，经过长期的磨合，已经形成了较为稳定的项目类型团队细分架构，每个团队根据自身专长选取住宅、综合体、办公楼、酒店等多种项目类型中的一个或两个作为工作重点。平时在项目划分中也注意这些小团队的完整性，从而保持专业技术实力的延续性。

五是加强客户的参与感。一些设计师并不喜欢客户过多参与到设计过程中，觉得客户的参与打乱了自身的设计思路，但殊不知建筑设计的过程就是设计师将客户需求不断以建筑语言融入设计的过程，是设计师与客户不断交流完善的过程，没有客户的参与，设计师的作品必然不能充分体现客户需求。因此让客户参与到设计中，不仅可以通过交流更好地理解并实现客户需求，提升客户的参与感和满意度，同时客户也能更加了解设计的过程，知道设计周期过短并不利于设计品质的提升，我们也能更多地争取设计时间周期。

从整个企业的角度来看，省院近年来非常重视市场营销工作，通过多种方式加强营销力度，并取得了积极成效，但和行业部分单位相比，营销工作还有较大差距。从结果导向的角度来看，我认为省院目前的营销现状主要有如下三个特点：一是老客户多，客户回头率较高；二是项目来源主要以开发商为主，政府主导投资的地区标志性公共工程项目较少；三是院各单位之间项目内部联动方式较为粗浅，水平较低。

谈到未来营销工作的重心，我觉得可从如下几个方面进行着力：一是在企业发展战略的指导下，打造一个允许下属的部门进行一些营销动作的创新和大胆尝试，允许试错的企业平台，开放大家的思维域，善于发现机会，成就共赢。二是依靠企业现有的规模优势，从院层面进行集整营销，实现差异化的营销竞争力。省院自身架构规模大、人数多，部门多、业务类型全，部分团队在细分市场上的竞争力也非常强，精细化、专业化能力突出，这些都是我们的优势，要将其整合起来，形成营销合力，而不是各自为阵、散打。

同时依靠院现有在 BIM 技术、绿色建筑、EPC 总包等方面的研究及实践成果，形成差异化的竞争力。三是跨界营销。跨界营销既包括业主的跨界，也包括合作伙伴的跨界，由于跨界营销带来的合作双方非竞争性、合作低风险性、资源利用“零”冲突、合作稳定性及可持续性等多方面的优势，省院可以在营销工作中加强跨界思维的运用，依靠互联网思维和大数据应用等手段，在营销领域开辟新的蓝海，与合作方共同开启新的利益增长点，实现多方共赢，在这方面，关注汽车的人应该都知道美国汽车公司——特斯拉的模式是一个值得学习和借鉴的企业。

驱动智慧建造 开拓市场新模式：BIM 营销机制与发展战略

文 / 张凯

作为一种新兴技术，BIM 自 20 世纪 70 年代被提出后，在短短的几十年间，已经取得了飞速发展并逐步运用于工程项目生命全周期中。就像曾经手工制图被电脑制图取代一样，新兴的三维 BIM 技术未来也将逐步取代传统的二维图纸。在当下，由于 BIM 技术应用的非完全成熟性以及区域发展的不平衡性，所以 BIM 在行业中更多的是担当起一种辅助营销手段的角色。

虽然 BIM 已经有几十年的历史了，但说起 BIM 在国内的兴起和快速发展还是近几年的事。整体而言，BIM 在国内发展主要呈现出如下特点：一是地区发展不平衡，东部北上广深等地区无论是理念接受度还是技术应用广泛度、成熟度整体都更为超前，中西部地区则相对落后。而在中西部地区中成都由于国外及东部地区等先进地区企业进入较多，同时部分本地企业也非常重视BIM 发展，因此BIM 技术发展相对更加靠前，是中西部地区 BIM 发展最好的城市；二是由于国内特别是西部地区 BIM 发展总体不成熟完善，普及度不高，市场容量不大，因此更多设计企业将其作为市场营销的切入点，以一种营销辅助手段的方式打破原有市场均衡，拓展传统设计市场份额，而不是单纯做 BIM 项目设计。

那么BIM 作为一种新兴营销手段，其都有哪些特点和优势？首先是技术的创新性，这点是基础，决定了其他几点的效果。相比于传统的二维设计，BIM 能在建筑开发和运营的生命全周期中为业主带来更高的效益，正如 SOHO 中国董事长潘石屹在欧特克张凯U中国“大师汇”中所讲，BIM 为其银河SOHO

项目的建安成本节约了20%~25%，这是多么大的一个数字。其次是有利于打破传统设计市场均衡格局，拓展区域市场。在传统的市场竞争中，各个区域中的每家设计企业一般都对彼此的优势及特点较为了解，因而也形成了较为稳固的市场格局。如果以BIM、绿建等新技术作为前期营销的切入点，在不另外增加成本的前提下为客户提供更好的服务，客户自然会因为新技术为其带来的更大收益而选择与我们合作，从而实现打破市场均衡、扩大市场份额的目的。这一点在外部企业进入新区域市场谋求市场份额的竞争中尤其有用。最后是现在大部分全国性开发商客户对BIM的理解度和接受度越来越高，认同BIM价值，要求其公司内部及合作伙伴采用BIM技术。因此掌握新技术的团队就更加容易获得这些大开发商的青睐，而在获得信任后还可能在其他区域市场获得更多项目机会。

省院在“十二五”期间投入了大量的人力、物力培养BIM团队，加强对BIM技术的研发，在BIM项目设计、BIM数字化咨询服务、BIM技术培训等方面不断成长进步。目前无论在科研、评优评奖、项目积累等方面都走在区域市场前列，已是省内一流的设计团队，得到了客户及行业组织的高度评价和认可。

在这些年的发展中，我院BIM团队已是国家BIM标准《建筑工程设计信息模型交付标准》、《建筑工程设计信息模型分类和编码》参编单位，四川BIM标准《建筑工程设计信息模型交付标准》主编单位；多次荣获国家、四川省BIM设计大赛奖项，如腾讯（成都）科技中心项目获四川省首届BIM大赛一等奖，攀枝花三线建设博物馆获得全国首届BIM工程大赛三等奖；我院获得Autodesk官方授权的张凯TC培训资质认证和培训讲师的AAI认证，成为专业的BIM培训机构，为其他一些企业输出BIM培训；在项目方面，我们完成了腾讯（成都）科技中心、攀枝花三线建设博物馆、成都龙湖金楠天街综合体项目、天立国际学校系列项目、重庆绿地水巷、天府新区中央商务区等20余个项目，受到客户的好评和重复购买。通过规范编制、参加评奖、积累项目经验等多种努力，抢占市场的技术制高点，有效提高了院在BIM领域的知名度和美誉度，提升了企业的品牌影响力。

但近年来许多媒体都有关于“真假BIM”的报道，所以在市场竞争中如何取得客户的信任，同时避免假BIM带来的恶性竞争也是我们面临的一个问题。

目前确实存在一些通过假BIM的低价竞争来扰乱正常市场秩序的行为，对我们很不利。对于这种情况，首先是要让我们的客户更加理解BIM的真正内涵，同时以自身的专业技术实力取得客户的信任。在设计行业，建立客户信任是生存之本，而设计产品的质量和服务则是取得客户信任的基本要求，因此在工作中就需要认真、踏实地完成每一个项目，如我们的BIM项目为保证最终的落地性，都会派至少一名设计师到施工现场开展驻场服务，保证质量，为客户服好务，积累良好的口碑。

前面谈到很多全国性的大开发商对BIM的接受度很高，对BIM也很感兴趣，而他们往往在全国各地都有分公司或布点、项目覆盖范围广。因此我觉得可以BIM服务为切入点，跟随这些大开发商一起进入区域市场，获取项目。一来他们都是全国性企业，在区域市场中的示范效应很强，做好了他们的项目更容易获得当地客户的信任，从而建立业务关系；二来这些大开发商内部各区域公司也会要经常碰面，彼此间会进行内部的口碑传播，因此服务好了一个区域子公司就有可能获得其他区域子公司的项目。在这方面我们就有一些先例，如绿地集团的西南事业部，我们先是为成都绿地做BIM项目，得到肯定后我们又被推荐做了重庆、贵阳等地的绿地项目，合作很顺利，他们也非常愿意继续与我们合作。

市场营销是一门系统科学，拥有很强的理论性和实践性，但在我们设计行业，真正的市场营销还刚刚起步。未来市场环境将更加复杂，我们只有主动出击、把握机会才能在竞争中取胜，不管是围绕高新技术开展的产品营销，还是围绕客户需求而进行的客户营销，抑或围绕不同地域、不同市场开展的区域营销，都需要重视将营销学科的理论指导和实践操作相结合，探索出一个符合省院实际的营销体系。就如上面所提到的，围绕BIM的营销方式方法有多种，需要我们善于捕捉市场环境变化，掌握客户需求，创造性地整合资源交付给客户。

我们刚才主要是从BIM技术的角度来谈市场营销工作，现在拓宽一些，从更广阔的视野来看，说一说区域市场营销。说到区域营销，前面讲到依靠创新技术跟随全国性开发商进入其他区域市场是一种方式，但可能比较随机，不成体系。在利用新兴营销工具方面，可以借鉴某些东部企业的做法，以BIM为例，他们一般首先利用QQ群、微信群、微博等新媒体建立一个全国性的专业 BIM 交流平台，并在各大区域建立对应的子平台，邀请当地感兴趣的开发商、政府官员、同行等加入其中交流探讨，并借机树立良好的专业技术形象，加上线下的一些营销手段，形成立体营销网络，在进入相应区域市场后，就更容易获得当地客户的信任。而在营销组织架构方面，我觉得可以学习借鉴 CCDI 的模式，在总部成立一个营销中心，组建一支专业营销队伍，选取部分经济发展水平较高、有一定辐射能力同时企业在当地有一定市场口碑、市场机会较大的城市作为区域营销中心城市，派驻总部营销中心人员到各个区域中心进行专职营销活动，获取项目信息，配合资源团队拿下项目，最终逐步扩大，形成点线面相结合的区域营销网络。

第九章

筑·人才

企业是由人组成的集合体。对“企”字的理解，有这样一个说法：“有人则企，无人则止”。人才是企业发展非常重要的战略性资源。作为设计企业，毫无疑问，人才是我们最核心的资产。

省院成立 60 余年来，我们陆续培养了几代设计人，沧海桑田，事易时移，企业不仅在人文精神上实现了良好的传承，在人力体系构建上也日臻完善，更加现代化、科学化。十年树木、百年树人，透过一棵棵茁壮成长的树木，我们能看到企业的理念和未来。

战略：以人为本铸就核心竞争力

企业人力资源管理回顾与前瞻

企业“十三五”战略规划在传承和发扬过去60余年企业发展形成的人本文化基础提出了“12345”的战略目标体系，并就匹配组织持续发展，构进省院人才体系提出了务实的要求。在两个五年规划的系统思考研讨的基础上，我们就人才战略规划进行了深入的思考和实践。

1. 转型和创新是本轮人力资源规划的重要动因

在宏观经济增速降档的新常态大背景下，国家的政策在不断推动行业及区域壁垒的打破，资本的力量更会加速国内统一大市场的形成。外部环境的变化将加速行业的整合和企业的转型升级，需要企业进行深层次的变革才能适应新常态而得到生存与发展。

在新常态的竞争中胜出的必定是那些具有核心竞争力的企业。在过去的十余年投资驱动的增长模式下，勘察设计行业搭乘经济增长的高速列车，也得以快速发展壮大，行业内企业和人员的数量都是快速增长且增速达到了历史的高峰。产能上来了，但是经济减速了，蛋糕变小了，这种形式下设计行业同样需要优胜劣汰去“库存”的过程。因此，企业核心竞争力的打造是企业经营者首要关注的问题：而企业核心竞争力是由人来承载的，因此打造企业的核心竞争力也必然是人力资源管理者首要关注的问题。

2. 人力资源战略规划的必要性

人力资源战略规划确定一个企业将如何进行人员管理以实现企业目标。与其他战略一样，人力资源战略是为管理变化和制定的一种方向性的行动计划。它提供了一种通过人力资源管理获得和保持竞争优势的企业行动思路，即在变化的环境中将重点放在对人的管理上。

人力资源战略规划的作用在于能帮助管理人员与人力资源职能人员一起确定、解决与人相关的企业问题：它能帮助管理人员确定对本组织的竞争力与成功最为重要的问题，帮助管理人员建立重点次序以及确定如何实施人员管理的愿景。

以下是人力资源战略的益处：

✧ 界定实现企业目标的机遇与障碍

✧ 促使对问题产生新思路；引导和教育参与者并提供比较广阔的视野

✧ 检测管理行动投入程度；开创一种将资源分配给具体计划和活动的过程

✧ 培育一种紧迫感和积极行动精神

✧ 建立一种针对今后两三年重点问题的长期行动方针

✧ 提出企业管理与管理人员开发的战略要点

在管理人力资源的过程中，人力资源战略也将管理思想与行动联系起来。它确定了如何能通过一种合理的、一致的、以战略为核心的过程去进行人力资源管理。

3. 满足院人才需求与供给关系是人力资源战略规划的主要内容

人力资源规划以企业战略为基础，以达成企业未来目标为导向，着眼于为未来的企业生产经营活动预先预备人力、持续和系统地分析企业在不断变化的条件下对人力资源的需求，是企业战略规划的有机组成部分。

人力资源规划主要关注两个方面的内容：一是为实现企业未来的目标，需要什么样的人才？二是为实现企业未来的目标，应制定什么样的人力资源管理政策和原则？因此，人力资源规划也应该相应的包括员工队伍规划和人力资源管理规划两个方面的内容。

要打造企业的核心竞争力，就行业的发展趋势而言，企业需要重点关注这几只人才队伍的打造：

首先是高级管理人员人才队伍。具有丰富的企业管理知识和实践经验，对行业的发展有清晰的认识，能够为设计院的发展指明战略方向并带领团队实现管理目标和管理人才。

其次是专业技术人才队伍。除常规的生产性技术人才外，企业还需要具有创新意识和创新能力的专业技术人才与科研技术人才，通过技术创新、突破或更高效的新技术应用才能打造出企业的技术竞争力。

第三是项目管理人才。就设计院的业务性质而言，项目管理是业务运作的基本模式，打造一支强大的项目管理队伍，是高效率、高质量和低成本服务业主的关键。

第四是经营人才队伍。未来企业所需要的经营人才不仅要具有市场经营的能力，更需要具备市场前瞻性和市场规划能力，才能未雨绸缪，制胜长远。

在人力资源部门层面，人力资源管理规划需要协助管理层推动企业转型与变革，真正成为决策层的战略合作伙伴。

4. 人力资源管理能力是落实规划的关键

企业处于勘察设计行业，企业的人力资源工作更多的处于初级阶段，仅仅是满足日常人力资源事务性工作为主，很少能够在战略的层面上，更少能够起到企业合作决策伙伴的作用。但从企业“十三五”及未来发展的人才需求而言，如果企业的人力资源不能成为决策者的合作伙伴，企业的转型或变革的成功率将大大降低。

为完成企业“十三五”战略规划中“12345”战略目标体系，就匹配组织持续发展，构建省院人才体系的人才发展目标，我们将日常人力资源管理职能分解为三个层面 17 项职能，并逐一进行分析，具体分解如下：

管理层面	关键职能
人力资源管理策略	人力资源管理愿景和使命
人力资源管理实务 / 制度	人力资源规划
	职位管理
	薪酬管理
	福利安排
	培训与发展

续表

管理层面	关键职能
人力资源管理实务 / 制度	职业生涯管理
	员工能力素质模型
	领导力发展与继任管理
	绩效管理
	组织发展
	转变管理
	知识管理
人力资源管理基础 / 工具	人力资源管理信息化
	人力资源管理专业能力

通过对以上人力资源管理三层面 17 项职能分析，我们得出了三个阶段的人力资源管理提升建议，并对每一阶段的具体工作目标及内容进行了规划：

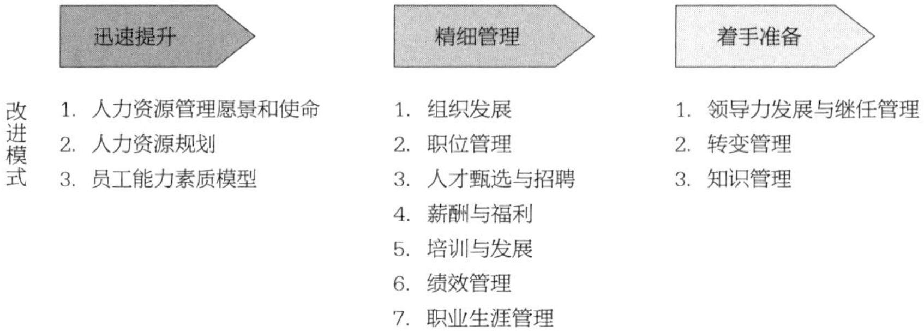

改进模式	迅速提升	精细管理	着手准备
	1. 人力资源管理愿景和使命 2. 人力资源规划 3. 员工能力素质模型	1. 组织发展 2. 职位管理 3. 人才甄选与招聘 4. 薪酬与福利 5. 培训与发展 6. 绩效管理 7. 职业生涯管理	1. 领导力发展与继任管理 2. 转变管理 3. 知识管理

人力资源部门是人力资源管理能力的实施主体，在总结过去工作成功经验的基础上，还应该在下列方向进行努力：第一，首先做到自身能力要达标，专业知识、问题分析与解决能力、沟通能力都需要加强。第二，转换思路，要将时间和精力主要用在更有价值的战略性工作项目上，如人力资源规划、人力资源配置、选人、育人、留人、用人的策略及制度建设等方面，减少在繁琐的人事和行政工作事务上的精力分配。第三，从决策层和公司战略角度出发，设计合理的工具和制度来保证公司的战略实现，比如结合公司发展战略设计合理的绩效管理体系、策略性的薪酬福利体系、完善的招聘培训体系等等。第四，人力资源管理部门需要和业务部门保持高度紧密的合作，

要熟悉公司的各项业务流程，只有这样，在设计和制定相应的制度、流程和工具时，才能有的放矢。

结语

人力资源规划是企业战略规划的有机组成部分，它实际上是企业战略目标在资源保障与配置上对人力资源方面的分解，是为了确保企业目标的实现而制定的一种辅助性规划，它与企业的其他方面的规划如经营生产计划、财务计划、改革发展计划、科技发展计划等共同构成企业目标大的支撑体系，与企业战略组成同盟关系。人力资源战略也应该随着内外部环境的变化以及企业战略目标的调整而进行动态调整，满足企业供给与需求关系，确保企业战略目标的实现。

顺势：培训体系的构建

随着企业的不断发展壮大，我们在思考一个问题：如何成为百年企业？我们需要什么样的能力支撑省院“百年店”的梦想？如何持续拥有我们已经积淀的优秀的组织能力？

于是，我们想到了耳熟能详的GE、IBM等世界一流企业走过的历程，发现他们有一个共同的特点，就是重视人才、重视人才的系统性培养、重视领导力的积累和发展。因此，成立专注服务省院发展的企业培训中心甚至企业大学就成为省院的战略选择。

近年来，院工程量持续增大，各设计所常规生产任务饱满，面临的人力资源压力较大；内部组织架构的不断调整与完善，业务不断多元化，产业链不断衍生，这些都对我院项目管控流程制度及人力资源支撑提出了更严峻的要求；市场细分、区域布局、业主需求的提升，对企业员工服务客户的能力提出了更高的要求……

人力资源效能的提升，员工培训与人才梯队的构建已迫不及待。

在此背景下，SADI培训中心应运而生。2012年，院完成了培训体系建设，定位员工发展以带动企业发展，搭建知识和创新、互助与分享的平台，助力员工的自我完善、自我提升，为其实现个人价值提供养分。为员工开拓职业发展的空间和渠道，发现企业需求与员工个人需求的最佳结合，为优秀管理者、专业人才等不同成长方向服务。

以培养企业人才为核心

文 / 陈中义

培训中心作为我院“十二五”期间新成立的部门，经历了从无到有，自成体系的过程，为我院的整体发展带来了新意，也展开了一些很有意义的工作。“十三五”期间培训有着很大的上升空间，我对培训未来的发展也抱有很大期望。我希望培训应从计划、路径、目的、评价考核等方面进行思考。

对于不同的培训对象，如行政管理人员、技术管理人员、专业技术人员等都要进行针对性的培训，而这一切的基础在于制定清晰明确的培训计划或者大纲，这是培训工作的基础，也是重中之重。

作为一个还在发展的新部门，培训计划我们自己可以制定，借助外力来完善则是另一条捷径，这也是一种能学习别人先进经验的好办法。院的培训计划要包括三大类，一是岗位技能，二是综合素质能力，第三点我认为需要特别关注，由于我们处于服务行业，任何时候都要设身处地为业主、为合作团队考虑，这需要我们具备更好更高的服务意识。培训也是服务，需要有渠道互动，培训的需求可以来源于客户，培训的效果也应体现在对外综合服务水平的提升上。培训计划不应是我们单方面制定，普众性的可以用一般的方式路径由我们来制定，除此之外，业主反馈和受培对象的需求，以及市场、行业变化对我们提出了更高的要求。培训需求收集起来经过梳理就可以形成工作大纲思路。

我们再来看看培训的路径也就是方式。我们不要局限在固定的思维模式下，应该创新培训路径，提高培训效率。课堂讲座算一种形式，是对员工进行集中交流培养。除此之外，还有很多好的培训路径。比如，保险公司和某些单位有一套完整的培训路径：这些公司以月 / 季度 / 年等不同的时间节点针对不同的培训内容，把课程、讲座与书本、网络等线上线下相结合，配合资料阅读，网上答题等形式进行学习和检查，这在很大程度上提升了培训的效果。

培训最近几年还在成长期，自身的培训体系和优势还不够完善。我们的主要目的是建立适合于勘察设计行业技术人员、管理人员和服务人员的一套完整体系。任何时候都是自己形成了成熟的体系之后，才能思考往更深一步发展。企业目前培训的动力并不是市场盈利，而是一种知识和经验的分享，但这种分享应有制度。作为企业的培训部门，主要职能应是服务于企业，找准方向，找到企业人才培养需要解决的关键问题。在此基础上，有行业的优势和完整的培训体系，可以延伸服务某些外部机构或群体。希望我院培训中心在部门成长期间多学习，掌握前沿的资料，多了解院内的需求，把做好企业内部人才培养作为部门最核心最重要的工作。

从目前来看，院里传统的培训有了一定的积累。比如，各个专业业务学习每年有几次，这些培训传输了新技术、新规范、新知识，但却缺乏一个有效的考核评价体系，最终使得培训效果打了折扣。对培训效果可以适当进行考核，但是不应过于强制。比如，国资委的培训体系，通过行业精英和大专院校老师授课，形成常态化，专业化的培训，每年以履职考试的方式来检验培训效果也是值得借鉴的。总之，成年人学习方式应以引导和影响为主，辅以监管手段。

企业是由人组成的集合体。对“企”字的理解，有这样一个说法：“有人则企，无人则止”。人才是企业发展非常重要的战略性资源。企业的人才队伍建设一般有两种：一种靠引进，另一种就是靠自己培养。所以企业不断地进行员工培训，向员工灌输企业的价值观，培养企业所倡导的行为规范，从而形成良好、融洽的工作氛围。

带着对省院的满腔热爱，祝愿我院的培训工作能够为企业发展添砖加瓦，再创佳绩。

授人以渔——培训是企业发展的基石

文 / 李纯

当前，社会给人们提供的职业选择机会越来越多，在企业发展过程中，人逐步成为最活跃、最稀缺的资源，而企业要在激烈的市场竞争中脱颖而出的唯一途径，就是充分开发、科学管理企业的人力资源。“上下同欲者兴，上下同兴者胜”。企业唯一真正的资源是人，管理就是充分开发人力资源，而企业人力资源开发的最重要方式是企业员工的培训。

企业经济知识化：培训价值——充电补能

培训是什么？所谓培训是帮助企业实现战略目标、提升员工个人竞争力的一种教育、培养方式。

经济学意义上，培训是一种人力资本投资；

管理学意义上，培训是一项重要的人力资源管理活动。

培训一方面通过提升人员职业技能、专业能力和人力资源素质，提高人均劳动生产率，支持企业经营目标乃至战略目标的实现。一方面能有效地增进员工知识技能和能力，更大程度地实现员工的自身价值，提高员工满意度，增强对组织的归属感和责任感，打造企业的核心竞争力。

在勘察设计行业整体创新转型的社会环境下，我们必须把省院的人才队伍建设推向社会并适应社会的观念。重视培训、重视员工的全面素质提升和对企业文化的认同，通过培训可以使人力资源的价值得到提升，从而提升企业的核心竞争力，最终实现企业与员工“双赢”。

企业管理柔性化：培训体系——重在定位

认识到了培训的重要性，并不等于就能做好培训工作，培训工作的完成需依赖于完整的培训体系。

今年是“十三五”战略规划制定之年，面对现在和未来，我们首先理应对过去五年的培训工作进行回顾和总结。培训作为人才培养最常规的方式，在院里实行已久。但是，随着企业在新常态环境下快速发展，一些问题慢慢涌现了出来。

第一，就院管理层而言，由于以前都是各个部门自行组织培训，因此，对培训经费使用的有效性和成本控制情况不能进行全面掌握。

第二，培训没有计划性，不能够自上而下成体系地对人才进行系统培养，从而造成培训跟不上员工的成长速度。

第三，一些优秀的员工外出参加一些培训，但是一直以来并没有很好地评估其学习效果，并且没有一个分享途径将个人学习到的知识技能转化为企业知识管理储备内容。

第四，近年来，一些企业大学、行业培训学院逐渐开始崭露头角，它们的成功模式和在培训领域取得的经验效果，让我们看到了培训的重要性和时代性，同时也看到了自身需要改进和发展的地方。

以上种种都促使我们在“十二五”期间开始从战略的高度思考培训的组织架构调整，从而陆续成立了培训专项能力提升小组以及专职团队陆续展开培训工作。我们尊重人才，始终贯彻以人为本的企业精神。结构合理、梯队传承的员工团队是企业最宝贵的资源。

“十三五”期间，培训的发展方向要有一个清晰的定位，培训对内作用应是进行人才梯队建设，帮助员工完成知识能力的更新。我们应当组织针对不同层级、不同专业员工的系列培训。

未来五年，我们院会出现一些新兴业务，对于这些业务的人才储备和培养就需要培训提供支撑。我们需要加强对他们的知识武装，帮助他们进行目标分解，提高工作的专业度，顺利达成“十三五”战略规划目标和具体工作任务。

培训也应该积极思考对外作用，发挥省院的品牌效应，增加省院的附加值。省院在六十年的成长路程中，对勘察设计行业的知识、技能进行不断地积累和创新，在此过程中也慢慢探索出了一条较为成熟的针对行业特殊性的培训学习之路。我们应当秉承“搭建行业学习平台，为勘察设计企业提供更好的培训”的理念，积极走出去进行工程勘察设计行业专业技术与管理知识的研究、传播与交流。

组织结构扁平化：培训愿景——以勤补拙

培训方式要具有战略性，才能更好地将培训工作与企业发展相结合，使培训真正符合企业的需要，同一个企业不同阶段，由于业务重点和管理要点的变化，培训策略与培训内容也是动态变化的。

培训的乐趣在于不断创新与分享，我自身也是培训的受益者。从坐在台下听讲，到自己上台担任讲师分享自己的知识、观点，这个过程是一种心态和综合能力的修炼，也是一种时刻准备着为企业效力的担当和准备。

记得第一次在院中干培训课上担任讲师，台下我花了很多心思准备，但上台后心里其实挺没谱的，虽然曾经历无数次上台讲话，但作为讲师登上“观・精英”的讲台，还是第一次。在整个教学过程中，我的同学们都在用包容的心态鼓励我、主动积极地参与互动，他们包容的心态、善意的眼神、鼓励的手势，都给了我很大的信心，让我的第一次授课得以较好地完成，也在我人生成长的轨迹中留下了深刻的一笔。

人力资源部门是企业的灵魂，重视培训就是重视岗位生存能力，培训是人力资源的灵魂。很多优秀的企业培训之所以能有效促进员工能力提升，从根本上来分析是因为培训作为人才培养、人才梯队建设的助推器，和人才的薪酬考核、奖惩以及职位晋升、岗位调整等有着紧密关联。我们省院的培训工作并不是为了培训而培训，是基于“十三五”战略规划的人才培养目标，也是基于员工业务能力持续性发展的要求。

安藤忠雄曾经说过“一个人真正的幸福并不是待在光明之中。而是从远处凝望光明，朝它奋力奔去，就在那拼命忘我的时间里，才有人生真正的充实。”在“十三五”战略规划的统筹下，企业要想创新壮大，必须给员工合适的培训机会。培训是企业发展和壮大的基石，从实际需求出发开展企业培训，这既是人力资源工作的责任，也是企业对人力资本的投资。

培训，是一种意识的转变

文 / 黄荣　余德彬

重视培训者，都会从中获益

培训很重要，培训很有用。之所以会有此感受，源于在实际工作中的切身体会。

对于个人而言，从一名技术人转型为管理人，似乎自己的培训都是恰逢其时。2011 年就任川建勘院副院长，便去到清华接受了为期一个月的管理专项培训。这次经历，对我而言是一次从技术到管理上的观念转变。除此之外，对于院里开展的观系列课程，印象最深刻是一次讲谈判技巧的课程。上午培训完，下午就在与甲方的谈判中把课程知识进行了实际演练，很有实际意义。后来又陆续参与了多次培训，每次都有收获，每次都有改变。管理的提升，是一个循序渐进的过程，需要学习与实践的相互作用。

与此同时，多年前，曾作为专家讲师为知名地产商花样年的员工进行了岩土知识培训。当年听过课的员工大部分已成长为花样年如今的骨干，为之后两家企业长期的合作打下了坚实基础。可以说川建勘院多年来和花样年保持良好的紧密合作，这其中就有培训的功劳。如果你的合作方听过你讲的课，认同你的专业能力，无疑对双方的合作是极大的促进。无论是对于生产经营还是对 SADI 品牌的宣传，我们认为培训都应该“走出去”。

培训应该从被动变为主动

目前SADI培训对于员工更多是一种福利，的确也存在着一些领导或员工不参加培训的现象。有的可能是意识还没到位，而有的则可能是工作和培训时间有冲突。我认为员工应该由被动参加培训变为主动参加培训。至于怎样实现这种想法，基于自己的切身经验，我认为在企业中，培训可以成为员工晋升考核参考项之一。虽然一直都在倡导培训上岗，但在实际操作中不一定完全能做到。把培训作为员工管理的一个参考标准，是企业现代化管理的必然举措。另外，还存在一种现象，就是有部门希望参加培训的员工没有机会参加。要解决这类问题，就需要培训课程的设置安排必须是员工切实需要的，培训的课程和相关信息发布后，可以让员工自行选择报名参加，实现供给和需求的对等，当然这需要保证信息传输渠道的通畅。要建立培训中心与各部门沟通机制，保证需求与反馈的畅通地传达。

培训应实现内容多样化、信息化

培训应该是全院性的，对于生产单位的职能岗位员工应加强对于企业文化、人力资源、财务税务版块的培训。要让企业的领导层到基层员工都有现代企业管理的概念和意识。特别是人力资源这一块，知识密集型企业人才是根基，培训必须要落实到人才的培养上。同时对于绿建、工业化、智慧城市等国家新兴的业务和市场的一些趋势和政策，除了对口部门的针对性培训外，应该对全院都有一个概念性的普及。对于企业已掌握的一些技术优势，如BIM技术等也有必要组织一些内部的分享培训。让技术的信息在企业内部畅通、流动，这也需要培训的支持。

对于课程和知识如何在全院推广的问题，我认为应该使培训信息化。建立一个培训信息智库，将每次培训课程相关资料整理上传，可以是视频、PPT、文字等多种形式。可以建立员工的互动接口，员工可以根据自己的兴趣和需要选择想学习的课程，也可以将自己的知识整理上传，经过培训中心的审核过后共享给大家。同时员工还可以反馈自己的学习感悟、评论，相互交流。当然，这些培训内容还可以设置访问及下载权限，对外还可收费。

人的意识里要去主动学习接受新事物，要么感兴趣，要么有需求。在企业和个人的发展中，培训只是学习的一种，关键在于意识的转变，保持持续学习的心态，方能在不断变化中持续进步而不被淘汰。

技术培训——设计企业培训的根基

文 / 王瑞

省院作为技术和人才密集型企业，多年来，在技术培训方面做了大量的工作。新规范学习、新技术新材料应用、计算机软件使用、工程设计中技术难点研讨等，都取得了一定的成绩。对设计人员技术水平的提高、对省院技术实力在行业内认同度的提升都起到了积极的推动作用。但过去成功的要素，已经无法支撑未来的发展。建筑设计行业赖以发展的内外部条件都在发生巨大的变化，死守过去的经验，沿用过去的路径，必将让我们遭遇很大的发展困境。

和国内领先的设计企业相比，我们尚有诸多不足之处，比如：

- 培训方式传统单一，基本以授课方式为主，互动较少；课堂内训较多，实例、现场培训较少；
- 未建立系统的培训制度，专业之间培训不平衡。没有系统的技术培训计划和要求，基本以各专业老总个人的认识和理解来制定培训内容，导致专业间差距较大；
- 缺乏考核措施，导致培训的实际效果衰减且无法掌握；
- 技术培训与员工的职业发展、考核、薪酬、晋升无关联，自发性的培训学习对员工职业发展的引领作用大打折扣等。

随着行业快速发展和竞争日益加剧，技术培训在设计院管理工作中的重要性越来越突显，院高层领导也给予了高度重视。结合院战略发展目标，紧盯建筑设计领域的发展方向，技术培训的主要目标在于提升我院综合技术实力。

省院的技术进步，是建立在我们每一位省院人技术进步基础上的，技术培训需要建立知识共享的理念。设计单位作为智力型服务企业，应该把每一位员工的智慧与技术集合为“企业技术”，并转化为企业的设计成果提供给业主，提供给社会。“个人是不可能完美的，只有团队才能追求完美!”如何打造有效的团队，既关乎企业的发展，也直接影响个人的发展，而打造有效团队的关键，则是建立共享的企业文化。

每位员工都将生命中的大部分时间花在工作中，在工作中结识朋友、认识自己，在工作中成长和发展，变得有创造力、有活力，并受到激励。与他人合作，让我们产生积极的活力，既给自己带来快乐，也给企业增添价值。所有这些奇妙的体验都发生在我们的工作之时。

塑造省院培训文化的核心，是共享，是交流！交流让我们进步，共享让我们收获。希望我们省院人能够共同分享成功，更能一起分担挫折。

培训应重视差异化需求

文 / 李欣恺

培训工作作为实现院战略规划的重要载体，不是只有传道解惑那么简单，其核心建设应是在院内形成一套具有系统性、针对性、差异化的培训标准和流程，也就是一个从深入一线了解需求，到培训组织实施，最后到培训效果验证的完整体系。

在这个体系中，深入了解不同部门、层级人员的培训需求是最重要的环节。共性的需求相对简单，如一些商务礼仪、沟通技巧、技术要求等，而且此部分更多的是依靠学历教育及工作经验累积。

而基于实现院战略规划的培训应更具差异化和针对性，差异化的需求是可以通过分类组织培训得到解决的。首先，第一种情况，上到院领导层，下到普通员工的培训需求是不一样的，这是由于所在层级的不同造成的，在每一层级所要了解的知识是不一样的；第二种情况是不同岗位上的需求是不一样的。举一个例子：我院在试点项目负责制，项目经理这个岗位可以细分为两个角色，一是偏商务协调的角色，一是偏技术管理的角色（设总）。设计院的项目质量如何、市场反馈如何、跟甲方的渠道维护情况如何，核心还是在项目经理的能力上，项目经理应具备技术管理和商务沟通两个方面的能力。以往对项目经理的培训偏向于技术方面，而随着岗位角色的扩大，他们需要的各方面能力要求就会增加，那么对他们的培训内容就应随之变化。未来项目管理将会更加的扁平化，就是我们所说的“贴身服务”，项目经理会是设计院最主要的人才储备资源，我们不仅要用传统模式的传帮带方式来培养他们，更要结合互联网 +、

BIM 等行业发展趋势为未来做准备；第三种情况是不同的工作阶段、时段需求是不一样的。如员工在新进院的时候，和他已经做了几年项目设计后，所要培训的内容是不一样的。因此，重视差异化培训需求极为重要。

从我自身的经历来看，从事管理岗位十多年了，同样需要在各方面进行学习，参加过的管理类培训对自己很有帮助和提升。首先，有了更准确的自我认知。培训中学到了从不同的认知维度认识自身的优点、缺点和特质。这样就能够全面地认识自己，从而对自己信心的提升有所帮助。第二，对团队沟通有所帮助。以前在解决问题时，自己出发点很好，但与人沟通方式上比较简单。现在不仅以问题为导向去沟通，更重要的是根据团队成员的性格特质，沟通时先处理人的情绪，然后再来论事，这样就容易收到更好的效果。第三，当然培训课程的内容和现实操作以及个人工作状态也不一定全部吻合，如同文学作品一样，培训也应来源于工作，高于工作。而培训效果的好坏更多地取决于培训课程设置的针对性、培训内容理论与实践的结合度以及老师的语言魅力、授课技巧等。

“凭感觉”—“认知”—“改变”

文 / 钟于涛

管理培训是一种潜移默化的学习

在日常工作中，每个人都是管理者，每个人的管理方法会有不同，不同的管理方法自然也会产生不同的效果，因此，管理方法也需要不断进行学习和提高。由于没有学习专业的管理知识，在以往的工作中，我基本上是“凭感觉”在进行自我管理。有幸参加院里的培训课程后，对自我认知有了更深的理解，培训内容中的管理方法在潜移默化地影响着我的工作和生活。

培训课程并不是粗浅地传授怎样进行管理，而是灌输一种管理学习及应用方法，潜移默化中让学员有意识地去实践。通过学习，我懂得如何去认识自我，在工作中不断反思和改进与人沟通交流的方式、方法，同时也提高了自己在工作中的协调处理能力。并且，与新员工的探讨方式也悄悄地发生了变化，现在更多的是要求新员工碰到技术问题首先翻规范，而不再是你问我答。

技术培训应更加重视跨专业间技术交流

目前培训中心组织的培训主要偏管理类，建议也可以适当增加一些跨专业间技术交流会和经验分享会。不仅仅是技术层面，员工间可以互相交流与甲方、监理、施工单位、审图机构、各政府部门接触过程中的心得体会，让“传帮带”更加直接、高效。

近两年，设计行业处于转型期，甲方对设计精细化提出更高的要求。为了迎合甲方的各种需求，设计师们需要不断变换思路，需要有更加专业的技术知识和更好的沟通能力，给出更多的解决方案。除此之外，今后越来越多的项目会以EPC、PPP等方式呈现，这也对设计师的专业技术及管理能力提出了更高的要求。设计师需要知道设计产品的价格差异、施工工艺，还得参与现场管理等。如不积极更新设计观念，提高管理水平，在今后的设计中很难得到市场的认可。设计师不仅仅需要掌握本专业的知识，更需要扩展本专业以外的相关专业知识，这样才能在配合、协调中游刃有余。

在激烈的市场竞争中，除了转变观念，设计师更应该真正承担起工作的责任，把工作当成自己的事情来做。在日常工作中，偶尔能听到“你们专业的东西我不懂，你们自己想办法解决”之类的话语，专业间是需要相互协作的，不懂正是相互交流、学习的契机，而不是互相推诿的借口。

为提高设计师更加全面的技术水平，设计三院曾组织过跨专业间技术交流会。交流会的形式是由各专业间进行交叉提问，所总对提及的问题进行收集整理、集中答疑。交流会能有效地解决设计过程中涉及各个专业的“疑难杂症”，对提高设计师设计能力有很大帮助。设计师只有在了解其他相关专业知识的基础上，才会有意避让其他专业的“底线”，专业间配合的难度也会减小，设计产品也会更加合理。我认为跨专业技术交流会在全院推广是可行的。

知识需要分享、传递

每位设计师都是从新员工一步步成长的，而新员工入职后基本上都是跟着前辈在项目中学习，但项目的类型和数量毕竟有限，因此知识分享、传递的效率较低，新员工成长的周期较长。我们应当对以往项目的资料进行归纳、整理，建立完备的数据库，让员工通过查阅或集中培训的方式能够更加便捷、快速地获取知识，进行学习。这种方式同时也会激发员工对自身知识进行归纳总结，将企业的知识和经验在内部实现可持续的分享与传递。

学以致用　乐在其中

文 / 付航

培训是企业战略发展的支持环节。学员接受完培训，应学以致用，接受培训只是其中的一个环节。完整的培训过程应是四个步骤的循环。首先是接受培训，这主要通过讲师授课；然后是结合实际工作情境实践应用；第三是总结实践结果，回顾找出问题。最后是处理问题，内化提高。四个循环步骤缺一不可。

2015 年参加了《观・精英》系列培训，对自己产生了较大触动。培训结束后，我有意识地将培训所学运用到工作实践中去，对工作产生了较大帮助。过去在工作中不知道怎么做的事情，特别是建筑专业知识结构未覆盖的事务处理上，有了指引，知道了做事情的方向。比如，在与业主方的沟通和团队建设上，有了明显的效果。

实际上，从过去到现在“十三五”期间，建筑设计的工作内容已经发生了深刻的变化，已经不再是单纯的技术工作。一个项目，特别是 EPC 项目，在院外，我们需要与上游房地产企业的管理团队打交道，与下游的分包企业打交道，整合外部的资源；在院内，从建筑到各个专业，需要整合的资源也很多；再加上我们还需要时刻关注自己内部团队的成长，因此建筑师的职能早已发生深刻的变化，这个时代要求建筑师以技术知识为根本，管理手段为工具来丰富自己的知识结构。建筑师应该积极去补充相应的知识，例如团队管理、项目管理和沟通协调能力。院里培训对于这些能力的提高都有直接的作用。

我们工作中面临的上游企业是房地产开发企业，甲方项目管理工程师的主要工作是项目开发和管理，他们都是具有管理知识和技术知识背景的人。当我们和甲方人员配合协作的时候，需要讲同一种语言。我们要懂他们在说什么，之后才能更好地和他们合作共赢。甲方和乙方的关系可以比喻成跳舞。如果大家连对方的节奏都不知道，跳的内容都不明白，那只有踩脚。所以，我们应着力促进自己知识结构的完善，特别是对通用管理知识以及甲方项目开发管理知识的了解。只有大家语言通了，才会有共同语言，才会有沟通，才能明白怎样与他们真正培养出默契，达成一致。

除此之外，甲方会有工作进度的安排，而我们也有自己的进度安排，当两者有冲突的时候，在明白对方关注点的情况下，我们可以运用沟通技巧，在保证其关注利益点的前提下，找到变量与其达成一致。在一件事情中通过沟通总是能够找到变量的。一次沟通谈判并不是有任何一方处于劣势，这样的结果会导致合作的终结。最合理的结果是双方达成一致，合作共赢。所以一个好的项目建筑师、设总带领的团队是在知道甲方关心什么，我们关心什么的前提下，来找这个变量，让双方利益一致，达到最大化。

在团队构建和管理工作中，培训学到的技巧也增强了我对人的判断，我更清楚自己需要什么样的人，应该怎样用人，甚至对于团队的激励，都会起到直接的作用。我会选更合适的人来完成工作，然后也有更合适的方式和手段来推动团队和项目的发展。在项目实践中，我非常注意“顾客回头率”这项指标。建筑师的绩效由单位时间完成的工作量决定。就我的理解而言，建筑师是专家型销售，建筑师的一言一行都在向业主推销个人品牌和专业知识，取得业主方信任。如果建筑师能多次敲定同一个甲方，取得其信任，经过磨合后，第二个第三个……项目的效率就会大大提高，进而工作效能就会得到极大提高。顾客回头率的背后意味着更高的绩效。

总之，培训是很好的一件事，自己也有热情，也看到培训部门做了很多切实有效的工作。

转型：从技术人到管理人转型

年轻·创新

文 / 余建华

设计是一个需要不断融入新兴思维的职业，年轻人的成长和专业能力的提高十分重要。在工作中，让团队成员有更多的项目话语权。在项目的整个过程中，每个人不仅要做好设计，更要做好协调和管理，做这个过程中，常常会遇到从技术人员到管理人员的转变的痛苦，如果只是技术人员，只要能做好自己的设计，但是，做管理时，不仅要做好技术，还要协调好相关的关系。只有协调能力提高了，技术才能做得更好，这是一个反向支撑的关系。项目经理注重的是管理，项目主创注重的是设计，如何能具备这样的双重能力，对于个体的成长非常重要。加强复合型人才的成长是我们最需要和重视的，这样才能实现小资源去整合大资源的能力。在短时间内，这样的目标管理，是我们的发展方向，也希望在发展过程中，让每个人的能力得到更全面的提高。

引领·成长

文 / 柴铁锋

2005 年大学毕业入院工作，从生产一线到部门负责人，从技术人到管理人的转变，自己的一路成长都要归功于这个时代赋予的发展机遇和前辈们的热心帮助与指导。

从入院到现在，地产行业走过一段相对长的火热的状态，我们员工的整体业务情况逐年上升，越来越忙，每一名员工都经常会承担若干项设计任务，加班熬夜是家常便饭，虽然辛苦，但也因此获得了业务上的锻炼与提升。而当市场转冷，新的挑战与困难，让我们来不及清闲，忙碌更胜从前，更多地问题需要去面对和解决。

建筑设计行业与其他职业相比较，新人的成熟更需要传、帮、带。以前在学校是这样，学生的成长与学习并不完全依靠老师的教授，更多依靠的是个人在大氛围里淘练，靠师兄带师弟，同时这种模式也就使每个学校慢慢形成了自己学生的风格。毕业到了单位之后，这种形式依然在延续，前辈带新人、师傅教徒弟，每个新人都可以感觉到自己的背后是一个强大的技术团体，从而快速成长，充满自信，我们设计院也通过这样的积累，形成了自己的特有性格。

回忆起一路走来前辈们所给予的帮助，最感动的是前辈们的严谨和热心。自己经常会就一些技术问题请教刘总、储总、陈总等老总，一开始是怀着敬畏的心情去请教的，怕影响他们的工作休息，后来在请教过程中，发现他们很平易近人，总是不厌其烦地帮助年轻人，不仅解答具体问题，还会主动扩展教一些原理方法。记得有一次长假的一个晚上，储老总没有休息，专门到办公室陪着我们一起研究一个大样画法，非常令人感动。前辈们的指导带给后辈的受益其实不仅仅是技术，更多的是做人做事的方法。

现在，熟悉我的同事和朋友都喜欢叫我“老柴”，感觉都把我叫“老”了，但我喜欢这个称呼。当面对比自己更新的新人时，作为前辈，有责任去做两件事：一是把前辈们教我的一些事情传递到他们身上，二是尽可能的将自己的一些经验和教训告诉他们。

个人和企业是相辅相成的，设计院发展得好，个人才会有更好的平台发挥自己的能力，所以在人才培养方面，人才战略是设计院发展的根本大计，个人能力的提升与院总体能力的提升密切相关。人才选拔应不拘一格，不断创新完善考试制度，并鼓励实习或对优秀学生进行长期关注；努力构建学习型组织，建立技术资源共享平台，建立学习小组或建筑师沙龙等来促进院内员工的不断交流与学习，最后还应从制度层面思考如何防止核心人才流失。

就团队而言，我对我们团队很满意，因为我们有共同的理想和共同的价值观，我们希望通过优秀的作品的表达自我，成长自我。而我自己作为团队的领队，除了在专业上给予引领，更应该做的是给予团队发挥的空间和成长的机会。鼓励团队每一位成员做更多的事情，不论是专业上还是管理上，希望每一位成员都能成长为一名悍将，都能独当一面。在这样一个竞争激励、大浪淘沙的时代，是挑战更是机遇，人人必须自救，不断壮大自己成就自己。

乘势待时，事半功倍

文 / 唐先权

1995 年，从天津大学给水排水专业毕业的我来到省院从事建筑给排水设计工作。进入省院后，我一直有个理想，那就是将建筑给排水与市政相结合，实现二者的有效对接。时光流转，如今我已从单纯的工程设计师转型为以专业技术为支撑的复合型经营管理人才，带领我的团队向市政领域努力开拓。

转型

在我的印象中，和记黄埔项目对我综合能力的提升以及日后的转型有着重要的意义。这个项目的运作模式与常规项目有很大的不同，采用设计方与顾问方合作方式，需要经常与顾问团队、业主方、施工方等多方沟通交流。当时我被安排为机电组的项目经理，在合作过程中不仅学到了大量的专业知识，更是提升了其对外沟通交流的能力。

当谈到为何转型到经营管理时，我认为是基于两方面的原因：一是为适应市场发展，把握市政建设快速发展的市场机遇，同时解决项目中遇到的实际问题，如水专业面临的“小市政”与“大市政”的结合问题等，院决定调整发展战略，延伸产业链，加强业务联动，拓展市政业务；二是我一直对污水处理等市政业务很感兴趣，希望在市政行业做出一些尝试，同时我还比较喜欢和别人打交道。市场的需求、省院建立的平台、自身的兴趣爱好促成我转型到市政领域做经营管理。

乘势

省院传统业务主要以建筑设计、勘察等为主，市政类业务体量对院总的支撑并不大。在新一轮城镇化建设背景下，《企业“十二五”战略规划》提出将省院建设成为“西部一流、国内先进，提供全面技术解决方案的大型现代工程设计咨询集团”的企业愿景，探索在新型城镇化建设中为业主提供全方位、全过程的专业技术支撑。为了实现这一目标，院加大对市政工作室的人才配备和引进，提供政策支持，加大力度拓展市政领域。在院积极支持、我及其团队的奋力拼搏下，工作室取得了一定的成绩，项目地点遍及大半个四川，包括成都、广安、乐山、巴中、南充、雅安等地，最远到达甘孜州九龙县，设计服务普遍受到甲方、业主单位的好评。

虽然工作较为辛苦，但我还是持积极乐观的心态，对未来充满信心。经过这几年在市政行业的打拼，平时开朗爱笑的我对其工作也感受颇深：相对于以前在办公室画图，现在长期在外奔波确实比较辛苦，而且自身压力更大，但是能做到自己喜欢的事情辛苦点也值得，比较背后有省院这个大平台支撑，平台也给了自己和团队一个不晓得舞台。虽然之前去一次甘孜九龙要遭受两天的长途奔波，但沿途美丽的风景也给人愉悦的心情。

在2013年9月份召开的工程技术类工作室发展研讨会上，李纯院长指出：“经过近几年的打拼，院市政业务取得了长足的发展，完成了‘十二五’下达的‘时间过半、指标任务完成过半’的目标”，作为团队的领导者有什么感受时，我认为成绩的取得离不开省院这个拥有60年深厚技术积淀的企业提供的大平台及其良好的品牌效应，我们看到领导肯定的一面，更要看到我们的工作还有很多不足之处，不断的追求进步，才是实实在在的。不过，现在一些老业主主动联系他们，并给他介绍新的业主，请他们参与到项目投标中，还是让我们看到了未来的希望，经营工作形成了良性循环，渐入佳境。

愿景

对于未来的发展，我认为虽然压力很大，但机遇也很多。在新一轮城镇化建设热潮中，市政建设如火如荼，依托省院这个大平台，我也为工作室制定了明确的发展目标：首先就是在院集团化平台战略的指导下，向前延伸产业链，使市政与建筑相互支撑，积极配合院集团化平台的发展，并以此为契机发展壮大工作室；再者就是加强业务联动，与院规划、景观等金牌团队加强合作，为市政业主带来更多设计附加值，做精做强市政业务。

孟子说：乘势待时，事半功倍。市政行业处于国家新型城镇化建设的战略机遇期和企业产业延伸、形成工程建设全过程服务能力的战略执行攻坚期，机遇和政策都前所未有的像我以及我的团队展开双臂。希望我们领院市政业务团队，走向一个又一个丰收和胜利！

人性化管理，服务中育人

文 / 陶勇

改革开放初期，到沿海经济发达区域开设分院已成为那一代省院人的集体记忆。那一时期被派往分院工作的人员，回到省院后现已大都担任领导职务或是专业技术老总，因为他们大都在分院的工作经历中得到较为全面的锻炼，综合能力得到很大提高。

作为分院时代后期被派往珠海分院的勘察技术人员，这段分院的经历对我以后的发展同样有着重要的意义。大学刚毕业几年的我在 1997 年被派往珠海分院主持勘察设计工作，短短几年的分院经历，我不仅在专业技术上得到快速提高，其经营管理能力也得到有效培养锻炼，更让我觉得受益的是沿海地区先进的服务理念，这些对其日后的管理及育人理念都有深刻影响。

2001 年回到成都本部后，我于 2002 年开始担任勘察分院二公司经理并延续至今。在这期间，我在分院发展战略的指导下狠抓经营，二公司得到了快速发展，成为勘察分院其他公司的一面旗帜，我也连续四年被评为分院先进生产工作者。但这些都是自己的本职工作，在学校时就被教育干工作应该兢兢业业，踏踏实实，努力把工作干好，后来在工作当中也是如此，并没有去想是否会得到肯定与表扬。

说起团队建设，我可以很自豪地说我们二公司整个团队非常融洽，团队采取人性化的管理方式，大家在其中更多的感觉是共同奋斗的朋友，而不是上下级关系。将团队中的所有人都凝聚起来，大家齐心协力去工作，为共同的目标而奋斗，这是作为团队领导者应该努力实现的目标。因此对于团队中的每一个人，我都真心实意地与之交朋友、谈心，积极创造良好的团队氛围，形成团结向上的团队文化。在平常的工作中，我非常重视员工的个人情况，坚持人性化管理，尽量满足员工的需求，因而我的团队也积极支持配合我的工作。比如，如今房价居高不下的情况下，刚从大学毕业出来工作的大学生，收入较低，但都需要买房，经济压力很大，我就将公司积余的资金预支给需要的同事，让他们能安安心心工作，因为我知道，只有先安居才能乐业。

关于人才培养，我的观点就是我的工作就是努力做好服务，为年轻人创造条件成长成才。我在抓生产、忙项目的同时注重在实践中锻炼人才，以工程项目为学习现场，让年轻同事能有机会学到更多专业技术知识；同时在分院总工办的统一组织下，我还要求团队坚持专业技术理论的业务学习，了解新的规范要求，提高理论技术水平。在我的带领下，二公司涌现出了许多的技术标兵，如赵兵、席李林、陈嫒嫒、李署鹏、张谊鹏等。如赵兵在准备一级注册建造师期间，我有接近半年的时间并未给他安排工作，而是让他在家安心准备考试，减轻其考试压力，后来赵兵也不负众望成功考取了一级注册建造师和注册岩土工程师证书，成为分院少有的考取双注册的人员。而席李林则依靠项目实践的学习和积累，成为分院技术标兵，其主持的多个项目获得勘察省优一等奖，其中百扬大厦深基坑支护工程更是因为其复杂的高难度技术而成为众多企业学习的对象。

对于未来发展，我同样坚持以人为本的理念，在生产工作往前发展的基础上，结合院集团化平台发展的战略，我还希望能培养更多的年轻人，为他们创造条件，让他们能涌现出来，建立起更多的二公司，实现规模化发展。

成长：一代年轻人的抱负与梦想

沟通让我更快乐

文 / 毛敏

沟通的价值

作为人力资源部主任，我的大部分工作是与人打交道，与人频繁地沟通成为我每日必做的功课；作为企业管理者，我必须领会及传递企业精神，正确地领导员工；作为项目监理，我需要多方考虑，做出准确的项目人员调配。项目在前期投标、方案进行、现场施工等不同阶段所需要的人员配备是不同的。例如我们要考虑甲方的需求，员工的工作能力，不同专业的人数配比，人员在项目之间的流动性；甚至需要考虑到人员之间的性格是否匹配，居家位置与办公地点是否合适，避免上下班距离过远挫败员工的积极性等。虽然人员调配工作是非常有难度的，但这么多年我都在努力做好这项工作。这其中需要做大量的沟通和协调工作。困难时，我们积极地做好前期准备。哪怕调动一名员工，我们都会与甲方、与项目总监及员工本人进行沟通；直到沟通都达成一致时，我们才进行人员调动。通过这样频繁的沟通，我获取了大家的信任，与甲方、设计方、施工方都建立了长期良好的合作关系；自然她将工作开展得有条不紊。

在摸索中成长

我在省院工作快十年了，在这里，我找准了自己的定位，发挥了个人的价值。但在工作之初，我也曾经迷茫过。刚入省院时，我做过办公室的每一项工作。我对自己的定位并不清晰，不太知道自己想做什么。其实世界上大部分人一开始也不清楚自己的定位，都是在实践中不断地摸索、不断地尝试才找到适合自己的职位。那么，我在这尝试中也有许多的困惑，例如我不知道自己工作意义和价值在哪……但我庆幸的是，我的领导给了我很多支持与帮助。他将个人成长中的经验与总结告诉我，这些宝贵的经验都开导了我，启发了我。 此后，我在本职工作中慢慢积累与沉淀。我不怕平凡，不怕琐碎，始终坚持如一。同时我也认为，人之所以能成长，正是在慢慢地积累中由量变到质变；当机遇出现时，自然而然就能把握住。当我们部门新成立时，我就成为这项工作比较适合的人选。例如我有较丰富的办公室工作经验，熟悉各部门工作流程等。在以往工作中，我感觉不太重要，十分琐碎的经历在这时就充满了价值。这些积累都是由时间堆积出来的，它的作用是潜移默化的。

企业文化传递者

我认为企业文化是一种向心力，一种企业精神；是员工对企业内在价值的认可度。员工所感受到的企业文化大多是通过集体活动来体现的。例如我们企业就是‘正规、规范、稳定’的代名词，以行业内‘三好学生’的路线在前进。我们不会一味扩大业务量，我们看重的是‘做精、做细、做深’。我们给自己的定位是一流的房建监理企业，这就是我们企业的价值体现。当员工选择我们企业时，企业的制度管理、发展思路，文化精神便成为他们主要考虑的因素；这也是企业与员工建立长期合作关系的基础。我还认为，企业为员工带来的附加值也成为企业文化的一部分，例如企业能为员工提供良好的发展平台与职业前景；员工在企业中所承担的责任与风险，以及可获得的社会地位等。

我发现，企业组织的集体活动往往是发现优秀人才的地方。在参加活动过程中，人们会发现自己在工作中被埋没的一些能力，比如沟通组织能力、判断决策能力、协作精神……这些能力在工作中毕竟发挥受限，也许通过几年的工程经验才能有所提升。但是通过一系列的集体活动，员工能短、频、快地发现自己的能力，找到自己的定位，提升自信心。这样的提升所带来的认同感和成就感在个人职业生涯中是非常重要的。这些都是企业平台、企业文化带给员工的切切实实的需求与财富。

正因为我看到了企业集体活动带来的价值和意义，所以我也坚持并努力从事着工会各方面的工作。举行每一次活动，我都尽力传达活动意义、贯彻企业精神，发动各个项目负责人带头参与；若时间受限，我就沟通多方人员，努力协调，务求使各项活动能圆满地完成。

我的工作既平凡又特殊、既琐碎又重要，但我坚持在这条路上行走着，无论低谷与高潮，都不言放弃、坚持不懈。在与人们的沟通中，我找到了自我，获得了快乐；同样也希望将这份自信与快乐传达给我身边的人。

与工作室共成长

文 / 王曦

自 2011 年从重庆大学毕业，我来到省院已有五年时间，与省院的“十二五”共成长。在这五年多时间里，年轻的我先是加入水环境与市政工作室团队，后来又在领导带领下积极筹备环境与新能源工作室，而这也开启了我职业发展的新时代。工作室成立后，我感触最深的就是看着工作室一天天在成长壮大，而自己在其中也不断成长进步。

筹建初期，工作室的发展方向并不是十分的明确，大家都在思索未来的发展，而这也恰好给了我一个独立思考如何将自身专业优势与工作室发展紧密结合的机会。最终我瞄准了绿色建筑这一大趋势，准备利用暖通专业的背景，在建筑节能改造、多能互补利用、绿建咨询等方面的研究和实践有所突破，这也成为工作室未来着重发展的一大板块。

2012 年 4 月，春暖花开、万物竞相成长的时候，环境与新能源工作室正式成立。成立之初，没有项目成为工作室面临的最大问题，这给工作室的成长带来不小的影响：一方面团队成员得不到相应的工程锻炼，没有相应的经验积累，不利于能力的提高；另一方面也阻碍了工作室的发展壮大。山重水复疑无路，柳暗花明又一村，西藏拉萨市东城区供暖项目成为工作室发展的转折点，这也是工作室的第一个正式项目。该项目是一个暖通专项设计，涵盖了多种热源种类，我们团队抓住这个机会，在查阅大量资料的同时积极向其他前辈请教，在设计过程中很好的应用了多能互补的设计理念，最终和团队顺利完成了设计工作。通过这个项目，我在过程中得到了很好的锻炼，提升了自身的设计能力，同时为后续暖通专业的设计工作奠定了很好的经验基础。也因为这个项目，工作室团队从最初的 2 人扩展到 11 人，逐渐完善了团队的人员构架，为工作室随后的发展奠定了良好的基础。

由于刚进入设计行业，工作经验较为欠缺，而所涉及的工作内容往往又处于当前暖通行业的最新技术前沿，所采用的一些技术手段处于初步研究或推广阶段，缺乏一些实际的经验指导，因此难免会在设计过程中出现错误。有些工作在设计阶段看似没有问题，但在现场施工中，就给暴露出来了。现在我以及整个团队都处于一个探索前进的过程，很多问题还需要在实践中多学习、多请教、多总结，在不断犯错与不断改进中成长，在实践中积累，在总结中提升。

我很感谢省院能将工作室总监这个很重要的角色让我去扮演，给了我不断向前冲的动力，现在的我总是想着如何能将自己的所有都奉献给工作室，把工作室发展的越来越好。担任工作室总监后，我肩上的担子重了不少，但我深知这既是对自己工作的认可，更是赋予其更多的期望。为了能更好地胜任这个岗位，挑起工作室技术发展的担子，我必须全身心地投入到工作中，不断提高自身专业技能。

“不积跬步，无以至千里；不积小流，无以成江海”这是荀子在《劝学》中的千古名言，我也以此自勉。未来，在技术发展部的工作岗位上，我将在工作及成长过程中把自己始终看成一个新人来做人做事，从自身基础能力的培养开始，做好专业知识及经验的积累和提高，始终往前多看一点、多想一点，在自我的成长过程中助力企业的做大做强，与企业共成长。

在学习中前进

文 / 严君

九年前，我路过这里；抬头间，我被这般舒适的氛围深深吸引；九年里，我在这里努力拼搏，在这里找到了人生的舞台；这里就是省院，我的向往之地，成长之地，也是我收获的田野。现在，我是一名室内装饰设计师，在行内也有业绩有贡献有名号了。然而我的些微成果无不在“艰”与“难”中，在精益求精、精雕细琢之中得以呈现。

职业中的“第一次”

在我的职业生涯中，太多的“第一次”都与省院息息相关。第一次获得金奖的项目是川庆石油咖啡厅。当时甲方提出了高端咖啡厅的设计要求。四五年前，我虽然有咖啡厅项目的工程经历，但面对高品质且不奢华的设计定位，这仍是一次很大的挑战。设计之初，我不仅查阅众多设计资料，并且多次前往高端咖啡厅，亲自去体验。我几乎去过了成都所有的高端咖啡厅，有时在咖啡厅里待几十分钟，有时待一整下午。那时我就泡上一杯咖啡，在咖啡厅里来回走动，观察，思考。我琢磨着高端咖啡厅应具备怎样的品质感，怎样彰显独特品位，怎样才能留住客人……同时我也请教了业内专家，提取设计上的相关元素，最后圆满地完成了这次工程。

回顾我来到省院的第一个大型工装项目，是多年前完成的龙泉政务中心。当时我对大型工装工程的功能要求和空间构成并不熟悉；设计过程中，白中奎老师给予了我耐心的指导和帮助。当时这个项目对我来说规模非常大。白总带领着我参观了几个室内案例；给我讲解了大空间的设计要点和对每层空间的细节把握，他一边查阅资料一边向我阐述……在边学习边深化方案的过程中，我虽艰辛但顺利地完成了这次任务。项目获得了成都市装饰年度设计大奖赛银奖；直到现在，业主方在使用时给予了高度的评价。

全院联动平台

建筑装饰所与院内其他团队有许多的合作机会，其中对我印象较为深刻的是卧龙大熊猫博物馆和新津县兴义镇游客接待中心这两个项目。卧龙大熊猫基地项目是一个全院联动项目，涉及规划、建筑、景观、室内装饰及各个功能设备专业。在与建筑师、规划师沟通中，我发现会碰到各种难题，但同时可以学习和积累到很多知识。工程中，当我不明白时，就立刻翻书查阅或是请教对方，让工程顺利有序地展开；与其他专业团队合作时，我们会相互提出专业要求并且协力配合。这是团队与团队互动与交流的过程，更是一个挑战自己的机会。兴义镇游客接待中心项目同样提供了一个全院联合设计的平台，从规划到建筑室内外设计，我从中学到了丰厚的综合知识，积累了实际的工程经验。在自身能力提升的同时，个人修养也成熟了不少。

边学习边前进

我认为，不管对于自身还是装饰所的发展，都必须要具备明确的方向。只有方向清晰了，才能避免走弯路，努力与付出才能起到作用。作为室内装饰设计师，必须懂得建筑知识；其次必须懂得市场的运作和市场竞争性。装饰行业相对建筑行业来说技术含量低一些，介入人员相对多一些，自然市场竞争也相对激烈。我们只有通过加强自身的综合素质能力来应对复杂的市场竞争。我们要求员工不仅懂得装饰技术与装饰艺术，更要懂得前期策划、业主方的企业管理、市场把握等。我们非常重视团队的建设与控制；尊重和了解每一个团队成员；用心栽培每一个新员工；让每个人发挥出个人能力和优势。这样团队才能越来越强大，在成长路上才能走得更远。同时我也提到，所里通过组织内部学习，参与装饰专委会活动以及各种学术交流会来进行团队培养。在与外省及香港、台湾等沿海地区设计师交流时，我感受到了明显的差异性与距离感。在策划、建筑、室内设计方面，沿海地区发展得更快更远。同时通过交流，我对未来发展的把握更加清晰。例如 BIM 技术建设与管理在室内装饰的应用，这点虽然内地市场涉及得很少，但我们看到了未来的发展趋势，可以先进行自我学习，在不断的自我提升中前进。

家庭的支持

我设计的多个项目都获得了业内大奖，为省院为个人都赢得了荣誉。这一切不仅是坚持不懈努力的结果，也与家庭的全力支持息息相关。我很幸运遇到了一个很支持我的丈夫。平时加班晚了，他只要有空都回来接我回家。家里的长辈对我工作很理解，他们在生活上支持我，让我心无牵挂地为事业奋斗。当我取得成绩时，一家人都为我开心骄傲。

我非常热爱省院更热爱设计这个行业。回眸七年，从刚踏出校门的青涩青年到成为一名专业的室内设计师，我要感谢领导和老师给予的指导和帮助，感谢省院宽广专业平台，感谢家人的理解与支持。更重要的是，我也一直鞭策自己，坚持自我学习与自我提升；同时也发动周围的同事共同学习。我与我的团队在学习与实践中共同成长。

荣誉激励我更加进步

文 / 袁野

来到省院后，我被分到川建勘院一公司，跟随川建勘院常务副总工程师余德彬余总（时任一公司主任工程师）学习专业技术。余总对我的帮助很大，刚开始的时候他总是特别细致耐心地给我讲解技术难点，在项目现场进行检查和技术指导，现在掌握一定技术后他则更多是在宏观上给予把控。在余总精心的指导下，加上自身的勤奋学习，我在技术上成长进步很快，专业实践操作水平得到很大提升。

工作的第一年我只是配合做些辅助工作，第二年我就开始作为项目负责人带领团队做项目，期间完成了成都金房央座基坑支护及降水工程设计及施工、成都万通红墙巷项目基坑支护降水及土方挖运设计及施工、成都南城都汇七期基坑支护及土方挖运工程设计及施工、成都武侯祠博物馆地下停车场基坑支护降水及土方挖运工程设计及施工、成都香月湖项目基坑支护降水及土方挖运工程设计及施工等项目。其中“金房央座”项目对我影响最为深刻，作为项目的设计、施工负责人，由于项目四周都是已建成的多层建筑，最近的距离仅有 3m，周围居民的抵触情绪很大，因而这个项目首先面对并非是技术上的难题，而是考虑与项目地周围居民利益诉求的协调问题。虽然这并非其本职工作，但为了能顺利完成项目，我和整个团队想了很多办法，成都地区常规的锚拉排桩支护结构行不通，最终经过调查研究决定使用内支撑支护结构解决这个难题，为此我请教了很多技术专家并专门到扬州做考察。这是院内第一个使用内支撑支护结构的项目，项目完成后取得较好的社会效益和经济效益，具有创新意义，并获得省优二等奖。

若要更好地开展工作，光有过硬的专业技术实力还不够，在分院现有经营模式下工程的项目负责人还需要掌握一定的经营和项目管理能力，形成综合技能。因此我在提高专业技术的同时也积极跟随一公司经理何强学习如何搞经营及项目管理。我特别喜欢一公司和谐融洽的氛围，年轻的同事总能得到经验丰富的老同事毫无保留的传帮带，大家共同奋斗、共同进步。因为有这样的融洽氛围，这几年一公司的业绩节节攀升，仅今年的合同额就已经破亿。

能来到省院这个综合大平台，我觉得非常幸运。不管是总院还是分院，都拥有完善的技术管理体系，从主任工程师到副总工程师再到总工程师，层层进行技术的严格把关，能很好地促进年轻人的技术提升。在这个平台中，我能接触更加丰富的项目类型，更加完备的技术体系，对自身多方面能力的培养都有很大的益处。今后我希望多参与一些有特色的高难度技术大型项目，增强自身技术水平，同时我还希望能多与院内建筑设计、检测、咨询、监理等各专业交流学习，一起合作完成项目。

相较于刚进入省院时，我这几年成长进步确实很大，但离“优秀”还是有一定的距离，因此我仍将继续努力学习，以之前所获荣誉为激励，脚踏实地一步一个脚印的前进。工作之余，我也经常查阅专业书籍，学习新理论新技术，并且继续跟随余总、何总等学习专业技术及经营管理。总之，我坚信，“生命不停息，我的学习也不停止”。

我与暖通有个“约定”

文 / 邹秋生

自 1995 年从同济大学毕业分配到省院，一晃时间已经过去了十八年，我也从一个意气风发的小青年变成成熟稳重的专业技术老总。一路走来，无论是作为一名普通的暖通工程师还是作为带领省院全体暖通专业人员向前发展的专业老总，我一直把发展壮大省院暖通专业、增强省院暖通专业在西南地区甚至全国的行业影响力作为自己的奋斗目标。

“传帮带”是省院从创立之初一直传承到现在的光荣传统，我来到省院后，便是黄衍宁工程师主要负责带我。来到省院之初，我便对黄衍宁等老一辈暖通团队成员充满敬佩之意，因为当我和老同志们讨论技术问题的时候，他们仍然使用大学时期学习的专业理论知识、分析问题的方法等来指导工程实践，而不是很多工作后的人仅凭经验来做设计。他们不仅在工程实践中能够出色完成任务，而且治学精神非常严谨，对专业素养的追求很高。因此直到今天，我也没有放弃专业理论，一直利用大学时期学习的分析问题的方法来解决工程中遇到的困难。在这样一个优秀的团队里，我的成长进步很快，并努力坚持将老一辈工程师的优秀品质传承下来。在时任暖通专业老总祝鸿通等老一辈暖通人的奋斗下，曾经一段时期省院的暖通专业在西南地区业内有很好的声誉和地位，得到同行的高度评价。就连如今我出去参加暖通专业的年会，很多人提起省院时仍然对老一辈暖通团队印象深刻，并对他们充满敬意。

进入省院不久，有一件小事对我的职业生涯发展产生了巨大的影响，即使时隔十多年我也对其印象非常深刻。在某个闲暇的午后，大家在一起闲聊，有个即将退休的老同志说道："小邹，我们现在和其他设计院是没有差距的，你看街对面这一大片区域，别人设计了一幢高楼，我们必然能找出一幢高楼与之对应，我们并没有输给别人"。言下之意即是省院没有在市场竞争中处于下风，暖通专业并不比别人差，希望后人也能保持这种优势。我听后便暗自许下诺言，一定要将省院暖通专业在地区的优势发扬传承下去，而这种强烈的使命感一直伴随我走到现在。

随后的十余年间，是我在工程实践中的技术积淀时期，先后完成了SM广场、曼哈顿首座富豪酒店、力宝大厦、成都极地海洋公园、和记黄埔南城都汇、保利皇冠假日酒店、凯德商用天府、珠江国际新城等许多有影响力的项目。在项目实施过程中，我尽量满足甲方、业主需求，钻研专业技术并积极应用到工程设计当中，如力宝大厦空调设计成功应用水环热泵技术；极地海洋世界暖通设计不但完成了舒适性较高的空调设计，还克服了极地动物赖以生存的水、空气环境的温湿度控制设计。这一时期，虽然省院暖通专业在行业协会中的地位有所下降，但我并没有放弃对专业的追求，而是积极做好技术储备，以待来日重整专业雄风。

担任专业老总后，我的主要工作变成如何更好地建设暖通团队，我希望通过与团队的共同努力，不管是五年一代还是十年一代，在未来一段时期经过几代暖通人的坚持，能将昔日的辉煌重新实现。新的发展时期，我瞄准了绿色建筑的方向，准备带领省院暖通团队在建筑节能、多能互补、精细化设计等方面实现一定的突破，加强科研力度，积极申报课题，发明专利，并将科研成果转化为实际生产力，应用到工程实践当中。恰逢省院购置新办公楼，我积极向院领导提出申请，准备以新办公楼装饰装修为契机，加强绿色建筑的研究和应用，使其成为省院在绿建设计方面的典型案例。在我的带领下，院内各专业协作配合，形成了新办公楼装修绿色建筑元素实施初步方案，其中包括玻璃幕墙内侧贴膜、通风双层幕墙实验平台、外墙立体绿化、诱导式自然采光、排风热回收、绿色植物生态系统等一系列绿色元素应用。

路漫漫其修远兮，吾将上下而求索。在未来的道路上，我将带着使命感继续努力去兑现当初许下的诺言，实现我和暖通的那个"约定"。

携手并进，与企业共同成长

文 / 高锐

亲密无间的团队合作

A2 建筑工作室成立于 2009 年；通过四年的成长与磨砺，A2 已发展成为一个年轻、有活力、高素质的建筑方案设计团队。作为主创建筑师之一，我也有话要说：方案设计对于年轻建筑师来说责任重，压力大，平时也比较辛苦。这时就需要与大家齐心协力、相互协助；必要时进行人员协调，方能保证方案有序高质地完成。团队成员在经历了几年实践与磨砺，已经培养出这样的默契。大家都能抛开“小我”，积极投入到“大我”之中。其次，高锐认为责任心在方案创作中尤其重要。“在技术相等的条件下，责任心决定了方案最终成果的好坏。”在省院年长领导的熏陶和带领下，新成长出来的年轻建筑师也特别重视自己在工作中的责任感。与此同时，A2 工作室与二院建立了亲密无间的合作关系。比如在项目投标中，A2 借助二院的技术能力与工程经验；在方案实施中，由两个团队共同协作完成。

在我完成的众多项目中，宽窄巷子改造工程令我非常难忘。因为它不仅是传统意义上的改造，更是文化的传承与演绎。设计之初，团队人员查阅了大量资料，经过了多轮方案讨论、筛选之后，才找到了令人满意的设计思路。虽然看上去上它只是一片院墙，一个构筑物，一个景观标志，但是它的创新性却很大。在施工过程中我们遇到了很多的难点。当我们提出来的技术要求施工队无法完成的时候，我们采取了在现场一边实验一边推进的施工方式。例如我们用 1：1 的木工模型为施工队进行演示。在大的框架下，分部分修建，一边修建一边推敲，朝着最理想的效果努力。在这过程中我们有惊喜并也取得了较好的施工效果。当走到宽窄巷子时，总能看见街坊邻居们在既古典又新潮的构筑物下乘凉闲聊；小孩儿在花园小径中奔跑；游客在颇有趣味的“灰砖墙”、“瓦砾墙”，路口标志方碑前留影合照……这些都是宽窄巷子改造工程给老百姓生活质量带来真实的提高。的确，这次工程对方案创作团队是一个非常难得的经验积累；甲方提出了高要求并给予设计方足够的创作空间，再加上倾力配合的施工单位，最后呈现出的结果也是令大家满意的。

另一个值得一提的项目是春熙路2012年改造。在李院的指导下，A2工作室联合多个设计团队，如创意研发部、地域建筑文化研究工作室等共同协作完成。项目进行过程中大家全力投入，白天走遍春熙路每个街道角落进行调研；晚上又持续工作至深夜。在最后呈交标书之前，设计团队内部做了一轮又一轮的方案汇报，不断地修改与提升。最后，团队为锦江区 CBD 管委会领导呈上了一本成果丰硕的标书，并一举拿下这个项目。这是继省院完成 2002 年春熙路改造项目后又一标志性里程碑。该项目的成功中标为省院、为工作室带来了极大的荣誉，为创作团队带来了鼓舞与信心！

与《观筑》情缘

《观筑》从成立之初至今已经历了五年，我作为杂志主创之一，见证了《观筑》的日益成长。我把《观筑》比喻成自己的“小宝贝”。无论平时工作再繁忙，我也要抽出时间对每一期的杂志进行构思、编排、撰稿等。从事《观筑》工作让我接触到和平日工作完全不一样的任务和平台，对于我来说这是一种新的尝试和开拓，非常有意义。我把《观筑》看作是一个增强企业凝聚力的地方，它可以引领思想，汇聚企业的文化价值。包括院里举办的辩论赛，运动会、工会活动等，对员工的精神生活与企业团结力都有很好的增进作用。让每一个职工都有企业归属感，大家心情愉快，自然将更多的精力投入到工作中。

企业平台与机遇

省院为设计人员提供了非常多样性的平台，例如我们既有改造项目、教育项目、商业项目、养老项目，也涉及了城市设计，城市规划等。通过对这些项目的接触让我自身得到了很大的提高。同时我们也接触到了许多有层次有内涵的业主方，例如建委、规划局的领导等。除此之外我也看到省院对设计人员的培养是极具综合性的。企业除了培养设计人员在方案、施工图上的工作能力以外，也非常重视个人组织协调能力的培养。如何把自己的小能力变成大能力，如何将团队成员协作起来，如何合理有效地组织设计进程等，这些对于每一个设计师的成长都非常重要。其次，我看到院内的各种技术资源支撑也站在行业的最前端。例如当我遇到技术难点时，只要提出问题，通常可以在院内获得解决。其他的部门有经验的工程师总是能给予全力支持，他们并不计较个人利益得失，总是能毫不保留地拿出自己的“绝活”，提出可行的方案与建议，让工程得以有效高质地完成。

企业提供了一个多元的专业化的平台，让设计师们逐渐成长起来；同时员工的成长也促进了企业的日益壮大。我，作为一名年轻的建筑师正在这样的过程中与省院携手并进。

从青涩到成熟

文 / 熊唱

九年的蜕变

于 2007 获得了重庆大学建筑设计及其理论硕士学位后，我进入了省院建筑景观所。我从事着建筑、景观，规划，地域文化等不同领域的设计工作。在这样一个丰富多元化的工作环境中，我开拓了自己的视野，吸取了创作的养分。作为建筑学出身的我，不仅就建筑而演绎建筑，更从一个多方位、多角度的视野去思考、去观察，开拓了更多更丰富的想法。这些成为我九年工作经历中最重要的收获之一。

当我回忆起重大校园招聘会上，院陈总和景观所高所面试自己的情景时，一切都还历历在目。在面试过程中，我对省院产生了极好的印象，当时最打动我的是省院大集体展现出来的人性关怀，这是在其他设计院和建筑公司从未体会过的，让我心中非常温暖。我认为在省院这些年中，正是这股力量在背后一直推动着我不断向前冲，使我在工作岗位上坚持不懈地努力。

同时我也感受到，省院平日举行的迎新会，辩论赛，运动会等集体活动，虽然看上去和设计工作无关，但它联络了员工之间的情感，丰富了设计师工作之外的精神生活，潜移默化地推动了项目工程顺利地展开。

在这六年中，我和团队完成了非常多的优秀作品，其中对我影响最大的项目就是铁像水街。这是我第一次作为设计总监参与到项目中，同时我也是该项目的专业负责人和设计制图人员。这对于我来说是一次极大的挑战。由于当时所里人员较少，参与项目的每一个员工都非常尽心尽责地工作，齐心协力地与其他专业的配合。同时加上甲方和施工单位的倾力配合，最后呈现出来的整体效果是令大家满意的。从方案投标到现场施工，再到建成开街，我尽力在每一个环节都全身心地投入，秉承良好的团队协作精神，从中学习积累到了丰富的知识与经验。现在细想起来，这个项目对我个人的职业发展影响非常大。通过项目，我不仅在方案、施工图上的工作能力有了很大的提升，同时也学习到了设计人员如何在施工现场处理问题、解决问题，如何与施工方、甲方、监理更好地沟通，使工程有效地进行等等。现在，在面对一些工程上的难点时，我也会回忆当时在铁像水街项目中是如何处理的，力争将现有的问题解决得更好。我想十年、二十年之后再来看这个项目，当初积累下来的经验将会更加珍贵。

亦师亦友

在这几年的工作中，高所与王总给予了我极大的支持与鼓励，可以说是对我影响最大的人物。虽然高所与王总比我们年长一些，但她们在工作和生活中同年轻人一起在成长。所里会开展有一些拓展、考察、聚会等活动，这些都成为我们团队成长的点点滴滴，将大家紧密地联系在一起。两位领导会时常关心员工们的个人想法、个人发展与前途。她们会像朋友一样与员工们交流思想，分享甘苦。当我们工作中遇到困境、压力、情绪低落或是想逃避的时候，两位领导总会给予鼓励与帮助，与你平等地谈心，为你出谋划策、解决问题。在这样温暖的集体当中，我也将自己的正能量释放。工作中我力求一丝不苟、严谨认真；团队中我总是冲在最前面，最努力的那个人；生活中我又充满活力，乐观向上，同时也努力将积极进取的生活态度传递给他人。在自己逐渐走向成熟的过程中，我永远保持着一颗年轻向上、与时俱进的心。

未来

对于未来，我将目标定在扎根于技术，踏踏实实地做设计，通过更多的项目积累经验、自我提升；之后再将这些有价值的经验传播出去，与大家分享。十佳员工与十佳青年工程师给予了我极大的肯定与鼓励，我会将这样的精神传递，给景观所、给省院带来更好的氛围与更多的能量！

传承省院作风，奋力迈向业务与人生的新阶段

文 / 杨志锋

四年后的转身

自 2002 年重庆大学毕业后，我工作于信息产业电子第十一设计研究院。当时我在十一设计院发展得非常好，受到单位的重用。但与此同时，我发现自身存在很多问题，我正处一个非常浮躁的时期：工作上不够虚心、不够踏实、看不进书……我试图调整状态，但改变并不大。于是我决定给自己换一个新环境。那时我已经工作了四年多，我来到省院，首先给自己的定位就是一名新人。我来到省院后不会计较得失，首先把自己的工作踏踏实实地做好。无论工程大小，我一定保质保量按时完成。我时常自己给自己加班，即使每晚工作至深夜，但第二天早上八点过我一定准时到办公室，在生活上严格要求自己。我认为，不管单位如何管理员工，自己不能放松自我要求，要努力克服惰性。我时常想起，在考注册电气工程师那些日子里，我每晚工作至夜里十一二点才回家；回到家不立即睡觉，而是开始看书、复习；一直看到两三点，实在不能坚持了，才睡觉……就这样一边加班一边复习，工作没有受到任何影响，我也轻松地通过了注册考试。我给自己下了个总结：只要下决心，就一定能成功！我很庆幸自己当年的决定，通过来到省院的工作经历，我更加深刻地认识到了自己，改变了不好的性格，看清了前方的道路，并努力地进行自我提升。

全力拼搏

从工作到现在我从来没有给自己放过假。在完成好自己工作之余，我还时常帮助别人审图、改图。工期紧张时，我通宵达旦地工作，第二天仍精力充沛地上班，周围同事完全没有发觉我有半点疲态。其实人是有惰性的，就看你怎么战胜它。人都有累的时候，但是当你有一份责任，有一份担当时，心中的那根弦自然就绷紧了。一直以来，我都以严要求高标准对待自己，我相信通过自己的不懈努力，总会获得大家的认可。和生活在农村的父辈们比起来，我觉得自己是幸运的。虽然我平日的工作免不了辛苦，但能靠自己的能力撑起家庭，帮助父母，照顾好兄弟姐妹，这一切都是值得的。

这些年，我和团队完成了许多的优秀工程，我从不挑剔项目好与坏，简单与复杂，总是踏踏实实地完成好每一项工作。在分配工作时，我会选择将轻松简单的部分留给别人；将最难最复杂的留给自己。其中对我影响最大的项目是在我刚参加工时，于上海完成的一个大型工业外资项目。之前我从未接触过规模如此之大、技术如此复杂的项目。而当时的设计院也很少接触此类型项目，因此没有太多的设计参考。这个项目对来说我是一次严峻的考验。当时该工程的电力咨询是电力局退休下来的一批老专家，其年龄都高达 60~80 岁。老前辈们敬业严谨的工作态度，平易近人的处事方式都深深感染了我。

每日例会之前，我都将前一日商讨出的解决方案绘制成图，打印出来呈现在老专家们面前。视力不好的老前辈们拿着放大镜一点一点地认真看图，反复讨论研究，工作态度极其严谨。每日开会都按事先定好的议题进行，无论工作到多晚，前辈们都要将当日的问题尽量解决。通过各方的共同努力，该项目按期竣工，用户给予设计院及设计团队很高的评价。我体会到，跟这些老专家在一起，自己学习到了很多技术上的新知识，自身业务素质得到很大的提高。同时我也将这样一丝不苟，负责谦逊的工作态度坚持到了现在。

另一个印象深刻的工程是一个医院项目。本项目先后由两家设计单位负责，由于种种原因，工程完成了一半便无法继续，省院接收了这个“烫手的山芋”，并由我负责本工程的电气设计部分。面对混乱的图纸，理不清的线路，不知情的前期工作，我只有一遍又一遍地熟悉图纸、整理资料、制图审图……不管加班还是熬夜，我都任劳任怨，最终将工程如期完成，同时也获得了甲方的赞誉。复杂的项目是最能锻炼人的，你不能循规蹈矩地按习惯做，必须比常规项目思考得更多，付出得更多。这对单位和个人都是一次挑战和突破。我们的付出并不在乎能得到多少回报，为的是省院的信誉，为的是甲方对省院的认可。

企业大家庭

我将单位比喻成家庭，对单位的付出如同经营家庭一样，尽心尽责，不能一味追求回报。要想自我发展得好，首先单位要发展，单位发展好了，平台和机遇自然就来了。企业发展靠的是每一个员工共同努力，大家扭成一根绳，齐心协力地朝着同一个方向前进。此外，任何一个集体与团队都会存在一些问题，但我们一定要有集体荣誉感，不要总是抱怨自己的团队。我发现问题就去尽力解决；别人做得好，也不羡慕、不嫉妒；努力去追赶、去超越别人。我们首先要为集体付出，不要计较太多回报。然而我看到员工之间需要多举办有意义的集体活动来维系感情，增进企业凝聚力。这样，彼此之间多一份理解，多一份信任，多一份宽容，平日工作自然就会进行得更加顺利。

无论经历失败与成功，挫折与欢喜，我总能审阅自我，反省自我；以高标准要求自己，以身作则。岁月的沉淀让我已经不再是当年心气浮躁、好高骛远的杨志锋，环境影响了我、改变了我；我也希望我的精神也深深影响了周围的世界。

第十章

筑·文化

60 余年岁月峥嵘，60 余年承前启后，企业的生长便随着文化的发展，文化的力量又助推着企业的前行。世界上一切资源都可能枯竭，只有一种资源可以生生不息，那就是文化。

我们深刻理解，“宏大叙事”的省院梦，也是“具体而微”的个人梦。省院梦始终是由一个个鲜活生动的个体梦想汇聚而成。企业的百年梦想，员工对于人生出彩机会的渴望，对美好生活的向往，正是省院梦最富生命力的构成！

文化・理念识别
——企业文化建设调研报告摘要

2014 年，为进一步强化企业文化建设，在全院范围内展开了一次企业文化建设调研工作，此次调研采用问卷调查、访谈、文献研究等方式完成。期间，调研组共向省院员工发出 120 份问卷，收回 115 份，有效 115 份，回收率和有效率均为 95.8%。问卷分布基本符合省院各部门员工比例。同时调研组在院各个业务板块抽取了 20 名企业高层和中层领导进行了访谈，访谈涉及对问卷部分问题的追问，进一步挖掘企业精神，分项探讨企业理念以及收集企业文化建设工作的其他建议。希望与问卷调研数据分析以及兄弟单位的企业文化建设资料收集分析等工作互为补充，集思广益，更全面、深入的提出企业文化建设理念识别系统（MI）的建议草稿，指导下一步企业文化建设工作的开展。

企业理念

关于企业宗旨的追问，大部分的意见集中在“建筑服务社会”的维度问题，应该加入企业、客户、员工的维度，或者反应对内对外情况，对内是让员工实现理想和价值；对外是回报客户、承担社会责任和行业使命。另外就是“服务”两个字，很多受访人觉得稍显被动，用创造、引领或者倡导及实践是不是会更好。

有一位受访者在提到，建筑创作引领或者创建人居环境的时候，提出将四合院的文化理念应用的当代住宅的设计创新中，构建一个有利于人际交流的人居环境。受此启发，建议是否可以构建属于省院的“四合文化”即“智慧建筑、服务社会、共创共享”，创作智慧建筑实现企业价值、满足客户，服务社会和行业发展，企业与员工共同创造、共同分享。

另一种企业宗旨的概念就是用一种哲学的概念去统领一个企业发展的方方面面，甚至这种哲学是可以贯之以社会行业发展的方方面面。比如韩国某 BIM 软件企业的理念：Do Right Things Right；华西集团：秉德从道、善建天下等。这样的企业宗旨可以和企业品牌推广语合并，概念比较简单，是在表现形式中体现了个性和哲学。

综上建议企业理念草案：**“智慧建筑 服务社会 共创共享”**或者

“智慧建筑的合作伙伴（Partner for Wisdom/Smart Architecture）”

“理想建筑的合作伙伴（Partner for Ideal Architecture）”

价值观

关于企业价值观的追问，受访者普遍提到：为客户提供优质的产品和服务，质量是企业的生命线，技术优势是必须不断加强的企业核心竞争力并且是一个省级院应有的行业责任和担当，信誉至上以及成就员工暨为员工营造良好的成长及成功的平台。

另外，此项的回答受访者普遍不是很多，主要由于大家对价值观的认识和理解与企业宗旨有很多重复，所以在后续的提炼工作中，如果企业理念比较务实，那么建议核心价值观是否可以先空缺；如果企业理念是比较哲学口号式语言，那么可以对价值观进行明确。

综上建议企业价值观草案：**技术先进、品质保证、追求卓越、成就员工。**

企业精神

此部分主要是对问卷“企业精神”的问题进行了追问，大家的论述基本与问卷的统计结果趋于一致。另外，创新也是受访人较多提及的内容，专注于专业技术，但是不保守。建议企业精神中能够包括“创新”这一维度。

综上建议企业精神草案：**以人为本、团结协作、崇尚创新、专业诚信。**

关于省院经营、人力、技术、质量、管理、服务等方面应持理念的梳理

经营理念

对外：品质、信誉、客户，以科学的管理、智慧的设计、可靠的质量、良好的服务，努力为顾客提供高品质的勘察设计产品。

对内：整合、协作、共赢。研究市场和企业组织结构及制度设计的应对，提升产业链的上下游、业务板块之间的资源整合、协作能力，提升产品附加值。

协作与共赢，可以理解成内部经营的要求，也是对客户的一个合作承诺。

We'll give you more than you want.

综上建议经营理念草案：**客户、信誉、协作、共赢。**

人才理念

贡献决定价值、能力决定岗位

以人为本、刚柔并济

包容开放，给年轻人公平的机会和平台、以及考核评价

内部流动机制，综合培养人才

构建人才梯队

传承、发扬“老带新”、“传帮带”精神，建立、完善导师制体系

梳理人才理念方面意见：一方面很多受访者都谈到以前的师傅对其培养有很大作用，强调老一代的“传帮带”精神不能丢，要继续坚持，并结合现在实际对“导师制”加以完善；另一方面，要以人为本，给年轻人成长、发展的机会，培养综合型人才，构建人才梯队，这就需要构建科学完善的管理体系，完善制度建设。

综上建议人才理念草案：**“传承传帮带精神，构建科学管理体系”**或**“传承关怀，科学管理”**。

技术理念

企业核心竞争力

传承严谨、务实

注重整体技术实力提升，关键技术攻关

视野宽广

自主创新及政策支持

梳理技术理念方面意见：要实现严谨、务实企业精神传承，又要提升整体技术实力，就要进行标准化建设；同时注重技术创新，提升自主创新能力，这样在关键技术上才能有所突破，才能保障企业核心竞争力的优势；知识的分享和建筑师必须要有宽广的视野，见多识广，也是谈及较多的问题，所以进行知识管理，实现知识和经验的分享同样重要；最后，信息化建设包括 BIM 等技术的应用，将有效保障上述目标的实现。

综上建议技术理念草案：**标准、创新、分享、信息。**

质量理念

质量是根本、底线、生命线

执行 ISO 体系和质量标准

培养员工责任心、与个人利益挂钩

梳理质量理念方面意见：在访谈中，大家都谈到质量是我们的根本，是我们的底线，必须要坚持，也谈到采取诸如执行质量体系标准、培养员工责任心等举措进行质量管理。

综上建议质量理念草案：**“品质保证，精益求精”**。

管理理念

员工为本、制度为准、效率为先

有底线、有弹性

专业化管理、管理系统系统辅助

提升员工满意度

综上建议管理理念草案：**员工为本、制度为准、效率为先。**

服务理念

不能让服务突破管理的限制。

产品服务一次到位，规范二次服务的标准和流程。

制定客户服务的标准和流程，建立体系和内部协调机制

从细节做起

服务多元化

我就是用户

诚信服务、公平竞争

综上建议服务理念草案：

“全过程　多元化　创造力”或“专业服务、诚信可靠”或“诚信可靠的合作伙伴”。

文化·CIS 体系
——企业新时期理念识别系统及内涵阐述

企业理念是我们必须坚持的理想。新时期省院企业理念识别系统主要包含企业宗旨、企业愿景、企业使命和企业精神。

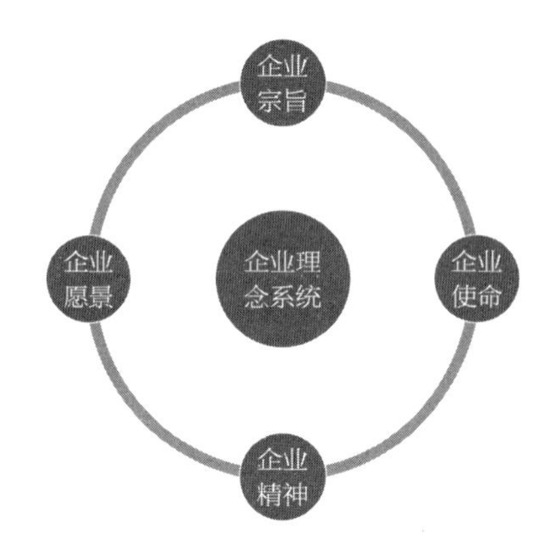

企业宗旨:

智慧建筑、服务社会、共创共享。

企业愿景:

以设计咨询业务为主业，带动相关业务领域多元化、产业化发展，成为西部一流、国内知名的建筑设计企业集团。

企业使命:

打造宜居城市空间、创建美好人居未来。

企业精神:

以人为本、专业诚信、追求卓越。

品牌SLOGAN:

理想建筑的合作伙伴（Partner for Ideal Architecture）。

1．企业宗旨：智慧建筑、服务社会、共创共享。

内涵:

对企业：意味着我们了解时代的需求，追求卓越，以智慧的产品、优质的服务树立起一个科技型企业专业、诚信的品牌形象。

对社会：意味着我们了解社会发展的方向，区域、行业赋予企业的使命，切实履行企业公民对社会、区域和行业应尽的责任和义务。

对客户：意味着系统的了解您的需求，用智慧建筑的设计理念，为您创造一个展现自我的理想空间。

对员工：意味着了解你的追求和梦想，为你提供一个成就自我的职业平台，一起创造、共同分享。

2．企业愿景：以设计咨询业务为龙头，发展成为西部一流、国内先进，提供全面技术解决方案的大型现代工程设计咨询集团!

内涵:

业务格局和联动关系：整合集成多环节、多领域的资源与能力，以前端规划设计咨询业务为龙头、带动产业链全过程一体化工程咨询产品与服务体系的全面构建。

业务定位：传统业务的做大做专与特色业务的做精做强并举。

市场区域：兼顾省内市场的精耕细作与西部市场的布局与开拓。

行业地位：发展成为西部一流、国内先进，具有显著竞争优势、面向多方业主提供全面技术解决方案的大型现代工程设计咨询集团公司。

3．公司使命：打造宜居城市空间，创建美好人居未来。

内涵:

业务领域：建筑工程相关领域

社会贡献：关注城市发展趋势与特点，关注城市与人的和谐关系，关注人对城市发展的要求，推动城市化进程，为人类创建美好的城市工作、生活空间。

4．企业精神：以人为本、专业诚信、追求卓越。

内涵:

人才是企业最大的资本。

我们倡导“以人为本”的管理理念。结构合理、梯队传承的员工团队是企业最宝贵的资源。

尊重人才，为员工规划和创造一个公平竞争、富有激情工作和创作的环境，是省院成功的首要因素。

团队协作是省院人才理念的具体体现。持续培养专业化、创造力和富有协作精神的设计师、项目经理人队伍，是省院创立和发展的一项重要使命。

技术和质量是企业的生命。

技术和质量是企业发展的根基。这是勘察设计行业的从业基本要求，也是建筑师、工程师首要的职业操守和使命，也是省院发展 60 年来的实践经验。

坚持质量体系的建立、管控、执行以及持续的改进。

《技术发展职能战略规划》从“标准化建设与管理”和“技术创新”两个方面对企业技术发展做出总体要求。企业各专业标准化建设的目标是符合行业标准并促进行业规范的持续提升。技术创新制度体系是企业进行持续地、“产学研用”全过程技术创新的有效保障。

协同设计系统和以建筑信息管理（BIM）为代表的新技术是进一步规范、提升技术和质量管理的重要手段。

企业的知识管理和知识产权管理工作是企业技术和质量管理的发展方向。

客户是企业永远的伙伴。

尊重客户，理解客户，持续提供优质的、高完成度的产品和服务，引导绿色、环保的建筑理念。这是省院一直坚持和倡导的理念。

衡量我们成功与否的最重要标准，就是客户满意度。

省院致力于构建与客户合作共赢的伙伴关系，搭建全产业链以及多元化的合作平台，我们共同完成的产品是我们共同的事业。

坚持在与客户的良性互动中共同成长。

追求卓越，实现持续的创新和增长。

省院的定位是：做西部一流、国内领先的工程设计咨询集团。

通过技术创新、管理创新、服务创新和制度创新，追求有质量、有效率的持续增长，是省院实现企业愿景唯一途径，是实现服务社会、与员工共创共享的前提和基础。

在发展的新时期，省院要始终保持创造性、安全性、灵活性、卓越性，传承企业60年的发展精神，锐意进取，同心共筑“树百年名院、创国内一流”的省院梦想。

5. **品牌SLOGAN：理想建筑的合作伙伴**（Partner for Ideal Architecture）。

内涵：

我们对理想建筑的界定为：以新一代信息技术为支撑，知识社会智慧城市环境下的智慧建筑形态。具有生态性、智能性、创造性、安全性、经济性、舒适性等6个特征。

省院将一如既往保持和发挥行业领先的技术优势，用心为客户设计最理想的建筑产品、提供最理想的咨询服务！

文化·建设模式

理念、制度、活动

在人才战略和集团化战略双重需求作用下，企业文化建设在勘察设计企业治理中日益显示出其重要性和迫切性，而企业文化建设的落地则一直是困扰企业的一个难题。本文以四川省院企业文化建设实践经历为基础，提出了“理念—制度—活动”三位一体的企业文化建设模式，即：加强企业理念体系提炼总结，做到人人都是参与者；完善企业制度设计，规范、内化员工行为；统一规划企业活动，增强员工凝聚力、归属感和认同感。

文化是管理之魂。在人才战略和集团化战略双重需求的直接驱动下，企业文化建设在企业治理中日益显示出其重要性和迫切性，而企业文化建设的落地则一直是困扰企业的一个难题。

勘察设计企业是知识密集型企业，智力资本是企业的核心资源。知识型员工拥有知识资本，在组织中拥有很强的独立性和自主性，自我价值实现的需求非常强，也更加注重工作、学习环境。在勘察设计市场竞争日益激烈的今天，如何培养、引进和留住高素质的设计人才是设计企业面临的问题。

近年来，集团化的发展趋势在勘察设计行业日益明显。资本运作开始进入行业，集团化战略实现的途径不仅仅包括兼并、收购，行业内部分企业正在实践的工程总承包、专业技术转化为产品以及建筑工业化发展都将进一步促进勘察设计行业龙头企业发挥引领作用。由此产生的产业链延伸、多元化发展使集团化管理成为设计企业面临的新问题。

如何将企业文化建设更好的贯彻于勘察设计企业的人才战略、市场战略乃至集团化的架构中，四川省建筑设计院（以下简称四川省院）在实践中提出建立“理念－制度－活动”三位一体的企业文化建设模式，即建立一个系统科学的企业文化理念体系；通过制度让企业文化内化于企业管理体系；通过活动让全体员工参与其中，理解和认同企业文化，提升凝聚力，从而确保企业文化建设的落地。能否在企业内部凝聚形成一种无形的合力与整体取向，是企业文化建设成功与否的重要检验标准。

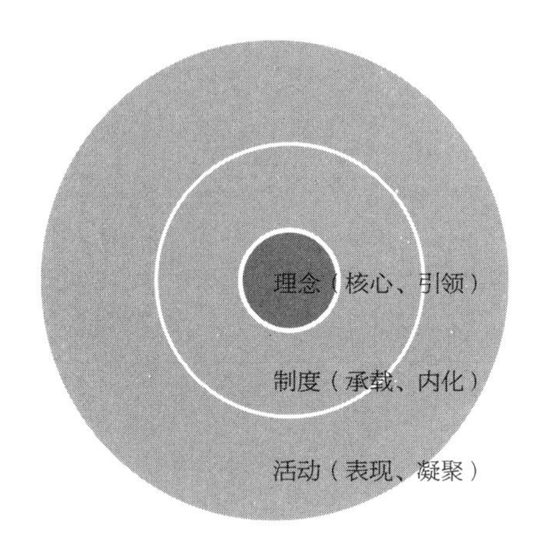

结合近年来参与省院企业文化建设的工作经验，笔者认为着重把握好理念引领、制度内化、活动凝聚三个依次递进、环环相扣的中枢环节，成为四川省院持续取得企业文化建设落地实效的关键。

一、理念引领：深入理解企业理念识别系统是企业文化落地的前提条件

企业理念识别系统是企业倡导员工自觉实践，从而形成的代表企业信念、激发企业活力、推动企业生产经营持续科学发展的团队精神和行为规范。

长期以来，四川省院企业文化建设存在的首要问题是理念识别系统不明确、不成体系。如：企业战略目标的含义仅出现在战略规划中；部分质量方针张贴在企业的墙面上；“树百年名院、创国内一流”的企业口号出现在部分企业对外的文件夹、办公用品（如：纸杯）上等。这类问题的后果在新时期省院企业文化调研中反映出来，员工对企业战略目标理解程度的调查数据显示：有

12% 的员工不能区分战略目标干扰项；有 25% 的员工不能很好地理解企业战略目标；有超过 20% 的员工不认为企业的战略目标与自身的发展目标相关度高。由此带来的问题是员工对企业文化不甚了解、一知半解，客户无法了解省院在企业宗旨、企业精神上的倡导，更不利于省院内部凝聚力形成和外部企业形象推广。

在新时期企业文化建设过程中，四川省院首先对理念识别系统进行了梳理和提炼，进而通过各种方式进行了推广，为企业“十二五”战略期企业文化建设落地做好准备。

企业新时期理念识别系统核心内容：

品牌 SLOGAN：
理想建筑的合作伙伴
（Partner for Ideal Architecture）

智慧建筑、服务社会、共创共享

以设计咨询业务为龙头，发展成为西部一流、国内先进，提供全面技术解决方案的大型现代工程设计咨询集团

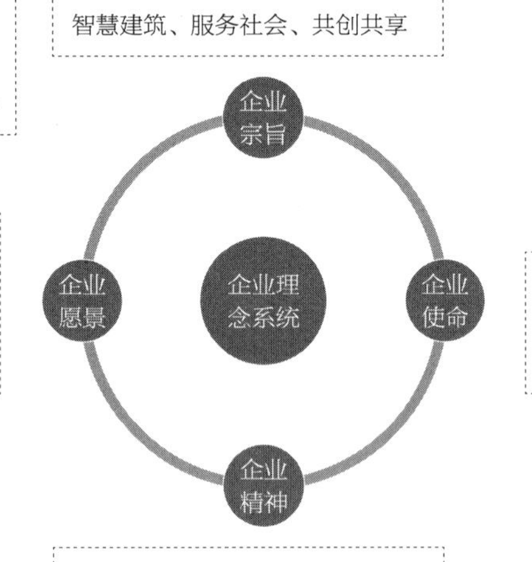

打造宜居城市空间、创建美好人居未来

以人为本、专业诚信、追求卓越

1. 新时期四川省院理念识别系统提炼的核心：大家都是参与者。工作组通过问卷调研、访谈的方式，让全体员工参与进来。经过为期一个月的调研和访谈工作，共计收到回复的有效问卷 115 份，访谈嘉宾 20 余人。样本的年龄结构和岗位分布与一般调研有所不同，中高层管理者累计百分比 21.7%，略高于实际情况，主要考虑到中高层管理人员有着丰富的技术管理工作经验，对省院的传统、现状以及外部环境有相对成熟的理解和思考，所以调研适当增加了这部分员工的样本比例。

2. 全过程保持公开状态，边发布、边完善。完成问卷调研和访谈后，工作组整理出了两份报告：《新时期省院理念识别系统初探》和《60 年岁月峥嵘、60 年承前启后——新时期省院企业文化建设问卷调研报告》，通过企业内刊和内部

信息系统发布给全体员工，进一步征求意见。同时，工作组分别开展了对比研究和专家咨询两项工作，继续完善理念识别系统的提炼工作。对比研究收集了全国 40 余家同类企业的理念识别系统，同时认真完成了悉地国际、中国建筑设计研究院、AECOM、华汇集团等企业理念识别系统的专题研究。专家咨询方面分别将两份材料发给与省院保持着紧密联系的咨询公司、高等院校、开发商、传媒合作机构等合作人士，就省院新时期理念识别系统提出完善意见。

3. 理念提炼注重与行业大院地位相匹配，兼顾企业文化社会化。企业文化的社会化是企业文化建设的较高境界，也对企业持续践行企业文化提出更高要求。成立 60 年来，省院致力于服务川渝地区城市建设和社会经济发展，是四川地区勘察设计行业开路先锋和领军企业。省院提出“打造宜居城市空间 共创美好人居未来”的企业使命、“智慧建筑、服务社会、共创共享”的企业宗旨、“理想建筑的合作伙伴”为企业品牌推广语等，兼顾考虑对地区、对行业理念的引领，这也是一个国有大院应有的担当。所以提出能够让客户、同行、社会大众等都能够感受和认同的企业理念，促进企业文化社会化，既是一种责任，也是一种鞭策。

4. 做好企业文化理念识别系统的适度推广。企业理念识别系统提炼工作周期持续 8 个月，在广泛收集了来自多方参与的意见后，调研小组正式提出了《新时期省院理念识别系统及内涵阐述》的提案。选择合适的成果发布时机可以使企业文化建设宣贯工作事半功倍。工作组选择发布的时机是企业的年中工作会，就新时期企业文化理念识别系统向全体中高级管理人员进行了阐释，并举行了关于理念识别系统的无记名投票并获得高票通过。充分的沟通让省院全体骨干员工系统理解企业理念，并传递给更多的同事。适度推广工作还包括利用网络、微博等新媒体平台，制作电子桌面图片、word/ppt 模板等实用办公用品，企业内刊主题策划（含企业故事挖掘、兄弟企业案例分析）等方式推广企业的新时期理念识别系统。

二、制度内化：通过制度设计使理念具体化、明确化，并获得持久贯彻保障

和企业制定战略规划一样，不少企业对企业文化的认知还停留在口号状态，文化理念系统化提出后，也面临着束之高阁的潜在风险。企业文化建设的

落地过程中面临着如何提升认同度，如何寻求有效的执行抓手，如何保证持续的执行，如何衡量企业文化建设成果等一系列实际困难。

制度是在一个社会组织或团体中要求其成员共同遵守并按一定程序办事的规程，是一种人们有目的的建构的存在物。建制的存在，带有价值判断在其中，从而规范、影响建制内人的行为。四川省院在企业文化建设的落地中注重发挥制度的作用，借制度之力，着力将企业文化内化，让“智慧建筑、服务社会、共创共享”的社会宗旨、“以人为本、专业诚信、追求卓越”的企业精神成为员工日常工作中的习惯。

四川省院是历史悠久的传统大院，企业发展过程中有很多优秀的品质值得员工一代代的传承。比如在调研中集中体现出来的：严谨、求是、平等、互助、关爱、奉献、立志于行业、知其然知其所以然的求索精神等等。企业将这一类的传承问题，通过培训体系中的“导师制”加以制度固化，明确导师制的要求、条件、保障等，确保企业“传帮带”文化传统得以保护、传承和创新。

企业集团化建设的市场、财务、人力、技术、品牌以及信息化等方面，就现行制度进行清理、归类，省院也逐步完成了40余项制度的修订和完善，并以企业文化建设落地为结果导向补充了《四川省建筑师设计院员工行为规范》、《四川省建筑设计院通讯员管理制度》、《四川省建筑设计院观筑杂志编辑部管理制度》等一批管理制度。制度学习与企业培训体系对接，同时大部分非保密企业管理制度通过内部信息系统发布，要求全体员工树立制度意识，使企业文化通过制度体系的设计明确化、具体化，获得持续推动保障，在员工日积月累的职业行为中获得价值。

三、活动凝聚：形成一批多层次、多主体的主题活动和品牌活动

“开展各类企业活动，推动企业文化的深入，共同建设我们的AECOM”是AECOM大中华区企业文化建设的核心抓手，通过活动深化企业文化建设工作符合组织中个体特性和思维习惯。因此，如何开发好企业活动的组织主体和各类资源，使企业活动有计划、有步骤、有重点地开展，其意义尤为重要。比如：悉地国际核心企业文化活动——一年一度的企业节日金杉树颁奖典礼，

每一个奖项的设计都体现出企业在理念方面的倡导，通过企业的节日传递给每一位员工，凝聚于心。

省院作为国有大院，有着丰富多彩的企业活动，但也存在多而杂，没有统一的规划和主题，缺少统一的宣传和推广等问题，使得在活动方面的投入并没有收到应有的效果。2012 年 7 月以来，企业以迎接 60 周年院庆为契机，对企业各类活动进行了统一的规划，明确了“同心共筑省院梦”活动主题，有效整合了包括院党委、工会、共青团、各类文体协会等活动组织主体，开展了学术类、体育类、文娱类、公益类等不同类型的活动，形成了一批如西南地域建筑文化沙龙、SADI 青年沙龙、职工运动会、新老员工交流会、金秋助学等品牌活动，通过调研和宣传推广员工喜闻乐见的活动，提高员工的关注度和参与度。

各类活动持续开展，使全体员工积极地参与到院庆主题庆祝中，也在活动中了解企业的过去，更深入地理解企业精神、未来的战略等，科学有序的活动体系在企业文化落地过程中成为催化剂、益生菌。

企业集团化发展过程中，通过“理念 – 制度 – 活动”三位一体促进企业文化建设的高效落地，从战略层面保障企业下属的多元主体目标一致、行为一致，认同并依托省院大平台的理念和战略目标，从而不断拓展集团整体事业空间、提升综合竞争力。

正如省院李纯院长关于企业文化建设的论述：甲子轮回，岁月已在几代省院人身上留下痕迹，却丝毫没有改变这个企业凝聚的生机与活力。亦如那布满省院大楼的常春藤，经过年轮复迭、风雨洗礼，人们益加钟情它那奋力攀爬、蓬勃向上的生命之美。省院最难能可贵的是能够把“对企业成功的追求、以人为本的坚守、社会责任的践行”内化到企业的思想和行为，给人以希望、温暖、快乐和力量。

在勘察设计行业内，四川省院在企业文化建设的传承与创新方面无论在理论探讨还是管理实践，都已做了大量的工作。但企业文化建设是一个系统工程，不可能一蹴而就、一劳永逸，还需要我们有持续实践、坚持创新的勇气和恒心。只有继续努力探索，才能逐渐摸索出一条符合勘察设计行业特点，更符合省院未来集团化发展的企业文化建设之路！

文化·社会责任

勘察设计行业作为一个特殊的行业，我们的劳动成果与公众的生命财产安全、与国家的城市建设发生着密切的关联。省院也一直坚持着“智慧建筑、服务社会、共创共享”的企业宗旨。归结起来包括：企业价值的创造、行业的引领和影响、设计师的培养、创新的责任以及回馈社会等。

搭建与高校合作共赢平台

作为一个知识密集型企业，对于人才的引领着我们与高校长期保持着紧密的合作，产学研的相互促进，共同构筑合作共赢的平台，是企业发展蓝图中的重要着力点。

通过“校企合作科研教学基地”、“校企合作实习基地”，高校教授为企业提供设计顾问，企业老总进入学校担任客座教授等形式，省院与西南地区的重庆大学、西南交通大学、四川大学等建立了战略合作关系；通过“大学生暑期实践营”的形式，为建筑及人文相关专业的学生提供有意义的实践机会，与清华大学、天津大学、北京建筑大学、四川大学、云南大学等全国十余所高校建立了合作关系。

作为勘察设计企业，在社会责任方面设计师的培养主题。未来我们将进一步深化设计师联合培养的机制，总结与西南交通大学建筑学科合作的卓越工程师计划的经验，持续推进大学生及青年设计师暑期实践营的开展，为设计师在学生阶段的学习、培养做出企业的努力。同时，企业的培训计划、科研计划等也将与高校紧密结合起来，促进双方良性互动、资源整合，创造有益于行业优质人才培养的合作平台和机制。

年度公益计划

企业在过去的发展中，形成了一些社会公益活动，如：大学生暑期实践营、金秋助学、爱心支教、志愿服务等。其中，因建筑项目结缘的金秋助学活动从 2005 年开始，已经持续进行了 12 年。截止到 2016 年，省院以金堂县土桥一小、土桥中学、金堂高中为联系学校持续帮扶学生 102 人次，直接资助 69475 元助学金，图书 600 余册，学习用品 100 余套。其中 2 名学生于 2014 年升入大学。

随着企业的发展，人员规模的不断壮大，企业公益活动需要系统梳理、推广宣传。企业发展也需要让更多员工加入公益、志愿服务活动，在完善自我、辐射他人的过程中，多层次的接触社会，提升员工的凝聚力。

图书馆专项计划

图书馆专项计划源于与大邑县的公益组织“3+2”读书荟，2012 年总工程师章一萍女士在参与大邑县的项目中结识“3+2”读书荟的精英们，2013 年，我院为读书荟组织了募捐活动，共计捐书 400 余册，并联合举办了两场公益讲座，取得良好的社会效应。

结合国家鼓励建设乡村图书馆以及省院的专业特点，条件成熟的情况下，建筑主题图书馆建设将会成为我们希望重点打造的公益项目。同样期待大家的参与。

专业应急救援建设

2003年，非典肆虐。省院接到省建设厅承接改造“非典”医院的紧急通知，领导当即组织召集院各专业技术老总召开会议，了解分析工程情况，并迅速将任务下达至一线生产部门，各部门相互协调，在任务重、人员、工期紧等现实困难面前，设计人员知难而上，几乎牺牲了所有的休息时间夜以继日全身心投入，终于保证了工程的顺利完工。

2008年，在“5·12”汶川大地震后几个小时，省院党政工领导班子成员召开紧急会议，成立“抗震救灾领导小组”，13日上午主动请求派出专家支援救灾工作。通过技术救援、捐款捐物、积极参与灾后重建等形式，以实际行动履行着一个企业的社会责任。同样的，“4·20”雅安芦山地震等地质灾害的抗震救灾过程中，省院也第一时间反应，并积极参与救援救灾工作，在地质灾害排查与治理、房屋检测、灾后重建规划、安置区规划及建筑设计等方面做了许多工作。

上述工作通过及时的总结和分享，从知识体系到人才体系到后勤保障等，建立起了企业的应急救援管理机制，随时准备为地质灾难提供技术型企业的专业支撑。

勘察设计企业的责任可能远不止以上这些小小的计划。企业社会责任的话题很大，尤其是放在当今中国西部地区发展的语境，不仅需要我们去积极探索、践行；也需要我们开拓思维、寻求合作以及积极地支持行业内外的企业完成有助于社会和谐进步的事业。作为四川省属设计大院，这份沉甸甸的责任我们必须勇于承担，当然这项事业也与每一位设计师、建筑师有关、与全体员工相关。

文化·深筑大观

大观方成大筑，深筑行得大观。“观筑”二字是省院思想的凝聚与愿景的表达，也是企业六十余年坚持探索的路径总结，即是对省院文化最精炼的诠释。对于一个勘察设计企业来说，它所做的一切管理创新与转型探索，最终的落脚点都是产品和人。为社会创造更好的建筑，好的建筑也帮助员工更好地实现自我价值与追求。

在过去 60 多年的岁月中，省院共累计完成了大中型项目 10000 余项。这些作品分布在不同的区域，包含着不同的类型，体现着不同的设计理念，共同见证了时代的变迁、行业的发展和省院的成就。

它们凝聚着前辈设计师的智慧创意，也奠定了后继设计师的起点基石；既铸就了省院的市场品牌，也推动着行业的技术革新。

它们是省院贯穿始终的传承灵魂，也是为最大多数省院人熟知和认可的身份象征。

SADI“十二五”时期部分作品及获奖情况

中海·兰庭	2011 年中国土木工程学会詹天佑住宅小区金奖、2012 年省优建筑工程二等奖
成都市“二轴四片”人民南路轴线区域综合整治	2011 年省优建筑工程设计一等奖、专项工程设计一等奖
南站公司	2011 年省优专项工程设计一等奖
川庆钻探工程公司培训中心（中厅）	2011 年省优专项工程设计二等奖
花样年·香年广场	2011 年省优工程勘察一等奖、2014 年省优建筑工程设计二等奖
南华春天·购物广场主楼高压旋喷注浆法地基处理	2011 年省优工程勘察二等奖
凉山州新华书店经济适用房详细岩土工程勘察	2011 年省优工程勘察三等奖
成都万科五龙山项目地形测绘工程	2011 年省优工程勘察三等奖
汶川县岷江东岸景观道路市政建设综合工程	2011 年省优专项工程设计一等奖、2013 年中国勘察设计协会优秀园林景观一等奖
四川国际网球中心综合楼项目	2011 年四川省勘察设计协会优秀工程总承包铜钥匙奖、2012 年省优专项工程设计二等奖（综合楼）

SADI“十二五”时期部分作品及获奖情况

项目	获奖情况
青城山上善栖住宅项目	2012 年全国人居经典方案组综合大奖、2012 年省优建筑工程设计一等奖、香港建筑师学会 2013 年两岸四地建筑设计大奖卓越奖、2013 年行业优住宅与住宅小区项目一等奖、2013 年中国勘察设计协会优秀建筑工程设计一等奖
成都建工紫荆城项目	2012 年全国人居经典方案组规划、建筑双金奖，2015 年行业优住宅与住宅小区一等奖
西蜀瑞苑	2012 年全国保障性住房优秀设计专项二等奖
宏明锦苑（经济适用房）	2012 年全国保障性住房优秀设计专项三等奖
成都摩玛城居住小区节能节水系统	2012 年中国建筑学会全国优秀建筑设计奖二等奖
成都极地海洋世界	2012 年中国建筑学会全国优秀建筑设计奖二等奖（暖通空调设计）、2012 年省优专项工程设计二等奖
高新区铁像水街特色项目	香港建筑师学会 2013 年两岸四地建筑设计大奖卓越奖、2014 年省优建筑工程设计一等奖

SADI“十二五”时期部分作品及获奖情况

项目	获奖情况
峨眉半山七里坪国际旅游度假区风情小镇一期	2012年省优建筑工程设计一等奖、2013年中国勘察设计协会优秀建筑工程设计二等奖
四川省投资集团调度中心	2012年中国建筑学会全国优秀建筑结构设计二等奖、2013年中国勘察设计协会优秀建筑工程设计三等奖、2013年省优专项工程设计一等奖
成都市中小学灾后重建工程项目 崇庆中学	2012年省优建筑工程设计一等奖
川投调度中心	2012年省优建筑工程设计一等奖、2013年省优专项工程设计一等奖
富森美家居国际商城二期	2012年省优建筑工程设计二等奖
四川邮电器材总公司信息中心	2012年省优建筑工程设计二等奖
万方·紫荆城	2012年省优建筑工程设计二等奖
鹭岛国际社区三期东区	2012年省优建筑工程设计二等奖
汶川县七盘沟拆迁安置房	2012年省优专项工程设计一等奖
成都飞机设计研究所科研新区景观设计	2012年省优专项工程设计二等奖

SADI“十二五”时期部分作品及获奖情况

作品	获奖情况
成都华侨城欢乐谷项目一期工程	2012 年省优专项工程设计三等奖
治未病中心等三个中心装修改造	2012 年省优专项工程设计一等奖
四川电力送变电建设公司红光楼装修改造工程	2012 年省优专项工程设计三等奖
成都国际商城基坑支护、降水工程设计	2012 年省优工程勘察一等奖
百扬大厦地基处理工程	2012 年省优工程勘察一等奖
输气管理处管道测绘数据完善服务项目（B 标段）	2012 年省优工程勘察二等奖
华润・二十四城商业项目一期（成都万象城一期）基坑土石方、支护及降水工程	2012 年省优工程勘察三等奖
成都市武侯祠博物馆配套工程	2012 年省优专项工程设计一等奖、2013 年行业优园林景观项目三等奖、2013 年省优建筑工程设计一等奖、2015 年行业优传统建筑一等奖
大邑县安仁中学	2013 年中国勘察设计协会优秀建筑工程设计三等奖

SADI“十二五”时期部分作品及获奖情况

项目	获奖情况
双流县东升城市公园	2013 年中国勘察设计协会优秀园林景观项目二等奖
BIM 技术在攀枝花三线建设博物馆的应用	2013 年中国勘察设计协会首届工程建设 BIM 应用大赛三等奖
BIM 技术在腾讯（成都）科技中心的应用	2013 年中国勘察设计协会首届工程建设 BIM 应用大赛三等奖
花样年・喜年广场项目	2013 年行业优工程勘察三等奖
成都市第二社会福利院改扩建项目	2013 年省优建筑工程设计一等奖、2015 年行业优建筑工程设计三等奖
高新区南部园区府河西侧（高攀东路——绕城高速段）健康绿道工程	2013 年省优专项工程设计一等奖、2015 年行业优园林景观设计三等奖
西南物流中心	2013 年省优建筑工程设计一等奖
金堂中学	2013 年省优建筑工程设计一等奖
《烧结复合自保温砖和砌块墙体构造》图集	2013 年省优标准设计一等奖
《蒸压加气混凝土自保温砌块墙体构造》图集	2013 年省优标准设计二等奖
成都电业局办公大楼搬迁工程	2013 年省优专项工程设计一等奖

SADI“十二五”时期部分作品及获奖情况

作品	获奖情况
高新区南部园区三环路两侧（三环路高新区范围）健康绿道工程	2013 年省优专项工程设计二等奖
四川航空广场基坑支护设计	2013 年省优工程勘察一等奖
“达达春天百货”凿井降水及基坑支护工程	2013 年省优工程勘察二等奖
四川省电力公司甘孜公司生产场地边坡防治工程	2013 年省优工程勘察二等奖
华润·二十四城商业项目一期（华润成都万象城一期）岩土工程勘察	2013 年省优工程勘察二等奖
岳 101–16 井等 16 个地面集输工程新建管道数字化测绘及 PCM 检测服务	2013 年省优工程勘察三等奖
《烧结自保温空心砖和砌体墙体构造》	2013 年省优标准设计一等奖
三峡大厦	2013 年四川省建设工程天府杯金奖
蓝光·公馆 1881	2013 年四川省建设工程天府杯金奖
神仙树馨苑 2# 楼项目、3# 楼项目	四川省建设工程设计天府杯银奖

SADI“十二五”时期部分作品及获奖情况

双流机场前站片区城市设计	2013 年省优专项工程设计三等奖
川陕路沿线城市设计	2013 年省优专项工程设计三等奖
保利新都区蜀龙路五星级酒店（皇冠假日酒店）	2014 年省优建筑工程设计一等奖
成都市中西医结合医院二期住院医技大楼	2014 年省优建筑工程设计二等奖
成都市成华胜天路政府保障性住房建设项目	2014 年省优建筑工程设计二等奖
成都市青羊区同辉小学	2014 年省优建筑工程设计二等奖
四川省煤田地质局科研生产综合用房	2014 年省优建筑工程设计三等奖
成都大慈寺住宅项目	2014 年省优专项工程设计一等奖
星际里电影院室内设计	2014 年省优专项工程设计一等奖
保利新都区蜀龙路五星级酒店（皇冠假日酒店）	2014 年省优专项工程设计二等奖
天府大道步行空间及景观改造工程	2014 年省优专项工程设计二等奖
星际里百货商场室内设计	2014 年省优专项工程设计二等奖

SADI“十二五”时期部分作品及获奖情况

项目	获奖情况
武警四川省总队第二支队新建机关和大队营区边坡设计	2014 年省优工程勘察一等奖
二环路沿街建筑物里面测量（金牛区）	2014 年省优工程勘察二等奖
凯德广场·涪城二期地下室基坑支护工程	2014 年省优工程勘察二等奖
成都市同辉（国际）学校	2015 年行业优建筑工程设计三等奖
中航国际交流中心项目	2015 年省优建筑工程设计一等奖
四川文理学院莲湖校区第二教学楼（艺术传媒大楼）	2015 年省优建筑工程设计一等奖
成都市二环路川棉厂住宅项目	2015 年省优建筑工程设计一等奖
温江区永宁镇公建民营养老机构项目	2015 年省优建筑工程设计二等奖
成都新世纪妇女儿童医院	2015 年省优建筑工程设计三等奖
西部文化物流配送基地工程	2015 年省优建筑工程设计三等奖
四川省人民防空办公室四川省 009 工程	2015 年省优建筑工程设计三等奖
亚宝国际花园一期工程	2015 年省优建筑工程设计三等奖

SADI“十二五”时期部分作品及获奖情况

三星堆遗址灾后保护项目施工设计	2015 年省优专项工程设计一等奖
高新区桂龙公园工程设计	2015 年省优专项工程设计二等奖
成都市龙泉驿区青少年空间	2015 年省优专项工程设计三等奖
ICON 创世纪广场项目	2015 年省优专项工程设计三等奖
中铁信托大厦基坑支护工程	2015 年省优工程勘察一等奖
仁和春天国际花园一二期基坑工程	2015 年省优工程勘察二等奖
雍欣堂置业马宾项目基坑工程	2015 年省优工程勘察二等奖
金色海蓉三期高压旋喷地基处理工程	2015 年省优工程勘察三等奖
川西南矿区生活地下管网测绘工程	2015 年省优工程勘察三等奖
四川省档案学校实训大楼项目	2015 四川省优秀工程项目管理和优秀工程总承包项目银钥匙奖
成都树德中学宁夏街校区风貌改造成项目	2015 四川省优秀工程项目管理和优秀工程总承包项目银钥匙奖
川信大厦建筑节能更新改造项目	2015 四川省优秀工程项目管理和优秀工程总承包项目铜钥匙奖

后记

一次回望与前行的如实记录

作为一家有着60余年历史的勘察设计企业，我们始终坚信“记录”与“反思”的力量。正如我们所创作的作品，它们从构想到施工，到屹立在时空的某一角，或许某天它们作为实体的建筑物形态会消失，它们本身及这个过程都是一种记录，都将带给我们反思。而正是这种力量，在不断指引着我们创新、超越，不断向前。

2000年以后的勘察设计行业，伴随着国家社会主义市场经济的深化改革，进一步实现了市场化。面对这十余年行业发展变迁，勘察设计企业的评价标准也从传统的设计质量优良扩展到更多更系统的指标体系之中。

省院在过去的60余年，坚持“以人为本、专业诚信、追求卓越”的企业精神，逐步构建起企业内部团结奋进的良好文化氛围。“十二五”战略期间，企业在业务方面积极构建全过程、一体化、高品质的服务能力，同时提出了平台战略，力图打造一个多方共赢的企业生态环境，并在平衡中成长、发展。

这一发展思路在近年来国家投资模式、建设模式发生巨大变化中开始显现其重要性，长期的勘察设计从业经验告诉我们，技术服务型企业的制胜之道在于“有能力为平台的多方参与者提供最多利益，同时最能满足平台多方参与者的需求”，企业在平台中处于技术引领的核心地位，这也是未来一个时期企业集团化平台建设的重点。

本书的出版，是对几代省院人理想信念的一次升华，我们要开创企业发展新篇章，就要坚定理想信念；是对几代省院人设计和管理实践的一次记录，今天我们用实践证明了企业整体发展战略是正确的，所以我们要进一步建立对企业战略目标的认同和自信；是对几代省院人艰苦奋斗历程的一次回顾，企业发展成绩的取得都是靠全院干部职工的共同努力，走好未来的发展道路，要始终坚持紧密依靠省院的干部职工；是对企业未来一个阶段战略新征程的一次宣贯，今天我们开创新局，要明确总体目标任务，也要理解各项细分的业务和职能战略要点，让我们携起手来，共同完成历史赋予我们的阶段性使命。

2016 年是企业“十三五”的开局之年，站在全新的企业发展阶段，我们比历史上任何时期都更接近“树百年名院、创国内一流”的发展目标，比历史上任何时期都更有信心、有能力实现这个目标。蓝图已绘就，奋进正当时。前行路上，我们要牢记企业的使命、宗旨和战略目标，激励和鼓舞全院干部职工特别是青年一代发奋图强、奋发有为，继承和发扬几代省院人共同奋斗的事业推向前进，在天府新区全新办公环境，在企业转型升级新阶段，在实现省院梦的新征程上续写新的篇章、创造新的辉煌！

陈刚

2016 年 12 月